微软 Excel 致用系列

Excel数据处理与分析实例教程

微课版 第3版

郑小玲 王静奕◎主 编

张 京 刘雪勇◎副主编

U0258639

人民邮电出版社

北 京

图书在版编目（ＣＩＰ）数据

Excel 数据处理与分析实例教程：微课版 / 郑小玲，王静奕主编. —— 3版. —— 北京 : 人民邮电出版社，2022.4

（微软Excel 致用系列）

ISBN 978-7-115-58682-7

Ⅰ. ①E… Ⅱ. ①郑… ②王… Ⅲ. ①表处理软件—教材 Ⅳ. ①TP391.13

中国版本图书馆CIP数据核字(2022)第024514号

内 容 提 要

本书由应用基础篇、数据处理篇、数据分析篇和应用拓展篇共四篇 13 章组成。其中，应用基础篇（第 1 章～第 5 章）主要介绍 Excel 的基本功能和基本操作，包括 Excel 基础、创建工作表、编辑工作表、美化工作表和打印工作表；数据处理篇（第 6 章～第 8 章）主要介绍使用公式和函数实现数据处理的方法及直观显示数据的方法，包括使用公式计算数据、应用函数计算数据和利用图表显示数据；数据分析篇（第 9 章～第 11 章）主要介绍 Excel 数据管理、数据分析方面的基本功能和分析方法，包括管理数据、透视数据和分析数据；应用拓展篇（第 12 章、第 13 章）主要介绍宏和共享信息功能，包括设置更好的操作环境和使用 Excel 的共享信息功能。

本书使用简明的语言、清晰的步骤和丰富的实例，详尽介绍了 Excel 的主要功能、使用方法和操作技巧，并通过贯穿全书的 3 个经典案例介绍了 Excel 在管理、金融、统计、财务、决策等领域的数据处理与分析方面的实际应用。本书配有 PPT 课件、教学大纲、电子教案、实例和实训素材、实例和实训答案、课后习题答案等教学资源，用书老师可在人邮教育社区免费下载使用。

本书可作为高等院校相关课程的教材，也可作为社会各类培训机构的参考书，还可作为对数据处理与分析感兴趣的读者的自学读物。

◆ 主　编　郑小玲　王静奕

副主编　张　京　刘雪勇

责任编辑　王　迎

责任印制　李　东　胡　南

◆ 人民邮电出版社出版发行　北京市丰台区成寿寺路 11 号

邮编　100164　电子邮件　315@ptpress.com.cn

网址　https://www.ptpress.com.cn

固安县铭成印刷有限公司印刷

◆ 开本：787×1092　1/16

印张：14　　　　　　　　　　2022 年 4 月第 3 版

字数：372 千字　　　　　　　2024 年 12 月河北第 6 次印刷

定价：49.80 元

读者服务热线：**(010)81055256**　印装质量热线：**(010)81055316**

反盗版热线：**(010)81055315**

广告经营许可证：京东市监广登字 20170147 号

Excel 是 Microsoft Office 软件包中重要的应用软件之一，是一个功能强大、技术先进、使用方便的电子数据表软件。通过它，用户可以进行数据计算、数据管理、数据分析等操作。Excel 采用表格的形式对数据进行组织和处理，直观方便，符合人们日常工作的习惯。Excel 预先定义了数学、财务、统计、查找和引用等类别的函数，可以通过灵活的计算公式完成复杂的计算和分析；Excel 提供了如柱形图、条形图、折线图、散点图、饼图等多种类型的统计图表，可以直观地展示数据的各方面指标和特性；Excel 还提供了数据透视表、模拟运算表、规划求解等多种数据分析与辅助决策工具，可以高效地完成多种统计分析、辅助决策的工作。基于此，Excel 已成为当今最受欢迎的应用软件之一。

党的二十大报告指出：培养造就大批德才兼备的高素质人才，是国家和民族长远发展大计。目前很多高校开设了计算机基础及 Excel 应用等相关课程。2010 年作者编写了《Excel 数据处理与分析应用教程》一书，并于 2016 年修订为《Excel 数据处理与分析实例教程（第 2 版）》（以下简称"第 2 版"）。经过多年的教学应用，考虑到目前主流 Office 版本的变化，也考虑到更多学生对 Excel 操作和应用知识学习的需要，作者对第 2 版进行了修订。本版修订的主要内容如下。

（1）将 Excel 版本从 2010 全面升级到 2016，可以更满足实际应用的需要。

（2）调整、补充和完善了案例，使其更能体现 Excel 的功能以及在各领域的应用作用。

（3）增加微课教学视频，以帮助学生更好、更直观地理解和应用 Excel。

1

（4）对第 2 版中存在的一些问题进行了校正和修改。

（5）对每章后的习题和实训的内容进行了修改和调整。

党的二十大报告指出：教育是国之大计、党之大计。培养什么人、怎样培养人、为谁培养人是教育的根本问题。修订后的第 3 版，保留了第 2 版的特点，以系统性、科学性和实用性为原则，以提高解决实际问题的能力为目标，强调理论与实践紧密结合，引导学生掌握 Excel 数据处理与分析的理论方法及实际应用。

本书由郑小玲策划和统稿，郑小玲、张京、刘雪勇、赵丹亚、刘威参与了本书的编写，张京、刘雪勇制作了全书的微课教学视频。由于编写时间有限，加之编者水平有限，书中难免存在疏漏和不足之处，恳请读者提出宝贵意见。

编者

2023 年 6 月

第一篇 应用基础篇

第二篇 数据处理篇

第三篇　数据分析篇

第一篇 应用基础篇

第 1 章 Excel 基础

内容提要

本章主要介绍 Excel 操作界面和工作簿的基本操作。重点是通过建立工资管理工作簿和档案管理工作簿,深入了解 Excel 的工作环境,掌握工作簿及共享工作簿的创建方法,掌握应用 Excel 输入大批量数据的方法。本章是学习和使用 Excel 的重要基础。

主要知识点

- Excel 操作界面的组成
- 工作簿的基本概念
- 工作簿的创建
- 工作簿的打开与关闭
- 工作簿的保护
- 共享工作簿的创建及应用

Excel 是 Office 办公软件的一个重要组成部分,其主要功能包括数据的统计和分析、数据的管理和辅助决策。熟练应用 Excel 之前,用户需要了解 Excel 的操作界面,掌握工作簿的基本操作。

1.1 Excel 操作界面

启动 Excel 后,即可进入 Excel 的操作界面,如图 1-1 所示。Excel 2016 操作界面沿用了 Excel 2010 功能区的界面风格,以选项卡形式将相关功能组合在一起。使用功能区可以快速查找相关命令,从而大大方便了用户的使用。Excel 2016 操作界面主要由标题栏、快速访问工具栏、功能区、名称框、编辑栏、工作表编辑区和状态栏等几个部分组成。

1.1.1 快速访问工具栏

通常情况下,快速访问工具栏位于窗口标题栏左侧,提供了"保存""撤销""恢复"等命令按钮。单击"快速访问工具栏"右侧的"自定义快速访问工具栏"按钮,弹出"自定义快速访问工具栏"下拉菜单,此时用户可以通过菜单中的命令设置需要在该工具栏上显示或隐藏的命令按钮。

1

图 1-1　Excel操作界面

　　快速访问工具栏也可以显示在功能区下方，设置方法是：单击"快速访问工具栏"右侧的"自定义快速访问工具栏"按钮，在弹出的下拉菜单中，选择"在功能区下方显示"命令。

1.1.2　功能区

　　功能区位于标题栏下方，由一组选项卡组成，包括"文件""开始""插入""页面布局""公式""数据""审阅"和"视图"等。每个选项卡包含多个命令组，每个命令组由一些功能相关的命令组成。图 1-2 所示的是"公式"选项卡，其中包含"函数库""定义的名称""公式审核"和"计算"4 个命令组，而"函数库"命令组包含了多个插入函数的命令。

图 1-2　"公式"选项卡

　　除了以上 8 个常规选项卡外，功能区还包括许多附加选项卡，这些附加选项卡只在进行特定操作时才会显示出来，因此也被称为"上下文选项卡"。例如，当选定图表对象时，功能区中就会显示处理该对象的"图表工具"上下文选项卡，其中包含"设计"和"格式"两个子选项卡，如图 1-3 所示。

图 1-3　"图表工具"上下文选项卡

折叠功能区可以使工作表编辑区变大。折叠功能区有以下几种方法。

（1）使用组合键。直接按【Ctrl】+【F1】组合键。

（2）使用"折叠功能区"按钮。单击功能区右侧的"折叠功能区"按钮 ⌃。

（3）使用鼠标。用鼠标双击当前选定的选项卡标签。

同理，也可以使用上述 3 种方法将已折叠的功能区展开。

1.1.3　编辑栏

编辑栏位于功能区下方，工作表编辑区上方，是一个长条矩形框。编辑栏显示 3 个按钮，从左向右依次为"取消""输入"和"插入函数"。通常只有"插入函数"按钮有效，但当在单元格或编辑栏中进行输入或编辑等操作时，3 个按钮都可以使用。其中，"✕"为取消按钮，单击该按钮取消输入或编辑的内容；"✓"为输入按钮，单击该按钮确认输入或编辑的内容；"ƒx"为"插入函数"按钮，单击该按钮，在编辑栏中会显示一个等号"="，同时弹出"插入函数"对话框，可以输入函数。

编辑栏主要用于输入或编辑数据、公式。如果选定了某一个单元格，并在编辑栏中输入了数据或公式，那么就会在该单元格中显示相应的内容；如果在当前单元格或活动单元格中输入了数据或公式，那么也会在编辑栏中显示这些内容。

1.1.4　名称框

名称框位于功能区下方的左侧，用于显示或定义当前单元格地址、对象名称以及单元格或单元格区域的名称。单击名称框，可以编辑其中的内容；单击名称框右侧的下拉箭头，可以从下拉列表中选择已定义的单元格或单元格区域名称，并可以定位到该名称对应的单元格或单元格区域；在名称框内输入单元格地址或名称，可以快速定位到相应的单元格或单元格区域。

1.1.5　工作表编辑区

工作表编辑区是 Excel 操作界面的主要部分，由行号、列标、单元格、工作表标签、水平滚动条和垂直滚动条等组成。工作表标签代表着工作簿中的每一张工作表，一个工作簿中可以包含多张工作表，并且每张工作表的名称都会显示在标签上。Excel 2016 在默认情况下，每个新建的工作簿中只包含 1 张工作表，默认的工作表名为"Sheet1"。

1.2 工作簿基本操作

工作簿的基本操作包括工作簿的创建、保存、打开、共享、保护和关闭等。

1.2.1 认识工作簿

工作簿是一个 Excel 文件，Excel 2016 文件扩展名为.xlsx，主要用于计算和存储数据。在一个工作簿中可以管理多种类型的数据，并将数据存储在表格中，该表格称为工作表。如前所述，默认情况下，每个新建的工作簿只包含 1 张工作表，如果希望改变默认的工作表数，可以按照以下步骤进行操作。

步骤 1 打开"Excel 选项"对话框。单击"文件"→"选项"命令，系统弹出"Excel选项"对话框，然后在该对话框左侧选定"常规"选项。

步骤 2 设置新工作簿内的工作表数。在"新建工作簿时"区域中的"包含的工作表数"右侧微调框中输入工作表数，如图 1-4 所示，然后单击"确定"按钮。

图 1-4 设置新工作簿内的工作表数

1.2.2 创建工作簿

通常情况下，在 Excel 中创建一个空白工作簿，可以采用以下几种方法。

（1）系统自动创建。启动 Excel 应用程序时，系统会自动创建一个新的空白工作簿。

（2）使用"新建"命令。单击"文件"→"新建"命令，单击右侧的"空白工作簿"选项。

（3）使用快速访问工具栏。如果在快速访问工具栏上有"新建"命令按钮 ，则可以直接单击该按钮。

1.2.3 保存工作簿

创建工作簿后，需要将其保存起来，便于今后使用。

1. 初次保存工作簿

如果是初次保存新建的工作簿，其操作步骤如下。

步骤 1 打开"另存为"对话框。单击"文件"→"保存"命令，然后单击右侧的"浏览"选项，这时系统弹出"另存为"对话框。也可以直接单击"快速访问工具栏"上的"保存"按钮 。

步骤 2 设置保存位置及文件名。在该对话框中，选择存放工作簿文件的位置；在"文件名"文本框中输入文件名，然后单击"保存"按钮。

2. 另存为工作簿

将工作簿以"另存为"方式保存，即生成当前工作簿的副本，以有效地保护当前工作簿的数据。具体操作步骤如下。

步骤 1 打开"另存为"对话框。单击"文件"→"另存为"命令，然后单击右侧的"浏览"选项，这时系统弹出"另存为"对话框。

步骤 2 设置保存位置及文件名。在该对话框中，选择存放文件的位置；在"文件名"文本框中输入文件名，然后单击"保存"按钮。

"保存"与"另存为"两个命令，虽然名称和功能都非常相似，但也有一定的区别。

- 对于新创建的工作簿，在第一次执行保存操作时，"保存"与"另存为"命令的功能完全相同，都将打开"另存为"对话框，供用户选择路径、设置文件名等。
- 对于已经保存过的工作簿，再次执行保存操作时，"保存"命令不会打开"另存为"对话框，而是直接将编辑后的内容保存到当前工作簿中，工作簿的文件名、路径不会发生任何改变；"另存为"命令将会打开"另存为"对话框，允许用户重新设置存放路径和文件名，操作后得到的是当前工作簿的副本。

1.2.4 打开工作簿

如果需要查看或编辑已经建立的工作簿，需要将其打开。打开工作簿有以下几种方法。

（1）直接打开。直接双击要打开的工作簿文件，系统会自动启动 Excel 2016，并打开该 Excel 工作簿文件。

（2）使用"打开"命令。首先单击"文件"→"打开"命令，然后单击右侧的"浏览"选项，在弹出的"打开"对话框中，找到文件所在位置和需要打开的工作簿文件名，双击该文件。

（3）使用"最近使用的文档"列表。打开 Excel 2016 后，窗口左侧将列出最近使用的文档。如果要打开的工作簿文件名出现在"最近使用的文档"列表中，那么直接单击相应的工作簿文件名即可；如果文件名没有出现在列表中，可以单击"打开其他工作簿"链接，然后从右侧的最近使用的文档列表中找到并单击所需的工作簿文件名。还有一种情况是，在 Excel 中已经打开了一个工作簿文件，则可以单击"文件"→"打开"命令，在右侧列出的"最近使用的工作簿"列表中进行选择，并单击相应的工作簿文件名。

通常情况下，在右侧窗格中默认显示 25 个最近使用过的工作簿文件名，如果用户希望改变显示的工作簿文件名数目，可以按照如下步骤进行设置。

步骤1 打开"Excel 选项"对话框。单击"文件"→"选项"命令，系统弹出"Excel 选项"对话框，在该对话框左侧选定"高级"选项。

步骤2 设置最近使用的工作簿数目。在"显示"区域中，将"显示此数目的'最近使用的工作簿'"选项设置为需要的数值，如图 1-5 所示。单击"确定"按钮完成设置。

图 1-5 设置最近使用的工作簿数目

在使用 Excel 时，经常需要打开几个常用的工作簿。但是当用户打开了多个工作簿后，可能希望打开的某个工作簿已经不在"最近使用的文档"列表中了。此时可以将需要经常打开的工作簿文件名固定在文档列表中。具体操作是：单击需要固定的工作簿文件名所在行右侧的"将此项目固定到列表"图标 。这样，指定的工作簿文件名就将固定在"已固定"的列表中。

1.2.5 共享工作簿

默认情况下，Excel 工作簿文件只能被一个用户以独占的方式打开和编辑。如果一个用户试图打开一个已经被其他用户打开的工作簿文件，Excel 会弹出"文件正在使用"提示框，表示该文件已经被锁定，这时只能以只读方式打开该工作簿。如果希望实现多人同时编辑同一个工作簿文件，可以使用 Excel 提供的共享工作簿功能。

1. 创建共享工作簿

在多人同时编辑同一个工作簿之前，首先需要在已连接到网络的某台计算机或服务器的特定文件夹下创建一个共享工作簿，这个特定文件夹应该是多人都可访问的共享文件夹。

创建共享工作簿的具体操作步骤如下。

步骤 1 创建或打开一个工作簿。

步骤 2 打开"共享工作簿"对话框。在"审阅"选项卡的"更改"命令组中，单击"共享工作簿"命令，系统弹出"共享工作簿"对话框。

步骤 3 设置共享工作簿。在"共享工作簿"对话框的"编辑"选项卡中，勾选"允许多用户同时编辑，同时允许工作簿合并"复选框；在"高级"选项卡中，选择要用于跟踪和更新变化的选项，然后单击"确定"按钮。

> 如果是新建的工作簿，Excel 会弹出"另存为"对话框，此时选择已经设置好的共享文件夹，并输入文件名即可。如果是已经保存过的工作簿，Excel 会提示"此操作将导致保存文档。是否继续？"，单击"确定"按钮，即可保存创建的共享工作簿。

完成上述操作后，即完成了共享工作簿的创建，同时程序窗口的标题栏上显示"共享"标志。

2. 编辑共享工作簿

打开一个共享工作簿后，与常规工作簿操作一样，可以在其中输入和修改数据。其操作步骤如下。

步骤 1 打开共享工作簿。

步骤 2 编辑共享工作簿。在工作表中输入数据并对其进行编辑。

> 如果不同用户的编辑内容发生冲突，如两个用户对同一单元格输入了不同内容的数据，在保存工作簿时，Excel 将会弹出"解决冲突"对话框，给出冲突的内容，并询问如何解决冲突。两个用户可以在协商后决定是接受本用户的编辑还是接受其他用户的编辑。

3. 停止共享工作簿

多个用户在完成协同输入或编辑操作后，可以停止工作簿的共享。停止共享工作簿的操作步骤如下。

步骤 1 打开"共享工作簿"对话框。

步骤 2 删除用户。在"编辑"选项卡的"正在使用本工作簿的用户"列表框中，选定要删除的用户，然后单击"删除"按钮。这样就可以确保"正在使用本工作簿的用户"列表中只列出一个用户。

步骤 3 清除共享设置。取消"允许多用户同时编辑，同时允许工作簿合并"复选框的勾选，然后单击"确定"按钮。此时系统弹出提示框，提示上述操作将对其他正在使用该共享工作簿的用户产生影响。单击"是"按钮。

> 停止共享工作簿后，正在编辑该工作簿的其他用户将不能保存他们所做的修改。因此，在停止共享工作簿之前，应确保所有用户都已经完成了各自的工作。

1.2.6　保护工作簿

为了防止他人随意使用或修改工作簿，可以对其进行保护，以确保工作簿的安全。保护工作簿一般包括两个方面：一方面是保护工作簿中的结构，另一方面是保护工作簿文件不被查看和修改。

1．保护工作簿结构

保护工作簿结构，可以防止查看隐藏的工作表，也可以防止插入工作表、移动工作表、删除工作表等。保护工作簿结构的操作步骤如下。

步骤1　打开"保护结构和窗口"对话框。在"审阅"选项卡的"更改"命令组中，单击"保护工作簿"命令，系统弹出"保护结构和窗口"对话框。

步骤2　设置保护内容。勾选"结构"复选框，并在"密码（可选）"文本框中输入密码，然后单击"确定"按钮。在弹出的"确认密码"对话框的"重新输入密码"文本框中再次输入相同的密码，单击"确定"按钮。

撤销对工作簿的保护时，单击"审阅"选项卡"更改"命令组中的"保护工作簿"命令。如果设置了密码，则在弹出的"撤销工作簿保护"对话框的"密码"文本框中输入密码，然后单击"确定"按钮。

2．设置打开和修改工作簿密码

使用"另存为"对话框可以为工作簿设置打开或修改密码。具体操作步骤如下。

步骤1　打开"另存为"对话框。

步骤2　打开"常规选项"对话框。在"另存为"对话框中，单击"工具"按钮右侧下拉箭头，从弹出的下拉菜单中选择"常规选项"命令，系统弹出"常规选项"对话框。

1-1　设置打开和修改工作簿密码

步骤3　设置保护密码。在"打开权限密码"和"修改权限密码"文本框中输入密码，如图 1-6 所示。

步骤4　确认保护密码。单击"确定"按钮，弹出"确认密码"对话框。在"重新输入密码"文本框中再次输入相同的打开权限密码，单击"确定"按钮，弹出"确认密码"对话框，在"重新输入修改权限密码"文本框中再次输入相同的修改权限密码。

步骤5　保存设置。单击"确定"按钮返回"另存为"对话框，单击"保存"按钮结束设置。

用户也可以通过对文件进行加密，防止他人打开工作簿文件。加密工作簿文件的操作步骤如下。

步骤1　打开"加密文档"对话框。单击"文件"→"信息"命令，然后单击右侧"保护工作簿"→"用密码进行加密"命令，系统弹出"加密文档"对话框。

步骤2　设置加密文档的密码。在该对话框的"密码"文本框中输入密码，如图 1-7 所示。

图 1-6　设置保护密码

图 1-7　设置加密文档的密码

<u>步骤3</u> 确认密码。单击"确定"按钮，弹出"确认密码"对话框。在"重新输入密码"文本框中再次输入相同的密码，然后单击"确定"按钮。

1.2.7 关闭工作簿

关闭工作簿有以下几种常用的方法。
（1）使用"关闭"命令。单击"文件"→"关闭"命令。
（2）使用 Excel 程序窗口的"关闭"按钮。单击 Excel 程序窗口右上角的"关闭"按钮 ✕。
（3）使用组合键。直接按【Alt】+【F4】组合键。

如果希望将当前打开的所有工作簿在同一时间一起关闭，可以按住【Shift】键，然后单击 Excel 程序窗口右上角的"关闭"按钮。

1.3 应用实例——创建工资管理工作簿

无论是企业单位还是政府部门，都需要对员工的工资进行管理。工资管理应用普遍，处理频繁，计算规则相对规范和简单，是最早应用计算机进行管理的领域之一。不同的企事业单位虽然在工资管理方面有一定差异，但是管理的方式和步骤是相似的，基本上都是以二维表格的方式进行处理，使用 Excel 处理十分方便。本节将通过创建工资管理工作簿，进一步说明创建工作簿的方法。

1.3.1 创建工资管理工作簿

通常工资管理所处理的数据包括人事信息、考勤信息、绩效信息以及其他工资信息等内容。考虑到不同单位的考勤计算方法和绩效信息的统计处理差异较大，本实例主要涉及基本工资信息的处理。假设某公司由经理室、人事部、财务部、行政部、公关部、项目一部和项目二部等 7 个部门构成，共有 63 名员工。"工资管理"工作簿包含 2 张工作表，员工的人事信息存放在"人员清单"工作表中，部分工资信息存放在"工资计算"工作表中，如图 1-8 和图 1-9 所示。

图 1-8 "人员清单"工作表

图 1-9 "工资计算"工作表

在"工资计算"工作表中，有些是基础数据，如序号、姓名、基本工资、职务工资等；有些是计算得到的数据，如工龄补贴、应发工资等。图 1-9 仅给出了"工资计算"表的基础数据。

若要使用 Excel 处理这两张表，首先需要创建一个空白工作簿，然后输入所需数据。创建"工资管理"工作簿的操作步骤如下。

<u>步骤1</u> 创建空白工作簿。启动 Excel，此时系统自动打开一个新的工作簿，名称为"工

作簿 1.xlsx"。

步骤2　修改工作表名。双击工作表标签"Sheet1"，输入工资计算。

1.3.2　输入"工资计算"表的基础数据

在"工资计算"工作表中输入数据的操作步骤如下。

步骤1　输入数据。按照图 1-9 所示的"工资计算"工作表的内容，将员工的基础工资信息输入到"工资计算"工作表中。

步骤2　保存工作簿。单击快速访问工具栏上的"保存"按钮，然后单击右侧的"浏览"选项，弹出"另存为"对话框，选择"D:\工资管理"文件夹；在"文件名"文本框中输入工资管理，然后单击"保存"按钮。

注意　在创建工作簿之前，最好先建立用于保存该工作簿文件的文件夹。

此处只是创建了一个简单的"工资管理"工作簿，并向"工资计算"工作表中输入了基础数据，还有更多的数据需要输入和处理，另外，还需要创建"人员清单"工作表。这些操作将在后面的章节中继续完成。

1.4　应用实例——创建档案管理工作簿

档案管理是计算机应用最为广泛的领域之一。在日常的管理工作中，企事业单位的人事档案、生产部门的产品资料、销售单位的客户信息、学校的学生学籍档案，以及医院的病人病案等管理大都属于档案管理的范畴。本节将通过创建一个管理人事档案的档案管理工作簿，来说明创建共享工作簿的方法。

1.4.1　创建档案管理共享工作簿

通常人事档案管理所处理的数据量比较大，有时候还有很强的时效性。在这种情况下可以利用 Excel 的共享工作簿功能，由多人协作完成有关的数据处理任务。假设某公司员工的人事档案包括员工本人的基本信息和与公司相关的档案资料信息两部分，由甲、乙两人分别负责处理。甲负责员工本人的基本信息，如姓名、性别、出生日期、婚姻状况等；乙负责员工与公司相关的档案资料信息，如部门、职务、基本工资等。该公司有 63 名员工，有关员工的档案信息存放在名为"档案管理.xlsx"工作簿文件的"人事档案"工作表中，如图 1-10 所示。

	A	B	C	D	E	F	G	H	I	J	K	L	M	N
1	序号	姓名	性别	出生日期	学历	婚姻状况	籍贯	部门	职务	职称	参加工作日期	联系电话	身份证号码	基本工资
2	A001	黄振华	男	1966/4/10	大专	已婚	北京	经理室	董事长	高级经济师	1987/11/23	13512341234	110102196604100138	12005
3	A002	尹洪群	男	1968/9/18	大本	已婚	山东	经理室	总经理	高级工程师	1989/4/18	13512341235	110102196809180010	8505
4	A003	扬灵	男	1973/3/19	博士	已婚	北京	经理室	副总经理	经济师	2000/12/4	13512341236	110101197303191117	7910
5	A004	沈宁	女	1977/10/2	大专	未婚	北京	经理室	秘书	工程师	1999/10/23	13512341237	110101197710021836	4760
6	B001	赵文	女	1967/12/30	大本	已婚	北京	人事部	部门主管	经济师	1991/1/18	13512341238	110102196712031800	4760
7	B002	胡方	男	1966/4/8	大本	已婚	四川	人事部	业务员	高级经济师	1987/12/24	13512341239	110101196604082100	8505
8	B003	郭斯	女	1964/3/26	大本	已婚	北京	人事部	业务员	经济师	1983/12/12	13512341240	110101196403262430	4760
9	B004	周晓明	女	1989/6/20	大专	已婚	北京	人事部	业务员	经济师	1989/3/6	13512341241	110101196906203131	4760
10	B005	张淑纺	女	1968/11/9	大专	已婚	安徽	人事部	统计	助理统计师	2001/3/6	13512341242	110101196811092306	4200
11	C001	李忠旗	男	1965/2/10	大本	已婚	北京	财务部	财务总监	高级会计师	1987/1/1	13512341243	110101196502103339	10080

图 1-10　"人事档案"工作表

甲、乙两人合作创建共享工作簿时，需要先在已连接到网络的某台计算机或服务器上建立一个特定文件夹，这个文件夹应该是甲、乙两人均可访问的共享文件夹；然后在这个特定的文件夹下创建一个共享工作簿。

假设共享工作簿由甲负责创建，具体操作步骤如下。

步骤1 创建工作簿。启动 Excel，双击工作表标签 "Sheet1"，输入人事档案。在 "人事档案" 工作表中输入表头信息，包括序号、姓名、性别、出生日期、学历、婚姻状况、籍贯、部门、职务、职称、参加工作日期、联系电话、身份证号码、基本工资等项。输入所有员工的序号和姓名。

步骤2 设置共享工作簿。在 "审阅" 选项卡的 "更改" 命令组中，单击 "共享工作簿" 命令，系统弹出 "共享工作簿" 对话框；在该对话框中勾选 "允许多用户同时编辑，同时允许工作簿合并" 复选框。

步骤3 保存共享工作簿。单击 "确定" 按钮。由于是新建立的工作簿，因此系统自动弹出 "另存为" 对话框，选择已设置好的共享文件夹，并输入文件名档案管理，然后单击 "保存" 按钮。此时，程序窗口的标题栏上出现 "共享" 标志，如图 1-11 所示。

图 1-11 共享工作簿创建结果

1.4.2 输入档案管理数据

在创建好共享工作簿后，甲、乙两人可以同时进行数据的输入工作。

（1）甲输入数据的具体操作步骤如下。

步骤1 创建副本工作簿。甲通过网络打开 "档案管理.xlsx" 工作簿文件，打开文件后，单击 "文件" 选项卡中的 "另存为" 命令，单击右侧的 "浏览" 选项，弹出 "另存为" 对话框，选择原共享工作簿所在的共享文件夹，输入文件名档案管理_01，然后单击 "保存" 按钮。

步骤2 输入数据。在 G2:G64 单元格区域输入每名员工的籍贯信息。甲输入数据结果如图 1-12 所示。

图 1-12 甲输入数据结果

步骤3 保存工作簿。单击快速访问工具栏中的 "保存" 按钮。

（2）乙输入数据的具体操作步骤如下。

步骤1 创建副本工作簿。乙使用与甲相同的方法创建副本工作簿，副本工作簿文件名为"档案管理_02"。

步骤2　输入数据。在 H2:L64 单元格区域输入每名员工的部门、职务、职称、参加工作日期、联系电话等信息，在 N2:N64 单元格区域输入基本工资信息。乙输入数据结果如图 1-13 所示。

图 1-13　乙输入数据结果

步骤3　保存工作簿。单击快速访问工具栏中的"保存"按钮。

1.4.3　合并工作簿

甲、乙两人的输入工作完成后，即可进行合并工作簿的操作。具体操作步骤如下。

步骤1　打开共享工作簿文件"档案管理.xlsx"。

步骤2　添加"比较和合并工作簿"命令。合并工作簿时需要使用"比较和合并工作簿"命令，如果在功能区或快速访问工具栏上有该命令，可以跳过此步；如果没有，需要先将其添加到功能区或者快速访问工具栏上。将此命令添加到快速访问工具栏上的方法是：单击"文件"选项卡中的"选项"命令，打开"Excel 选项"对话框。在该对话框左侧选定"快速访问工具栏"选项，在右侧的"从下列位置选择命令"下拉列表中，选择"不在功能区中的命令"，在其下方的列表框中选择"比较和合并工作簿"命令，然后单击中间的"添加"按钮。最后单击"确定"按钮，此时在快速访问工具栏上将出现该命令的命令按钮 。

步骤3　选择要合并的工作簿文件。单击快速访问工具栏上的"比较和合并工作簿"按钮，系统弹出"将选定文件合并到当前工作簿"对话框，选择需要合并的工作簿文件"档案管理_01.xlsx"和"档案管理_02.xlsx"，如图 1-14 所示。

图 1-14　选择需要合并的工作簿文件

步骤4　合并工作簿。单击"确定"按钮开始合并，合并工作簿后的结果如图 1-15 所示。

图 1-15　合并工作簿后的结果

步骤5 保存合并结果。单击快速访问工具栏中的"保存"按钮。

通过利用 Excel 共享工作簿的方式，两人协作建立好了"档案管理"工作簿。对于需要输入大批量数据，特别是时间要求比较紧的情况，都可以采用这种方式。另外，对于跨省市，甚至是跨国公司的实时信息管理，也可以采用共享工作簿方式，由多人在异地协同完成同一工作簿的数据处理工作。

习　题

一、选择题

1．以下关于 Excel 工作表的叙述中，正确的是（　　）。
　　A．工作表是计算和存取数据的文件
　　B．无法对工作表名进行重命名
　　C．工作表名显示在 Excel 窗口的上方
　　D．默认的工作表名为 Sheet1 等

2．在 Excel 中，用来存储并处理数据的文件，称为（　　）。
　　A．单元格　　　　　B．工作表　　　　　C．工作区　　　　　D．工作簿

3．Excel 2016 工作簿文件的扩展名是（　　）。
　　A．.doc　　　　　B．.xls　　　　　C．.docx　　　　　D．.xlsx

4．以下不属于 Excel 2016 操作界面的是（　　）。
　　A．名称框　　　　　　　　　　　B．导航窗格
　　C．编辑栏　　　　　　　　　　　D．快速访问工具栏

5．在 Excel 2016 中，系统默认的工作表数是（　　）。
　　A．1　　　　　B．3　　　　　C．25　　　　　D．255

6．打开 Excel 工作簿一般是指（　　）。
　　A．显示并打印指定工作簿的内容
　　B．为指定工作簿开设一个新的空文档窗口
　　C．把工作簿内容从内存中读出，并显示出来
　　D．把工作簿的内容从外部存储器读入内存，并显示出来

7．多人协作处理同一工作簿的数据时，需要先将该工作簿（　　）。
　　A．打开　　　　　B．保存　　　　　C．加密　　　　　D．设置为共享

8．若要设置保护 Excel 工作簿的密码，应使用相应选项卡下的"更改"命令组中的"保护工作簿"命令，该选项卡是（　　）。
　　A．文件　　　　　B．数据　　　　　C．审阅　　　　　D．视图

9．以下无法关闭工作簿的操作是（　　）。
　　A．双击 Excel 窗口标题栏最左侧　　　B．单击 Excel 窗口的"关闭"按钮
　　C．单击 Excel 窗口的"最小化"按钮　　D．单击"文件"→"关闭"命令

10．视图模式切换按钮位于（　　）。
　　A．状态栏右侧　　　　　　　　　B．水平滚动条右侧
　　C．功能区右侧　　　　　　　　　D．垂直滚动条上方

二、填空题

1．每个选项卡中包含了多个命令组，每个命令组通常都由一些_____的命令所组成。

2．折叠功能区的组合键是_____。

3．在名称框内输入_____，可以快速定位到相应的单元格。

4．加密工作簿文档时，首先单击"文件"选项卡中的"信息"命令，然后单击"保存工作簿"按钮，并在弹出的下拉菜单中选择"_____"命令。

5．保护工作簿一般包括两个方面，一方面是保护工作簿中的_____；另一方面是保护工作簿文件不被查看和修改。

三、问答题

1．Excel 2016 操作界面由哪几部分构成？

2．什么是工作簿？如何保护工作簿？

3．新建工作簿中默认的工作表数是多少？如何增加工作表数？

4．如何将最近打开的工作簿文件固定在最近使用的工作簿文档列表中？

5．多人协作创建工作簿的优势是什么？如何协作完成？

实　训

1．按以下要求创建一个工作簿。

（1）工作簿文件名为"劳资管理.xlsx"。

（2）工作簿中包含两张工作表，工作表名分别为"工资"表和"考勤"表，表内容为空。

（3）不允许在工作簿中增加或删除工作表，撤销工作簿保护时，要求输入密码（密码自行拟定）。

2．两人协作，按以下要求创建一个工作簿。

（1）工作簿文件名为"办公管理.xlsx"。

（2）工作簿中有 1 张工作表，工作表名为"员工信息"。

（3）工作表内容如图 1-16 所示。输入工作表中的所有数据。

工号	姓名	性别	岗位	部门	入职日期	办公电话	移动电话	E-mail地址	备注
CK01	孙家龙	男	董事长	办公室	1994/8/3	010-65971111	13311211011	sunjialong@cheng-wen.com.cn	
CK02	张卫华	男	总经理	办公室	1990/8/28	010-65971112	13611101010	zhanghuihua@cheng-wen.com.cn	
CK03	王叶	女	主任	办公室	1996/9/19	010-65971113	13511212121	wangye@cheng-wen.com.cn	
CK04	梁勇	男	职员	办公室	2006/9/1	010-65971122	13511212122	liangyong@cheng-wen.com.cn	
CK05	朱思华	女	文秘	办公室	2009/7/3	010-65971115	13511212123	zhusihua@cheng-wen.com.cn	
CK06	陈关敏	女	主任	财务部	1998/8/2	010-65971115	13511212124	chungm@cheng-wen.com.cn	
CK07	陈德生	男	出纳	财务部	2008/9/12	010-65971115	13511212125	chunds@cheng-wen.com.cn	
CK08	陈桂兰	女	会计	财务部	1996/8/13	010-65971115	13511212126	chunguilan@cheng-wen.com.cn	
CK09	彭庆华	男	主任	工程部	1984/8/3	010-65971115	13511212127	pqh@cheng-wen.com.cn	
CK10	王成祥	男	总工程师	工程部	1999/8/4	010-65971120	13511212128	wangcxyang@cheng-wen.com.cn	
CK11	何家强	男	工程师	工程部	2004/12/3	010-65971120	13511212129	hejq@cheng-wen.com.cn	
CK12	曾伦清	男	技术员	工程部	1999/8/3	010-65971120	13511212130	zlq@cheng-wen.com.cn	
CK13	张新民	男	工程师	工程部	2003/8/25	010-65971121	13511212131	zhangxm@cheng-wen.com.cn	
CK14	张跃华	男	主任	技术部	1990/9/13	010-65971124	13511212132	zhangyuh@cheng-wen.com.cn	
CK15	邓都平	男	技术员	技术部	2011/2/28	010-65971125	13511212133	dengdp@cheng-wen.com.cn	
CK16	朱京丽	女	技术员	技术部	2013/7/17	010-65971126	13511212134	zhujl8041@cheng-wen.com.cn	
CK17	蒙继炎	男	主任	市场部	1996/9/3	010-65971127	13511212135	penjy@cheng-wen.com.cn	
CK18	王丽	女	业务主管	市场部	2008/8/3	010-65971128	13511212136	wl_1996@cheng-wen.com.cn	
CK19	梁鸿	男	主任	市场部	1984/2/1	010-65971129	13511212137	lianghong_62@cheng-wen.com.cn	
CK20	刘尚武	男	业务主管	销售部	1991/5/22	010-65971130	13511212138	liu_shangwu@cheng-wen.com.cn	
CK21	朱强	男	销售主管	销售部	1993/8/3	010-65971131	13511212139	zhuqiang@cheng-wen.com.cn	
CK22	丁小飞	女	销售员	销售部	2013/6/14	010-65971132	13511212140	dignxiaofei@cheng-wen.com.cn	
CK23	孙宝彦	男	销售员	销售部	2004/9/27	010-65971132	13511212141	sby@cheng-wen.com.cn	
CK24	张港	男	销售员	销售部	2014/9/21	010-65971134	13511212142	zhangg@cheng-wen.com.cn	

图 1-16　"员工信息"表

第2章 创建工作表

内容提要

本章主要介绍 Excel 工作表的基本概念、应用 Excel 输入数据的方法和技巧。重点是通过输入人事档案和工资计算两张工作表的数据，理解 Excel 工作表的基本概念，掌握输入普通数据和特殊数据的方法，特别是掌握快速输入数据的技巧。这部分是应用 Excel 完成数据输入的重要内容，应用好这些方法，可以提高输入效率。

主要知识点

- 工作表、单元格的概念
- 输入数据
- 自动填充数据
- 从下拉列表中选择数据
- 自动更正数据
- 查找与替换数据
- 使用"数据验证"输入数据
- 导入数据

工作表是 Excel 用户输入和处理数据的工作平台。使用 Excel 处理数据，首先必须将数据输入到工作表中，然后再根据需要输入计算公式，进行数据处理。数据有哪些类型、如何输入不同类型的数据，以及如何提高输入效率等，都将在本章中进行简要介绍。

2.1 认识工作表

在 Excel 中，所有操作都是围绕工作簿和工作表进行的。每个工作簿可以包含多张工作表，每张工作表可以包含多行和多列的数据。这些数据都存放在单元格中。工作簿、工作表及单元格等是 Excel 的重要概念，对于这些概念的理解与掌握，将成为学习和使用 Excel 的重要基础。

2.1.1 工作表

工作表是 Excel 的主要操作对象，由 1048576 行和 16384 列构成。其中，列标以"A、B、C、AA、AB、…"字母表示，其范围为 A～XFD，对应着工作表中的一列；行号以"1、2、

3、…"数字表示，其范围为 1～1048576，对应着工作表中的一行。

　　每张工作表具有一个标签，显示工作表名。当前选定的工作表标签，其颜色与其他工作表标签不同，该工作表称为当前工作表，此时工作簿窗口中显示选定的工作表，用户可以对其进行各种操作。如果需要选定某张工作表，单击其工作表标签即可。如果需要更改工作表名，可以双击要更名的工作表标签，然后输入新的工作表名。

2.1.2　单元格

　　工作表中行与列交叉位置形成的矩形区域称为单元格。单元格是存储数据的基本单元，其中可以存放文本、数字、逻辑值、计算公式等不同类型的数据。工作表中每个单元格的位置称为单元格地址，一般用"列标+行号"来表示。例如，B5 表示工作表中第 2 列第 5 行的单元格。

　　启动 Excel 后，通常是打开一个名为"工作簿1"的工作簿，并且显示 1 张工作表"Sheet1"，此时在 A1 单元格周围有一个粗黑框，在名称框中显示了该单元格的地址A1，表示可以对这个单元格进行各种编辑操作，包括输入或修改数据等。在 Excel 中，将被选定的单元格称为活动单元格，将当前可以操作的单元格称为当前单元格。如果活动单元格只有一个，那么该单元格就是当前单元格；如果活动单元格有多个，那么被选定的多个单元格中呈反白显示的单元格就是当前单元格，如图 2-1 所示。

图 2-1　活动单元格和当前单元格

2.1.3　单元格区域

　　单元格区域是指由若干个单元格构成的矩形区域，其地址表示方法为：单元格地址:单元格地址。其中，第 1 个单元格地址为单元格区域左上角单元格的地址，第 2 个单元格地址为单元格区域右下角单元格的地址。例如，B9:D12 是以 B9 单元格为左上角、D12 单元格为右下角形成的矩形区域，共 12 个单元格。单元格区域中的所有单元格均为活动单元格，左上角单元格 B9 为当前单元格。

2.2　选定单元格

　　在对单元格或单元格区域进行处理之前，需要先选定它，使其成为当前单元格。

2.2.1　选定单元格

　　选定单元格的方法有很多，可以根据需要进行选择。

　　（1）使用鼠标。将鼠标定位到要选定的单元格上，单击左键。

　　（2）使用命令。在"开始"选项卡的"编辑"命令组中，单击"查找和选择"→"转到"命令，系统弹出"定位"对话框。在"引用位置"文本框中输入要选定的单元格地址，然后单击"确定"按钮。

　　（3）使用快捷键。直接按下【F5】键，打开"定位"对话框，在"引用位置"文本框中输入要选定的单元格地址，然后单击"确定"按钮。

　　（4）使用名称框。在"名称框"中直接输入要选定的单元格地址，然后按【Enter】键。如果已经为单元格定义了名称，则可以在"名称框"中输入单元格名称，或单击"名称框"右侧下拉箭头，在弹出的单元格名称下拉列表中选择所需的名称，然后按【Enter】键。

15

2.2.2　选定单元格区域

用户可以选定连续的单元格区域，也可以选定不连续的单元格区域。

1．选定连续的单元格区域

根据要选定的单元格区域大小，选择相应的方法。如果需要选定的单元格区域比较小，可以通过鼠标来完成；如果需要选定的单元格区域比较大，超出了屏幕可显示的范围，可以使用键盘来完成；如果单元格区域特别大，可以通过键盘与鼠标的配合来完成。

（1）使用鼠标。将鼠标定位到待选区域左上角的单元格，然后按住鼠标左键拖曳至待选区域右下角的单元格，释放鼠标即可选定鼠标扫过的若干单元格。

（2）使用键盘。首先选定待选区域左上角的单元格，然后按住【Shift】键，使用方向键或者【Home】键、【End】键、【PgUp】键、【PgDn】键来扩展选择的区域。

（3）使用鼠标和键盘。首先选定待选区域左上角的单元格，然后拖曳工作表滚动条到待选区域的右下角，按住【Shift】键，再单击待选区域右下角的单元格。

（4）使用名称框。在"名称框"中直接输入要选定的单元格区域地址，然后按【Enter】键。如果已经为单元格区域定义了名称，则可以在"名称框"中输入单元格区域名称，或单击"名称框"右侧下拉箭头，在弹出的名称下拉列表中选择所需的单元格区域名称，然后按【Enter】键。

2．选定非连续的单元格区域

如果需要同时选定多个不相邻的单元格或单元格区域，可以使用下述方法。

（1）使用【Ctrl】键。先选定一个区域，然后按住【Ctrl】键，再用鼠标选定其他的区域。

（2）使用【Shift】+【F8】组合键。先按下【Shift】+【F8】组合键，进入"添加选定"模式；然后依次选择所需的单元格区域，直到全部选定为止；最后按【Esc】键，取消选定状态。

　　当选定了一个或多个单元格区域后，连续按【Enter】键，可以在区域范围内切换不同的单元格为当前单元格；连续按【Shift】+【Enter】组合键，则可以按相反的次序切换区域范围内的单元格为当前单元格。

2.3　输入数据

使用 Excel 时，经常需要向工作表中输入不同类型的数据，如数值、日期、文本等。

2.3.1　数据类型

在工作表中输入和编辑数据是 Excel 中最基本的操作之一。在工作表中可以输入和保存的数据有 4 种类型，包括数值、日期和时间、文本和逻辑。一般情况下，数据的类型由用户输入数据的内容自动确定。

1．数值

数值是指所有代表数量的数据形式，通常由数字 0~9 及正号（+）、负号（-）、小数点（.）、百分号（%）、千位分隔符（,）、货币符号（$、¥）、指数符号（E 或 e）、分数符号（/）等组成。数值型数据可以进行加、减、乘、除以及乘幂等各种数学运算。

2．日期和时间

在 Excel 中，日期是以一种特殊的数值形式存储的，这种数值形式称为"序列值"。序列值的数值范围为 1~2958465 的整数，分别对应 1900 年 1 月 1 日~9999 年 12 月 31 日。例如，2008 年 8 月 8 日对应的序列值是 39668。由于日期存储为数值形式，因此它继承了数值的运算功能，即日期型数据可以进行加、减等数学运算。例如，要计算 2 个日期之间相距的天数，可以用一个日期减去另一个日期；要计算某日期以后或以前若干天的日期，可以用一个日期加上或减去一个天数值。

Excel 自动将所有时间存储为小数，0 对应 0 时，1/24（0.0416）对应 1 时，1/12（0.083）对应 2 时，1/1440（0.000649）对应 1 分，等等。例如，2008 年 8 月 8 日下午 8 时对应的是 39668.833333。

> 日期和时间型数据不能为负数，不能超过最大日期序列值，否则会显示一串填满单元格的符号 "#"，以此来表示错误。

3．文本

文本是指一些非数值的文字、符号等，通常由字母、汉字、空格、数字及其他字符组成。例如，"姓名""Excel""A234" 等都是文本型数据。文本型数据不能用于数值运算，但可以进行比较和连接运算。连接运算符为 "&"，可以将若干个文本首尾相连，形成一个新的文本。例如，"中国"&"计算机用户"，运算结果为 "中国计算机用户"。

4．逻辑

在 Excel 中，逻辑型数据只有 2 个，一个为 "TRUE"，即为真；另一个为 "FALSE"，即为假。

2.3.2　输入文本

文本是 Excel 工作表中非常重要的一种数据类型。文本可以作为行标题、列标题或工作表说明。在工作表中输入文本型数据时，系统默认为左对齐。如果输入的数据是以数字开头的文本，系统仍视其为文本。Excel 规定，每个单元格中最多可以容纳 32000 个字符，如果在单元格中输入的字符超过了单元格的宽度，Excel 自动将字符依次显示在右侧相邻的单元格上。如果相邻单元格中含有数据，文本字符将被自动隐藏。在工作表中输入文本，可以采用以下方法。

（1）在编辑栏中输入。选定待输入文本的单元格，单击编辑栏中的编辑框，输入文本，然后按【Enter】键或单击 "输入" 按钮 ✓。

（2）在单元格中输入。单击待输入文本的单元格，然后输入文本；或者双击待输入文本的单元格，然后输入文本。

这 2 种方法的区别是，前者输入的数据将覆盖该单元格原有的数据，而后者将保留该单元格原有的数据。

> 当输入的文本较长时，可以通过换行将输入的文本全部显示在当前单元格内。设置 "自动换行" 的方法有 2 种。
>
> （1）使用组合键。输入文本时，如果需要换行，按【Alt】+【Enter】组合键。
>
> （2）设置 "自动换行" 格式。具体操作步骤如下。
>
> 步骤1　选定单元格。选定待设置格式的单元格或单元格区域。
>
> 步骤2　打开 "设置单元格格式" 对话框。单击 "开始" 选项卡 "对齐方式" 命令组右下角的对话框启动按钮 ，系统弹出 "设置单元格格式" 对话框。
>
> 步骤3　设置 "自动换行"。在该对话框中，单击 "对齐" 选项卡，勾选 "自动换行" 复选框，然后单击 "确定" 按钮。

2.3.3 输入数值

数值是 Excel 工作表最重要的组成部分，进行数值计算是 Excel 最基本的功能。Excel 中的数值不仅包括普通的数字数值，也包括小数数值和货币数值。在工作表中输入数值型数据时，系统默认的对齐方式为右对齐。

2-1 输入数值

1. 输入普通数值

在单元格中输入普通数值，其方法与输入文本型数据相似，先选定待输入数值的单元格，然后在编辑框中输入数字，或在单元格中输入数字。

> **注意**　　如果单元格中数据显示为 "########"，说明单元格的宽度不够。通过增加该单元格的宽度，可以将数据完整显示出来。

2. 输入小数数值

单价等价格数据一般都带有 2 位小数，在使用 Excel 处理这类数据时需要输入小数数值。在单元格中输入小数数值，可以采用以下 2 种方法。

（1）在单元格中输入。方法与输入普通数值相同。

（2）设置"小数位数"格式。在输入数据前，先设置单元格的"小数位数"，然后再输入。其操作步骤如下。

步骤 1　选定待输入数据的单元格或单元格区域。

步骤 2　打开"设置单元格格式"对话框。单击"开始"选项卡"数字"命令组右下角的对话框启动按钮　；或右键单击选定的单元格或单元格区域，从弹出的快捷菜单中选择"设置单元格格式"命令，系统弹出"设置单元格格式"对话框。

步骤 3　设置"小数位数"格式。在"分类"列表框中选定"数值"选项，在"小数位数"微调框中输入 2，在"负数"列表框中选定"-1234.10"选项，如图 2-2 所示。单击"确定"按钮。

步骤 4　输入小数数值。在单元格中输入小数数值，此时可以发现在该单元格中输入的数据小数点后不足 2 位时系统自动补 0。

图 2-2　设置"小数位数"格式

> 对于批量的小数数值，如果小数位数相同，可以通过设置自动插入小数点，以此简化数据输入，提高输入效率。设置"自动插入小数点"的操作步骤如下。
>
> **步骤 1**　打开"Excel 选项"对话框。单击"文件"→"选项"命令，系统弹出"Excel 选项"对话框，选定对话框左侧的"高级"选项。
>
> **小技巧**　**步骤 2**　设置自动插入小数点。勾选"编辑选项"区域中的"自动插入小数点"复选框，并设置"位数"值，本例设置为 2，如图 2-3 所示。单击"确定"按钮。

图 2-3　设置自动插入小数点

步骤3　输入数值。设置好自动插入小数点，以后输入数据时，只要将原来数据放大 100 倍，系统就会自动变为所需要的小数数值，免去了小数点的输入。例如，要输入 12.1，实际输入的是 1210，在单元格中就会显示为"12.1"。

3．输入货币数值

货币数值属于特殊的数值型数据，往往需要在数值前加上货币符号，常规数据格式不适合这类数据。因此，需要在输入前设置单元格的数字类型，以保证数据的匹配。设置方法有以下 2 种。

（1）使用"会计数字格式"命令。具体操作步骤如下。

步骤1　选定单元格。选定待输入货币数值的单元格。

步骤2　选择所需货币符号。在"开始"选项卡的"数字"命令组中，单击"会计数字格式"下拉箭头，在弹出的"会计数字格式"命令下拉列表中选择所需的货币符号。

步骤3　输入货币数值。在单元格中输入数值。

（2）设置"货币"格式。在输入数据前，先将单元格设置为"货币"格式，然后再输入。操作步骤如下。

步骤1　选定待输入数据的单元格或单元格区域。

步骤2　打开"设置单元格格式"对话框。

步骤3　设置"货币"格式。单击"数字"选项卡，在"分类"列表框中选定"货币"选项；在"货币符号"下拉列表框中选定所需的货币符号；设置"小数位数"和"负数"，如图 2-4 所示。单击"确定"按钮。

图 2-4　设置"货币"格式

步骤4　输入货币数值。在单元格中输入数值。

此时可以发现输入的数值前面自动加上了所选的货币符号。

4．输入分数值

输入分数值时，输入顺序是：整数→空格→分子→正斜杠（/）→分母。例如，要输入二又四分之一，则应在选定的单元格中输入 2 1/4。如果输入纯分数，整数部分的 0 不能省略。例如，输入四分之一的方法是输入 0 1/4。

如果输入分数的分子大于分母，如"$\frac{11}{5}$"，Excel 将自动进行进位换算，将分数显示为换算后的"整数+真分数"形式，如 2 1/5；如果输入分数的分子和分母还包含大于 1 的公约数，如"$\frac{3}{15}$"，在单元格中输入数据后，Excel 将自动对其进行约分处理，转换为最简形式，如 1/5。

5．输入百分比数值

输入百分比数值可以使用以下 2 种方法。

（1）在单元格中先输入百分比数值，然后输入百分号（%）。例如，直接输入 45%，所在单元格的百分比数值即为 45%。

（2）在单元格中先输入百分比数值对应的小数数值，然后选定该单元格，再单击"开始"选项卡"数字"命令组中的"百分比样式"按钮 % 。例如，先输入 0.45，然后选定该单元格，再单击"开始"选项卡"数字"命令组中的"百分比样式"按钮，所在单元格的百分比数值即为"45%"。

采用第 2 种方法输入百分比数值时，Excel 会自动将输入的数值乘以 100。

6．输入身份证号码

中国的身份证号码一般为 18 位，如果在单元格中输入一个 18 位的身份证号码，Excel 会将显示方式转换为科学记数法，而且还会将最后 3 位数字变为 0。原因是 Excel 将身份证号码作为数值数据来处理，而 Excel 能够处理的数值精度为 15 位，超过 15 位的数字则作为 0 来保存。另外，对于超过 11 位的数值型数据，Excel 默认以科学记数法来表示。因此，如果需要在单元格中正确保存并显示身份证号码，必须将其作为文本数据来输入。将数值型数据强行转换为文本型数据有 2 种方法。

（1）使用前导符。在输入身份证号码前，先输入一个单引号（'），然后再输入身份证号码。

（2）设置"文本"格式。在输入身份证号码前，先将单元格设置为"文本"格式，然后再输入。操作步骤如下。

步骤 1 选定单元格。选定待输入身份证号码的单元格。

步骤 2 打开"设置单元格格式"对话框。

步骤 3 设置"文本"格式。单击"数字"选项卡，在"分类"列表框中选择"文本"选项，然后单击"确定"按钮。

步骤 4 输入身份证号码。

如果输入身份证号码后再设置格式，就无法将后 3 位的数字 0 恢复成数字。

2.3.4 输入日期和时间数值

日期和时间属于特殊数值型数据，与输入普通数值型数据不同，日期和时间应遵循一定的格式。在工作表中输入日期和时间时，系统默认的对齐方式为右对齐。

1. 输入日期数值

Excel 对日期数据的处理有一定的格式要求，不符合要求的数据将被当作文本型数据处理，不能进行与日期有关的计算。Excel 默认的日期格式为"年-月-日"，"年/月/日"格式也能被识别。通常输入日期有以下 2 种方法。

（1）在单元格中输入。使用"/"或"-"直接在单元格中输入。例如，输入 2021-1-1 或 2021/1/1。

（2）设置"日期"格式。在输入日期数据前，先将单元格设置为"日期"格式。具体操作步骤如下。

步骤1　选定单元格。选定待输入数据的单元格或单元格区域。

步骤2　打开"设置单元格格式"对话框。

步骤3　设置"日期"格式。单击"数字"选项卡，在"分类"列表框中选择"日期"选项，在"类型"列表框中选择一种显示类型，如图 2-5 所示。单击"确定"按钮。

步骤4　输入日期数值。

图 2-5　设置"日期"格式

注意　读者按照习惯可能会输入 2008.8.8 这样的日期数值，但是系统并不能将这种数据识别为日期格式，而只能视其为文本数据。

如果依据图 2-5 所示的格式进行设置，则 Excel 日期的输入值及其对应的显示值和存储值如表 2-1 所示。

表 2-1　　　　　　　　　　日期的输入值及其对应的显示值和存储值

输 入 值	显 示 值	存 储 值
1/1	1 月 1 日	2021/1/1（注：年份为当年年份）
21/1/1	2021/1/1	2021/1/1
2021/1/1	2021/1/1	2021/1/1
21-1-1	2021/1/1	2021/1/1
1-May	1-May	2021/5/1（注：年份为当年年份）
1-Aug-21	1-Aug-21	2021/8/1
2021 年 1 月 1 日	2021 年 1 月 1 日	2021/1/1

2. 输入时间数值

与输入日期一样，输入时间也有多种固定的输入格式，输入时需要注意。可以采用以下 2 种方法输入时间。

（1）在单元格中输入。在单元格中输入时间时，系统默认按 24 小时制输入。如果需要按照 12 小时制输入时间，则输入顺序为：时间→空格→AM（或 PM），其中"AM"表示上午，"PM"表示下午。例如，输入 10:20 PM。

（2）设置"时间"格式。在输入时间数据前，先将单元格设置为"时间"格式，然后再输入。操作步骤与设置"日期"格式相同，这里不再赘述。

Excel 时间的输入值及其对应的显示值和存储值如表 2-2 所示。

表 2-2　　　　　　　　　时间的输入值及其对应的显示值和存储值

输　入　值	显　示　值	存　储　值
8:30	8:30	8:30:00
16:30:00	16:30:00	16:30:00
8:30:00 am	8:30:00 AM	8:30:00
4:30 pm	4:30 PM	16:30:00
16 时 30 分	16 时 30 分	16:30:00
16 时 30 分 00 秒	16 时 30 分 00 秒	16:30:00
下午 4 时 30 分	下午 4 时 30 分	16:30:00
上午 4 时 30 分 0 秒	上午 4 时 30 分 00 秒	4:30:00

2.4　快速输入数据

数据输入是一项比较烦琐的工作，尤其是当输入的数据量比较大、重复的数据比较多时，输入的工作量很大，而且容易出现错误。对此，Excel 提供了自动填充数据、自动更正数据等多种功能来减少输入错误，提高输入效率。

2.4.1　自动填充数据

在 Excel 中，有时需要输入一些相同或者有规律的数据，这时可以利用自动填充功能来输入数据。下面将详细介绍使用自动填充功能实现数据输入的多种方法。

1. 填充相同数据

在连续的单元格中输入相同数据，可以使用以下几种方法。

（1）使用填充柄。其操作步骤如下。

步骤1　输入第 1 个数据。在单元格区域的第 1 个单元格中输入第 1 个数据。

步骤2　选定单元格。选定已输入数据的单元格，这时该单元格周围有黑粗框，右下角有一个黑色小矩形，称作填充柄。

步骤3　填充相同数据。将鼠标移至该单元格的填充柄处，此时指针会变成十字形状，按住鼠标左键拖曳至所需单元格，释放鼠标。填充结果如图 2-6 所示。

其中，第 1 行数据是先输入的，第 2～5 行数据是填充得到的。

图 2-6　填充结果

填充这类数据更快捷、简单的方法是在第 1 个单元格中输入数据后，双击第 1 个单元格填充柄。在双击进行填充时，填充数据的最终单元格位置与相邻列有关：若相邻列有数据，则填充到相邻列第 1 个空单元格的位置；若相邻列没有数据，则不进行填充。

（2）使用组合键。其操作步骤如下。

步骤1　选定要输入数据的多个单元格。此处所选单元格，可以是连续的多个单元格，也可以是不连续的多个单元格。

步骤2　输入数据。在当前单元格中输入需要的数据，然后按【Ctrl】+【Enter】组合键，这时可以看到输入的数据自动地填充到已选定的多个单元格中。

2. 填充等差序列数据

所谓等差序列是指在单元格区域中 2 个相邻单元格的数据之差等于一个固定值。例如，1、3、5、…就是等差序列。要输入这样的等差序列数据，可以使用以下 2 种方法。

（1）使用填充柄。其操作步骤如下。

步骤1　输入序列中的前 2 个数据。在前 2 个单元格中分别输入序列中的前 2 个数据。

步骤2 选定单元格。选定已输入数据的 2 个单元格。

步骤3 填充等差序列的数据。将鼠标移至第 2 个单元格的填充柄处，当鼠标指针变成十字形状时，按住鼠标左键拖曳至所需的单元格，释放鼠标。

如果要填充的是一个 1、2、3…这样的等差序列数据，可以在第 1 个单元格中输入 1，然后按住【Ctrl】键的同时拖曳鼠标至最后一个单元格。

（2）使用"序列"对话框。其操作步骤如下。

步骤1 输入序列中的第 1 个数据。在填充序列的第 1 个单元格中输入第 1 个数据。

步骤2 选定要填充的单元格区域。

步骤3 打开"序列"对话框。在"开始"选项卡的"编辑"命令组中，单击"填充"→"序列"命令，系统弹出"序列"对话框。

步骤4 设置填充参数。在"类型"区域选定"等差序列"单选按钮，在"步长值"文本框中输入所需的步长数值，如图 2-7 所示。

步骤5 保存设置。单击"确定"按钮。

3．填充日期数据

与普通数值的自动填充方法相比，Excel 提供的日期填充方法更加智能，能够根据输入的日期内容进行逐日、逐月或逐年填充，也可以按照工作日填充。操作步骤如下。

图 2-7 设置填充参数

步骤1 输入第 1 个日期。

步骤2 填充日期。将鼠标移至该单元格填充柄处，鼠标指针变成十字形状后，按住鼠标右键拖曳至所需的单元格，释放鼠标，此时弹出快捷菜单，如图 2-8 所示。选择相应命令完成相应内容的填充。

图 2-9 所示示例都是使用上述方法填充的日期数据。其中，第 1 行的数据是事先输入的，第 2～12 行数据是填充得到的。

图 2-8 快捷菜单

	A	B	C	D
1	2021/1/1	2021/1/1	2021/1/1	2021/1/1
2	2021/1/2	2021/2/1	2022/1/1	2021/1/4
3	2021/1/3	2021/3/1	2023/1/1	2021/1/5
4	2021/1/4	2021/4/1	2024/1/1	2021/1/6
5	2021/1/5	2021/5/1	2025/1/1	2021/1/7
6	2021/1/6	2021/6/1	2026/1/1	2021/1/8
7	2021/1/7	2021/7/1	2027/1/1	2021/1/11
8	2021/1/8	2021/8/1	2028/1/1	2021/1/12
9	2021/1/9	2021/9/1	2029/1/1	2021/1/13
10	2021/1/10	2021/10/1	2030/1/1	2021/1/14
11	2021/1/11	2021/11/1	2031/1/1	2021/1/15
12	2021/1/12	2021/12/1	2032/1/1	2021/1/18

图 2-9 填充的日期数据

4．填充特殊数据

在实际应用中，有时需要填充一些特殊数据。例如，中英文星期、中英文月份、中文季度以及天干地支等。用户可以使用 Excel 已经定义的内置序列进行填充。方法是先输入第 1 个数据，然后使用鼠标拖曳填充柄至所需的单元格，释放鼠标。

图 2-10 所示示例均可以使用这种方法。其中，第 1 行数据是事先输入的，第 2～12 行数据是填充得到的。

	A	B	C	D	E
1	第一季	甲	子	Sun	January
2	第二季	乙	丑	Mon	February
3	第三季	丙	寅	Tue	March
4	第四季	丁	卯	Wed	April
5	第一季	戊	辰	Thu	May
6	第二季	己	巳	Fri	June
7	第三季	庚	午	Sat	July
8	第四季	辛	未	Sun	August
9	第一季	壬	申	Mon	September
10	第二季	癸	酉	Tue	October
11	第三季	甲	戌	Wed	November
12	第四季	乙	亥	Thu	December

图 2-10 填充特殊数据

5．填充自定义序列

如果需要填充的数据序列不在 Excel 已定义的内置序列中，用户可以根据实际需要自己定义。自定义序列的操作步骤如下。

步骤1　打开"Excel 选项"对话框。单击"文件"→"选项"命令，系统弹出"Excel选项"对话框，单击对话框左侧"高级"选项。

步骤2　打开"自定义序列"对话框。单击对话框右侧"常规"选项区域中的"编辑自定义列表"按钮，系统弹出"自定义序列"对话框。

步骤3　输入自定义序列内容。在"自定义序列"列表框中选择"新序列"，在"输入序列"框中输入序列内容，每输入完一项，按【Enter】键，如图 2-11所示。

步骤4　保存自定义序列内容。单击"添加"按钮，然后单击"确定"按钮。

完成自定义序列后，就可以输入数据序列了，输入方法与前面相同。如果不再使用自定义的序列，可以在"自定义序列"列表框中将其选定，然后单击"删除"按钮将其删除。

图 2-11　输入自定义序列内容

2.4.2　从下拉列表中选择数据

当需要输入在同一列单元格中已经输入过的数据时，可以从下拉列表中选择。从下拉列表中选择数据，既可以避免手工输入产生的错误，又可以提高输入速度和效率。其操作步骤如下。

步骤1　打开快捷菜单。使用鼠标右键单击单元格，从弹出的快捷菜单中选择"从下拉列表中选择"命令。

步骤2　选择输入项。在下拉列表中选择需要输入的数据。

注意　使用下拉列表输入数据需要在同一列中已有所需的数据，且只在同一列连续单元格内输入才有效，该方法适用于文本数据的输入。

2.4.3　使用"数据验证"输入数据

如果输入的数据在一个自定义的范围内，或取自某一组固定值，则可以使用 Excel 提供的数据验证功能。数据验证是为一个特定的单元格或单元格区域定义可以接收数据的范围的工具，这些数据可以是数字序列、日期、时间、文本长度等，也可以是自定义的数据序列。设置数据验证，可以限制数据的输入范围、输入内容以及输入个数，以确保数据的正确性。

1．在单元格中创建下拉列表

当需要输入重复数据时，可以使用"从下拉列表中选择"命令完成输入。但这种方法在输入每一个数据时都要执行一次命令，显然有些麻烦。事实上，用户可以使用 Excel 的"数据验证"功能制作一个下拉列表，这样可以直接从下拉列表中选择所需数据，既可以避免手工输入产生的错误，又可以提高输入速度和效率。创建下拉列表的操作步骤如下。

步骤1 选定单元格。选定待创建下拉列表的单元格或单元格区域。

步骤2 打开"数据验证"对话框。在"数据"选项卡的"数据工具"命令组中,单击"数据验证"→"数据验证"命令,系统弹出"数据验证"对话框。

步骤3 创建下拉列表。单击"设置"选项卡,在"允许"下拉列表中选择"序列"选项,在"来源"文本框中输入要创建的下拉列表中的选项,每项之间使用","分开,勾选"忽略空值"和"提供下拉箭头"复选框,如图 2-12 所示。

图 2-12 创建下拉列表

应在英文状态下输入逗号","。

步骤4 完成设置。单击"确定"按钮,关闭"数据验证"对话框。

完成上述设置后,当用户单击设置好的单元格时,单元格右侧会出现下拉箭头,单击该箭头,会弹出下拉列表,选择其中的选项即可完成输入。用户使用自己创建的下拉列表,在输入数据时既方便、快捷,又能够保证输入的正确性。

2.在单元格中设置输入范围

在单元格中设置输入数值的范围,这样当在单元格中输入的数据超出设置的范围或者输入了其他内容的数据时,Excel 将视其为无效。操作步骤如下。

步骤1 选定单元格或单元格区域。

步骤2 打开"数据验证"对话框。

步骤3 设置数据验证的参数。单击"设置"选项卡,在"允许"下拉列表中选择"整数",在"数据"下拉列表中选择"介于",在"最小值"文本框中输入数据范围的下限值,在"最大值"文本框中输入数据范围的上限值,勾选"忽略空值"复选框,如图 2-13 所示。

步骤4 完成设置。单击"确定"按钮,关闭"数据验证"对话框。

完成上述设置后,当用户在设置好的单元格中输入数据时,Excel 会自动对数据进行检验。在"数据验证"对话

图 2-13 设置数据验证的参数

框的"允许"下拉列表框中列出了多种验证数据,验证数据不同,可以定义的验证内容就不同。表 2-3 所示为"允许"列表框中验证数据的类型及说明。

表 2-3 "允许"列表框中验证数据的类型及说明

类　型	含　义	关　系　式	数据范围或来源	说　明
任何值	对输入的数据不做任何限制	无	无	不进行验证
整数	限制输入的数据必须是整数	介于、未介于、等于、不等于、大于、小于、大于或等于、小于或等于	介于最大值和最小值之间	在设定数据类型、关系式及数据范围之间进行验证
小数	限制输入的数据必须是数字或小数		介于最大值和最小值之间	
日期	限制输入的数据必须是日期		介于开始日期和结束日期之间	

续表

类　　型	含　　义	关 系 式	数据范围或来源	说　　明
时间	限制输入的数据必须是时间	介于、未介于、等于、不等于、大于、小于、大于或等于、小于或等于	介于开始时间和结束时间之间	在设定数据类型、关系式及数据范围之间进行验证
文本长度	限制输入的数据必须是指定的有效数据的字符数		介于最大值和最小值之间	
序列	限制输入的数据必须是指定的有效数据序列	无	选择或自行输入序列的数据来源	利用数据来源进行验证
自定义	允许使用公式、表达式或者引用其他单元格中的计算值来判定输入数值的正确性。公式得出的判别结果必须是"True"或"False"	无	公式	利用输入的公式进行验证

3．设置出错警告提示信息

设置数据验证后，如果输入的数据不符合设置规则，Excel 将给出出错警告，并拒绝接收错误数据。用户可能会认为 Excel 给出的警告信息比较单一，没有针对性。事实上，Excel 允许用户自己设置出错警告提示信息。设置出错警告提示信息的操作步骤如下。

步骤1　选定单元格。

步骤2　打开"数据验证"对话框。

步骤3　设置出错警告提示信息。单击"出错警告"选项卡，勾选"输入无效数据时显示出错警告"复选框，在"样式"下拉列表中选择一种提示样式，在"标题"和"错误信息"文本框中输入相应内容，如图 2-14 所示。

图 2-14　设置出错警告提示信息

设置的出错样式不同，对无效数据的处理将不一样。出错警告信息的样式，按程度由重到轻可分为"停止""警告"和"信息" 3 种。当使用"停止"时，无效的数据绝不允许出现在单元格中；当使用"警告"时，无效的数据可以出现在单元格中，但是会警告这样的操作可能会出现错误；当使用"信息"时，无效的数据只是被当作特殊的形式而被单元格接受，也只是给出现这种"特殊"时的处理方案。在设置时，用户可以根据具体情况和需要，选择不同程度的出错样式。

步骤4　完成设置。单击"确定"按钮，关闭"数据验证"对话框。

4．设置输入提示信息

设置数据验证后，为了使用户输入数据时能够明确了解输入方法和注意事项，应该在选定单元格时给出提示信息，告诉用户如何输入。设置输入提示信息的操作步骤如下。

步骤1　选定单元格。

步骤2　打开"数据验证"对话框。

步骤3　设置输入提示信息。单击"输入信息"选项卡，勾选"选定单元格时显示输入信息"复选框，在"标题"和"输入信息"文本框中输入相应内容，如图 2-15 所示。

图 2-15　设置输入提示信息

2.4.4　自动更正数据

Excel 提供的"自动更正"功能不仅可以识别输入错误，而且能够在数据输入时自动更正错误。用户可以利用此功能作为辅助输入手段，来准确、快速地输入数据，提高输入效率。例如，将经常输入的词汇定义为键盘上的一个特殊字符，当输入这个特殊字符时，Excel 自动将其替换为所需要的词汇。设置自动更正的操作步骤如下。

步骤1　打开"Excel 选项"对话框。

步骤2　打开"自动更正"对话框。选定对话框左侧的"校对"选项，单击"自动更正选项"区域中的"自动更正选项"按钮，系统弹出"自动更正"对话框。单击"自动更正"选项卡。

步骤3　设置自动更正内容。在"替换"文本框中输入被替换的字符，在"为"文本框中输入要替换的内容，如图 2-16 所示。单击"添加"按钮，将其添加到对话框下方的列表框中。

步骤4　完成设置。单击"确定"按钮，关闭"自动更正"对话框。

图 2-16　设置自动更正内容

2.4.5　查找和替换数据

在 Excel 中，有时可能需要重复输入很多相同的数据。例如，"学生信息"工作表中有"毕业学校"一栏，有多个学生毕业于同一所学校，手动重复输入的效率不高。可以先自定义几个字符临时替代各个学校的名称，待全部数据录入完成后，再使用查找、替换功能，查找临时替代各个学校名称的字符，并将其替换为相对应的学校名称。

查找是将光标定位在与查找数据相符的单元格上，替换是将与查找数据相符的单元格内原有数据替换为新的数据。

1. 常规查找和替换

开始进行查找和替换前，首先要选定查找范围。如果在整个工作表中进行查找，则需要先选定任意一个单元格；如果在某一个单元格区域中进行查找，则需要先选定该区域。选定查找范围后，可按如下步骤进行操作。

步骤1　打开"查找和替换"对话框。在"开始"选项卡的"编辑"命令组中，单击"查找和选择"→"替换"命令，系统弹出"查找和替换"对话框。

步骤2　输入查找和替换的内容。在"查找内容"下拉列表框中输入被替换的数据，在"替换为"下拉列表框中输入要替换的内容。

步骤3　查找并替换。若单击"全部替换"按钮，则将文档中所有与"查找内容"相符的单元格的内容全部替换为新内容；若单击"查找下一个"按钮，找到相符的单元格后再单击"替换"按钮，则只替换当前找到的数据。

查找和替换是一种快速自动修改数据的好方法，尤其在对长文档的多处相同内容进行修改时十分方便，且不会发生数据遗漏。

直接按【Ctrl】+【H】组合键，可以快速打开"查找和替换"对话框。

---

2. 查找和替换选项

在"查找和替换"对话框中，单击"选项"按钮，将显示更多的查找和替换选项，如图 2-17 所示，各选项的含义如表 2-4 所示。

图 2-17 查找和替换选项

表 2-4 "查找和替换"对话框中各选项

选　项	含　义
范围	可在下拉列表中选择查找的目标范围，可选择的范围有"工作表"和"工作簿"
搜索	可在下拉列表中选择查找时的搜索顺序，可选择的顺序有"按行"和"按列"
查找范围	可在下拉列表中选择查找对象的类型。在"查找"模式下可以选择"公式""值"和"批注"；在"替换"模式下只能选择"公式"
区分大小写	可选择是否区分英文字母的大小写
单元格匹配	可选择查找的对象单元格是否仅包含需要查找的内容
区分全/半角	可选择是否区分全角和半角字符

除了以上这些选项，用户还可以对查找对象的格式进行设定，以求在查找时只包含具备匹配格式的单元格。此外，在替换时也可以对替换对象的格式进行设定，使在替换数据内容的同时更改其单元格格式。

3. 通配符的运用

在 Excel 中，用户不仅可以根据输入的查找内容进行精确查找，也可以使用通配符进行模糊查找。Excel 的通配符有两个，即星号"*"和问号"？"。

（1）星号"*"：可以代替任意数目的字符，可以是单个字符也可以是多个字符。例如，如果查找以"计算机"开头的文本，可以在"查找内容"框中输入计算机*。

（2）问号"？"：可以代替任何单个字符。例如，如果查找以"Ex"开头、"1"结尾的 5 个字母的单词，则在"查找内容"框中输入 Ex??1。

- 如果需要查找的字符是"*"或"?"本身，而不是它们所代表的通配符，则需要在字符前加上波浪线符号"～"。
- 如果需要查找字符"～"，则需要以 2 个连续的波浪线"～～"来表示。

2.5 导入数据

在日常工作中，常常需要用到其他应用程序已建文档中的数据，这时可以使用 Excel 提供的导入功能，将这些数据直接导入到工作表中，而不必重新输入。

2.5.1 使用常规方法导入数据

Excel 不仅可以使用工作簿中的数据，还可以通过常规的方法将文本文件、Access 数据库文件、XML 文件等中的数据导入到当前工作表中。

1．从文本文件导入数据

如果所需数据是以文本文件形式保存的，但又希望将其以表格形式打印出来，就可以将其中的数据导入到工作表中。其操作步骤如下。

步骤1　打开"导入文本文件"对话框。在"数据"选项卡的"获取外部数据"命令组中，单击"自文本"命令，系统弹出"导入文本文件"对话框。

步骤2　选取导入文件。选择文件所在位置，双击要导入的文本文件。

步骤3　确定原始数据类型。在弹出的"文本导入向导"第 1 个对话框中，单击"分隔符号"单选按钮，其他参数保持默认值。单击"下一步"按钮。

步骤4　选择分隔符号。在弹出的"文本导入向导"第 2 个对话框中，根据文本文件中的分隔符进行选择，勾选相应的复选框。导入数据的分隔符有"Tab 键""分号""逗号""空格""其他"等。单击"下一步"按钮。

步骤5　确定列数据格式。在弹出的"文本导入向导"第 3 个对话框中，选择列数据格式，然后单击"完成"按钮。

步骤6　确定数据的放置位置。在弹出的"导入数据"对话框中，选择数据的放置位置，然后单击"确定"按钮。

2．从 Access 数据库文件导入数据

用户可以将 Access 数据库文件导入到 Excel 工作表中。Excel 与 Access 文件之间的数据转换非常容易，其操作步骤如下。

步骤1　打开"选取数据源"对话框。在"数据"选项卡的"获取外部数据"命令组中，单击"自 Access"，系统弹出"选取数据源"对话框。

步骤2　打开导入文件。选择文件所在位置，双击要导入的 Access 数据库文件。

步骤3　确定数据存放位置。如果导入的数据库文件中包含多个表，则弹出"选择表格"对话框。在该对话框中选择所需表格，然后单击"确定"按钮，弹出"导入数据"对话框，选择数据的放置位置。如果导入的数据库文件中只有一个表，则直接弹出"导入数据"对话框，选择数据的放置位置。

步骤4　导入数据。单击"确定"按钮。

2.5.2　使用 Microsoft Query 导入外部数据

利用 Microsoft Query，用户可以将外部的 Excel 文件、文本文件、Access 数据库文件和 Web 数据导入到 Excel 中，而且还可以从这些文件中选取所需的数据导入到 Excel 中。

2-2　使用 Microsoft Query 导入外部数据

下面以"销售管理"工作簿为例，将"销售情况表"中销售额超过 600000 元（含）和低于 20000 元的业务员姓名、产品品牌、订货单位和销售额选取出来并导入到当前工作表中。具体操作步骤如下。

步骤1　打开"选择数据源"对话框。在"数据"选项卡的"获取外部数据"命令组中，单击"自其他来源"→"来自 Microsoft Query"命令，系统弹出"选择数据源"对话框。

步骤2　打开"选择工作簿"对话框。在"选择数据源"对话框的"数据库"选项卡中，选择"Excel Files"，然后单击"确定"按钮，打开"选择工作簿"对话框。

步骤3　选择需要导入的文件。在"选择工作簿"对话框中依次选择驱动器和文件夹，选择需要导入的文件，然后单击"确定"按钮，系统弹出"查询向导-选择列"对话框。

步骤4　选择查询结果中的列。在"查询向导-选择列"对话框的"可用的表和列"列表框中，选择所需的表并展开，然后将所需的字段依次添加到"查询结果中的列"框中，结果

如图 2-18 所示。单击"下一页"按钮，弹出"查询向导-筛选数据"对话框。

步骤5　设置筛选条件。在"查询向导-筛选数据"对话框的"待筛选的列"框中选定"销售额"，在"只包含满足下列条件的行"下方的下拉列表中选择"大于或等于"，并在其右侧下拉列表框中输入 600000，然后单击下方的"或"单选按钮；再在下方的下拉列表框中选择"小于"，在其右侧下拉列表框中输入 20000，设置结果如图 2-19 所示。最后单击"下一页"按钮，弹出"查询向导-排序顺序"对话框。

图 2-18　选择查询结果中的列　　　　　　　　图 2-19　筛选条件设置结果

步骤6　指定数据的排序方式。在"查询向导-排序顺序"对话框中选择排序关键字，指定排序方式，然后单击"下一页"按钮，系统弹出"查询向导-完成"对话框。

步骤7　完成导入。单击"完成"按钮，弹出"导入数据"对话框，在该对话框中保留默认选项，如图 2-20 所示。单击"确定"按钮，这时系统将按照上述设置从指定的表中将满足条件的数据筛选出来，并导入到当前工作表中。导入数据的结果如图 2-21 所示。

	A	B	C	D
1	业务员	产品品牌	订货单位	销售额
2	靳晋复	雪莲牌	星光出版社	665000
3	郝海为	金达牌	天缘商场	2250
4	李燕	三一牌	星光出版社	17600
5	张涛	金达牌	天缘商场	18500
6	宋维昆	雪莲牌	蓓蕾商场	13800
7	苑平	三一牌	蓝图公司	17160
8	靳晋复	金达牌	天缘商场	19425

图 2-20　"导入数据"对话框　　　　　　　　图 2-21　导入数据的结果

2.6　应用实例——输入工资管理数据

输入原始数据是工资管理最基础也是工作量最大的工作，如果原始数据输入有误，将直接影响工资的计算。在第 1 章中，已经建立了"工资管理"工作簿，并输入了部分基础数据，但还有些基础数据尚未输入。这些数据大部分具有一定的规律性，用户可以根据相应数据的特点，灵活运用本章介绍的方法完成输入。

2.6.1　自动填充数据

在图 1-8 所示的"人员清单"表中，员工序号的第 1 个字符是字母，其中"A"表示"经理部"，"B"表示"人事部"，……；后面 3 个字符是按顺序排列的，依次为"001""002"等；在图 1-9 所示的"工资计算"表中的序号与"人员清单"表中的序号是一致的，因此也应符合相同的规定。对于这样有规律的数据可以使用自动填充的方法快速输入。

1. 输入序号

使用自动填充功能在"工资计算"表中输入序号，操作步骤如下。

步骤1 输入经理部第 1 名员工的序号。在"工资计算"工作表的 A2 单元格中输入 A001，然后单击编辑栏中的"✓"按钮，如图 2-22 所示。

步骤2 填充经理部其他员工的序号。将鼠标移到 A2 单元格填充柄处，然后拖曳鼠标至所需填充的单元格，释放鼠标，即可自动填充经理部其他员工的序号，如图 2-23 所示。

图 2-22　经理部第 1 名员工的序号

图 2-23　填充经理部其他员工的序号

步骤3 输入其他部门员工的序号。在 A6 单元格输入人事部第 1 名员工的序号 B001，然后按照步骤 2 相同的操作步骤将其自动填充到 A7:A10 单元格区域。在 A11 单元格中输入财务部第 1 名员工的序号 C001，然后将其填充到 A12:A16 单元格区域。使用相同方法，输入其他部门员工的序号。

2. 输入交通补贴及物价补贴

假设"工资计算"表中，"交通补贴"列数据均为 300，"物价补贴"列数据均为 150，并且不是通过计算得到的，则可以使用自动填充功能输入此类数据。具体操作步骤如下。

步骤1 输入"交通补贴"列数据。在 G2 单元格中输入 300，单击编辑栏中的"✓"按钮；然后将鼠标移到 G2 单元格填充柄处，拖曳鼠标到所需填充的单元格，释放鼠标，即可将数据填上。

步骤2 输入"物价补贴"列数据。在 H2 单元格中输入 150，由于"物价补贴"列的相邻列（交通补贴）已经输入了数据，因此，可以将鼠标移到 H2 单元格填充柄处，然后双击鼠标左键，即可将数据填上，如图 2-24 所示。

图 2-24　输入"物价补贴"列数据

2.6.2　设置数据输入范围

Excel 提供了"数据验证"功能，可以通过设置数据输入的范围，来确保输入数据的正确性。例如，设置输入到"工资计算"表中的"奖金"数据必须大于 0。具体设置步骤如下。

步骤1 选定单元格区域。选定"工资计算"表的 K2:K64 单元格区域。

步骤2 打开"数据验证"对话框。

步骤3 设置数据的有效范围。在"允许"下拉列表中选择"整数"，在"数据"下拉列表中选择"大于"，在"最小值"文本框中输入 0，勾选"忽略空值"复选框。

步骤4 设置输入提示信息。单击"输入信息"选项卡，勾选"选定单元格时显示输入信息"复选框；在"标题"文本框中输入提示；在"输入信息"文本框中输入请输入大于 0 的数据！

步骤5 设置出错警告提示信息。单击"出错警告"选项卡，勾选"输入无效数据时显示出错警告"复选框；在"样式"下拉列表中选择"停止"；在"标题"文本框中输入出错警告；在"错误信息"文本框中输入应输入大于 0 的数据，请重新输入！。

步骤6 完成设置。单击"确定"按钮，关闭"数据验证"对话框。

步骤7 输入数据。单击 K2 单元格，此时显示输入提示信息，如图 2-25 所示。如果输入-1，将弹出"出错警告"提示框，如图 2-26 所示。单击"重试"按钮，输入 3900，按【Enter】键，继续输入其他数据。

图 2-25 显示输入提示信息

图 2-26 弹出"出错警告"提示框

2.7 应用实例——输入档案管理数据

2.7.1 查找和替换数据

在"人事档案"表中，"性别"只有"男""女"2 种，如果逐个输入比较烦琐，可以先用两个容易输入但工作表中没有用到的特殊符号替代，如用"`"表示"男"，用"～"表示"女"，待全部数据输入完毕后，再使用 Excel 替换命令，分别将其替换为"男""女"。查找和替换的具体操作步骤如下。

步骤1 选择"性别"数据所在的列。这里单击"C"列标，选中"性别"列。

步骤2 打开"查找和替换"对话框。在"开始"选项卡的"编辑"命令组中，单击"查找和选择"→"替换"命令，系统弹出"查找和替换"对话框。

步骤3 设置查找和替换的内容。在"查找和替换"对话框的"查找内容"下拉列表框中输入`，在"替换为"下拉列表框中输入男，如图 2-27 所示。

图 2-27 设置查找和替换的内容

步骤4 执行查找和替换操作。单击"全部替换"按钮，即可将"性别"列中所有的"`"替换为"男"。

类似地，按照同样步骤将"性别"列中所有的"～"替换为"女"。

使用查找和替换功能实现数据输入，一般适用于数据种类不多的情况。当数据种类较多时，如每种数据均需要使用一种特殊字符代替，则不容易记忆，也容易出现混乱。此种情况使用下拉列表更为方便。

2.7.2 从下拉列表中选择数据

在"人事档案"表中，"婚姻状况""学历"等列数据均取自一组固定值。例如，"婚姻状况"的取值为"已婚"或"未婚"，"学历"的取值为"博士""硕士""大本"或"大专"。此时可以通过下拉列表输入此类数据。使用下拉列表有 2 种方法，一种是直接使用 Excel 提供的"从下拉列表中选择"命令，另一种是使用 Excel 提供的"数据验证"功能自己创建下拉列表。一般情况下，如果输入的数据不多，采用第一种方法比较方便；如果输入的数据较多，使用后者更为快捷。下面将使用第一种方法输入"婚姻状况"列的数据，使用第二种方法输入"学历"列的数据。

1. 输入婚姻状况

使用 Excel 提供的"从下拉列表中选择"命令输入婚姻状况数据。其操作步骤如下。

步骤1 输入若干名员工的婚姻状况数据。按一般方法输入若干名员工的婚姻状况。

步骤2 执行"从下拉列表中选择"命令。在需要输入某个前面已经输入过的婚姻状况时，可以直接用鼠标右键单击该单元格，然后在弹出的快捷菜单中选择"从下拉列表中选择"命令，如图 2-28 所示。

步骤3 选择输入项。在下拉列表中选择需要输入的婚姻状况，如图 2-29 所示。

图 2-28 选择"从下拉列表中选择"命令   图 2-29 在下拉列表中选择输入项

2. 输入学历

使用 Excel 提供的"数据验证"功能自己创建下拉列表，输入学历数据。其操作步骤如下。

步骤1 选定单元格区域。选定 E2:E64 单元格区域。

步骤2 创建下拉列表。在"数据"选项卡的"数据工具"命令组中，单击"数据验证"→"数据验证"命令，打开"数据验证"对话框。单击"设置"选项卡，在"允许"下拉列表中选择"序列"；在"来源"文本框中输入博士,硕士,大本,大专；勾选"忽略空值"和"提供下拉箭头"复选框，如图 2-30 所示。单击"确定"按钮，关闭"数据验证"对话框。

步骤3 输入数据。单击 E2 单元格，单击右侧下拉箭头，弹出下拉列表，如图 2-31 所示，选择"大专"。重复此步骤，完成其他员工学历数据的输入。

图 2-30　创建下拉列表

图 2-31　下拉列表

2.7.3　输入特殊数据

"人事档案"表中还包含了"出生日期""参加工作日期""身份证号码"等信息。在 Excel 中，输入此类数据需要特别注意输入格式。

1. 输入出生日期

在输入日期型数据时，应该尽量采用简便的方法。输入当年的日期可以只输入"月-日"，Excel 会自动添加当年的年份。例如，当年年份是 2021，当输入 1-1 时，Excel 存入的实际数据是"2021-1-1"。输入非当年的日期，则需要输入年份，一般只需要输入年份后两位数字即可，Excel 会自动添加当前世纪数据。例如，输入 08-8-8，Excel 存入的实际数据是"2008-8-8"；输入 21-4-10，Excel 存入的实际数据是"2021-4-10"。但如果输入的是 1930 年以前的日期，则年份必须输入完整。例如，如想输入 1926-12-19，但如果输入的是 26-12-19，Excel 会将其按"2026-12-19"处理。

按照上述方法，在 D2:D64 单元格区域中输入"出生日期"时，如果是当年日期，输入"月-日"即可；如果是 1930 年以后的日期，年份可以只输入后两位。

2. 输入身份证号码

用户在输入身份证号码时，如果输入的身份证号码最后一位不是字母应注意将其转换为文本型数据。有 2 种输入方法，一种是在数据前面加一个半角单引号，即输入'××××××××××××××××××（注：这里"×"代表 0～9 的一位数字），强制 Excel 按文本型数据处理；另一种是预先设置该列的单元格格式分类为"文本"，这样输入的数值数据也都会按文本型数据处理。

由于"人事档案"表中员工人数较多，待输入的身份证号码数据量比较大，因此采用第二种输入方法比较方便。其操作步骤如下。

步骤1 设置"文本"格式。选定 M2:M64 单元格区域，按【Ctrl】+【1】组合键，打开"设置单元格格式"对话框。单击"数字"选项卡，在"分类"列表框中选择"文本"。然后单击"确定"按钮。

步骤2 输入身份证号码。在 M2:M64 单元格区域中，依次输入员工的身份证号码。

习　题

一、选择题

1. 在 Excel 中，处理并存储数据的基本单位是（　　）。
   A．工作簿　　　　　B．工作表　　　　　C．单元格　　　　　D．活动单元格

2. 在 Excel 中，为当前单元格输入数值数据时，默认为（　　）。
   A．左对齐　　　　　B．右对齐　　　　　C．居中对齐　　　　D．随机

3. 在 Excel 中，若想拖曳鼠标进行自动填充操作，鼠标指针形状应变为（　　）。
   A．空心十字　　　　B．向左上方箭头　　C．实心十字　　　　D．向右上方箭头

4. 在 Excel 中，日期型数据"2021 年 4 月 23 日"的正确输入形式是（　　）。
   A．2021-4-23　　　B．2021,4,23　　　　C．2021.4.23　　　　D．2021:4:23

5. 若要在某单元格内显示数据 01065971234，正确的输入方式是（　　）。
   A．01065971234　　B．'01065971234　　C．=01065971234　　D．"01065971234 "

6. 若存放数值的单元格出现了一连串"#"符号，如果希望正常显示，则需要完成的操作是（　　）。
   A．删除这些符号　　B．重新输入数据　　C．删除该单元格　　D．将单元格变宽

7. 在 A1 单元格内输入一月，然后拖曳该单元格填充柄至 A2 单元格，则 A2 单元格中的数据是（　　）。
   A．一月　　　　　　B．二月　　　　　　C．一　　　　　　　D．二

8. 定义和编辑自定义序列的命令，来自功能区上的选项卡是（　　）。
   A．开始　　　　　　B．插入　　　　　　C．审阅　　　　　　D．文件

9. 在多个单元格中输入相同数据的操作是：首先选定需要输入数据的单元格，并输入相应数据，然后按下（　　）。
   A．【Enter】键　　　　　　　　　　　　B．【Ctrl】+【Enter】组合键
   C．【Tab】键　　　　　　　　　　　　　D．【Ctrl】+【Tab】组合键

10. 快速打开"查找和替换"对话框的组合键是（　　）。
    A．【Ctrl】+【T】　　　　　　　　　　B．【Ctrl】+【A】
    C．【Ctrl】+【O】　　　　　　　　　　D．【Ctrl】+【H】

二、填空题

1. 在 Excel 工作表中，可选择多个相邻或不相邻的单元格或单元格区域，其中当前单元格的数目是_____个。

2. 数据验证是为一个特定的单元格或单元格区域定义可以接收数据的范围的工具，这些数据可以是数字序列、日期、时间、文本长度等，也可以是_____。

3. 在 Excel 单元格内输入日期时，年、月、日之间的分隔符可以是"/"或"_____"。

4. 在 Excel 表中，要选定不相邻的单元格，应使用_____键配合鼠标进行操作。

5. 为确保输入的 18 位身份证号码正常显示在单元格中，输入前应先输入一个_____字符。

三、问答题

1. 在 Excel 中，数据类型有几种？各自的特点是什么？

2．怎样判断输入的数据是哪种类型？

3．快速输入数据的方法有几种？各自的特点是什么？

4．现有一张工作表，如图 2-32 所示，其中已经输入了部分数据。假设部门名都为"计算中心"，输入部门所有数据最快捷、简单的方法是什么？叙述所用方法的操作步骤。

图 2-32　原始数据

5．保证输入数据的正确性应从哪几方面入手？

实　训

1．使用自动填充数据的方法，输入图 2-33 所示的内容。

2．对第 1 章实训中创建完成的"劳资管理.xlsx"工作簿文件进行以下操作。

（1）撤销对"劳资管理"工作簿的保护。

（2）图 2-34 显示的是"劳资管理"工作簿中"工资"表和"考勤"表的部分数据，分析这些数据的特点，选择快速输入数据的方法，并将数据输入到相应的工作表中。

	A	B	C	D	E
1	1	第一季度	星期一	1	2021/2/1
2	2	第二季度	星期二	41	2021/3/1
3	3	第三季度	星期三	81	2021/4/1
4	4	第四季度	星期四	121	2021/5/1
5	5	第一季度	星期五	161	2021/6/1
6	6	第二季度	星期六	201	2021/7/1
7	7	第三季度	星期日	241	2021/8/1
8	8	第四季度	星期一	281	2021/9/1

图 2-33　待填充的数据

要求：基本工资只允许输入 1000～3000 的数据，交通补贴只允许输入 800。

工号	姓名	部门	岗位	基本工资	岗位津贴	行政工资	交通补贴	加班工资	应发工资	养老保险	医疗保险	失业保险	公积金	应纳税所得额	代扣个税	实发工资
0001	孙家龙	办公室	董事长	2600		3000	800									
0002	张卫华	办公室	总经理	2150		2800	800									
0003	王叶	办公室	主任	1600		2500	800									
0004	梁勇	办公室	职员	1800		2000	800									
0005	朱思华	办公室	文秘	2000		1800	800									
0006	陈关敏	财务部	主任	2050		2500	800									
0007	陈德生	财务部	出纳	1600		1800	800									
0008	陈桂兰	财务部	会计	1800		2000	800									
0009	彭庆华	市场部	主任	1800		2500	800									
0010	王成祥	市场部	业务主管	1800		2000	800									
0011	何家强	市场部	业务员	2000		2000	800									
0012	曾伦清	市场部	业务员	2000		2000	800									
0013	张新民	市场部	业务员	1800		2000	800									
0014	张跃华	劳资室	主任	2050		2500	800									
0015	邓都平	劳资室	职员	2600		2000	800									
0016	朱京丽	劳资室	职员	2250		2000	800									
0017	蒙继央	销售部	主任	1800		2500	800									
0018	王丽	销售部	销售主管	2150		2000	800									
0019	梁鸿	销售部	销售员	1800		1900	800									
0020	刘尚武	销售部	销售主管	1800		2500	800									
0021	朱强	销售部	销售主管	1900		1900	800									
0022	丁小飞	销售部	销售员	1800		1800	800									
0023	孙宝彦	销售部	销售员	1500		1800	800									
0024	张港	销售部	销售员	1600		1800	800									

"工资"表

工号	姓名	加班工时
0001	孙家龙	10
0002	张卫华	8
0003	王叶	5
0004	梁勇	
0005	朱思华	12
0006	陈关敏	4
0007	陈德生	
0008	陈桂兰	14
0009	彭庆华	10
0010	王成祥	
0011	何家强	
0012	曾伦清	
0013	张新民	10
0014	张跃华	
0015	邓都平	2
0016	朱京丽	
0017	蒙继央	
0018	王丽	12
0019	梁鸿	
0020	刘尚武	
0021	朱强	11
0022	丁小飞	12
0023	孙宝彦	
0024	张港	8

"考勤"表

图 2-34　"工资"表和"考勤"表的部分数据

第**3**章　编辑工作表

内容提要

本章主要介绍 Excel 环境下对当前处理对象的选定、复制、移动以及删除、插入、修改等基本编辑操作。编辑操作是实际应用中最基本的操作，在工作表的制作过程中，编辑操作是必不可少的环节。

主要知识点

- 选定当前操作对象
- 修改、清除、移动、复制数据
- 插入、删除单元格、整行或整列
- 合并单元格
- 重命名、插入、删除、移动、复制工作表
- 保护工作表

在实际工作中，表格数据可能会经常发生变动，此时就需要对建好的工作表进行各种编辑操作，如修改数据、行列的删除和插入等。编辑操作属于最基本的操作，Excel 具有丰富、便捷的编辑功能。本章将介绍怎样编辑工作表。

3.1　选定当前对象

对工作表中的数据进行编辑处理前，需要先选定它，使其成为当前能够处理的对象。有关选定单元格及单元格区域的方法已经在第 2 章中介绍，下面介绍选定其他处理对象的方法。

3.1.1　选定行或列

选定工作表的行或列的操作主要有以下几种。

1. 选定一行或一列

单击某一行的行号，选定整行；单击某一列的列标，选定整列。被选定的部分呈灰色显示。

2. 选定连续的行或列

同选定单元格区域一样，可以根据要选定的行范围或列范围的大小，选择相应的方法。

（1）使用鼠标。将鼠标指针指向起始行的行号，拖曳鼠标到结束行的行号，释放鼠标即

可选定连续的若干行；同样在要选范围的列标中拖曳鼠标即可选定连续的若干列。

（2）使用键盘。首先选定要选范围的第 1 行或第 1 列，然后按住【Shift】键，使用方向键或者【Home】键、【End】键、【PgUp】键、【PgDn】键来扩展选定的行列区域。

（3）使用鼠标和键盘。先选定第 1 行或第 1 列，再按住【Shift】键选定最后 1 行或最后 1 列。

3．选定不连续的行或列

先选定 1 个行或列，然后按住【Ctrl】键，再逐个单击要选定的其他行号或列标。

4．选定整张工作表

工作表左上角行号和列标交叉处，有一个"全选"按钮，如图 3-1 所示。单击"全选"按钮或按【Ctrl】+【A】组合键，即可选定整张工作表。

图 3-1　"全选"按钮

3.1.2　选定当前工作表

在 Excel 中，可以同时打开多个工作簿，每个工作簿通常包含多张工作表，但要对某张工作表进行操作，首先要选定该表，使其成为当前工作表。当前工作表的标签底色为白色。

选定工作表的方法有多种，可以根据不同情况采用不同的方法。

（1）使用鼠标。将鼠标定位到所需工作表标签上，单击鼠标左键。

（2）使用快捷菜单命令。使用鼠标右键单击工作表标签区域的滚动按钮，在弹出的快捷菜单中单击所需要的工作表名。

（3）使用快捷键。按【Ctrl】+【PgDn】组合键选定下一张工作表，按【Ctrl】+【PgUp】组合键选定上一张工作表。

3.1.3　设置工作表组

如果需要创建或编辑的多张工作表中数据具有相同性质或类似格式，可以利用 Excel 提供的工作表组功能来操作。

当同时选定了多张工作表时，在程序窗口的标题栏上会出现"工作组"字样，此时即设置了工作表组。设置了工作表组后，当前操作的结果将不仅作用于本工作表，而且会作用于工作表组的所有工作表。

选定多张工作表的操作主要有以下几种。

1．选定多张相邻工作表

单击第 1 张工作表标签后，按住【Shift】键，再单击所要选择的最后一张工作表标签，可选定多张相邻的工作表。

2．选定多张不相邻工作表

单击第 1 张工作表标签后，按住【Ctrl】键，再分别单击其他工作表标签，可选定多张不相邻的工作表。

3．选定工作簿中所有工作表

用鼠标右键单击某工作表标签，在弹出的快捷菜单中选择"选定全部工作表"命令，可选定工作簿中所有的工作表。

如果要取消工作表组，可单击工作簿中任意一个未选定的工作表标签，或用鼠标右键单击某个选定的工作表标签，在弹出的快捷菜单中选择"取消组合工作表"命令。

3.2　编辑数据

随着时间的推移，工作表中的数据可能会发生变化，此时就需要对数据进行修改、清除、移动与复制等操作。

3.2.1　修改数据

一般地，修改数据的方法主要有 2 种：通过编辑栏修改和在单元格内直接修改。

1. 通过编辑栏修改

通过编辑栏修改数据的操作步骤如下。

步骤1　进入编辑状态。选定要修改数据的单元格，然后单击编辑栏，在编辑栏内出现一竖线插入点光标。

步骤2　修改数据。在编辑栏内移动光标，对数据进行修改操作。

步骤3　确认修改。单击编辑栏上的输入按钮 "✓" 或按【Enter】键确认修改，退出编辑状态。

2. 在单元格内直接修改

在单元格内直接修改数据的操作步骤如下。

步骤1　进入单元格编辑状态。双击要修改数据的单元格使其处于编辑状态，此时单元格中出现一竖线插入点光标。

步骤2　修改数据。移动光标，对数据进行修改操作。

步骤3　确认修改。按【Enter】键确认修改，退出单元格编辑状态。

3.2.2　清除数据

在编辑工作表的过程中，有时只需要清除单元格中存储的数据、格式或批注等内容，而单元格的位置仍然保留，此时可以执行"清除"操作。清除数据的方法主要有 2 种：使用清除命令操作和使用鼠标快捷操作。

1. 使用清除命令清除

其操作步骤如下。

步骤1　选定清除区域。选择要进行清除操作的单元格或单元格区域。

步骤2　执行清除操作。在"开始"选项卡的"编辑"命令组中，单击"清除"命令，弹出"清除"下拉菜单，如图 3-2 所示。在下拉菜单中选择需要的命令，即可完成对应的清除操作。

图 3-2　"清除"下拉菜单

注意　如果只是清除内容，可以在选择了要进行清除操作的单元格或单元格区域后，按【Delete】键或【Backspace】键；或单击鼠标右键，在弹出的快捷菜单中选择"清除内容"命令。

2. 使用鼠标快捷清除

步骤1　选定清除区域。选定要进行清除操作的单元格或单元格区域。

步骤2　执行清除操作。将鼠标指向填充柄，当鼠标指针变为实心十字时，反向拖曳选择清除区域，使清除区域变为灰色阴影，释放鼠标。

3.2.3　移动与复制数据

有时需要将工作表中的数据移动、复制到其他合适的位置，这些操作可以通过多种方式实现。

1. 移动或复制数据

移动或复制数据的方法基本相同，主要有以下几种。

（1）使用鼠标。

使用鼠标移动或复制数据的操作步骤如下。

步骤 1　选定数据源。选定将被移动或复制的单元格或单元格区域。

步骤 2　拖曳鼠标。将鼠标指针指向区域边框，鼠标指针由原来的空心十字变为十字箭头形状╬，拖曳鼠标，一个与被移动区域同样形状大小的灰色线框会随着鼠标指针移动，显示将被移动到的区域。

步骤 3　释放鼠标。到达目标位置后，释放鼠标，此时如果目标位置没有内容，则完成单元格内容的移动；否则将显示 Excel 警告对话框，显示"此处已有数据，是否替换它？"，单击"确定"按钮替换数据，单击"取消"按钮则取消移动操作。如果要实现复制操作，只需要在释放鼠标之前按【Ctrl】键即可。

　　　　复制数据时，如果目标位置中有内容，将直接替换目标位置原有内容。

（2）使用"剪切""复制""粘贴"命令。当目标区域与被移动或复制数据区域距离较远时，使用鼠标操作不太方便，可以使用命令来完成。

步骤 1　选定数据源。选定将被移动或复制的单元格或单元格区域。

步骤 2　执行剪切或复制操作。在"开始"选项卡的"剪贴板"命令组中，单击"剪切"命令，或按【Ctrl】+【X】组合键，或选择右键快捷菜单中的"剪切"命令，可实现剪切操作；在"开始"选项卡的"剪贴板"命令组中，单击"复制"命令，或按【Ctrl】+【C】组合键，或选择右键快捷菜单中的"复制"命令，可实现复制操作。被剪切区或复制区周围出现一个闪烁的虚线框，表明已将所选内容放入剪贴板中。

步骤 3　选定目标区域。选定目标区域左上角的单元格。

步骤 4　执行粘贴操作。在"开始"选项卡的"剪贴板"命令组中，单击"粘贴"命令，或按【Ctrl】+【V】组合键，或选择右键快捷菜单中的"粘贴"命令，完成粘贴操作。

　　　　在进行复制操作时，若被复制区周围闪烁的虚线框存在，则表明可以继续进行粘贴操作；双击其他单元格或按【Esc】键，可取消虚线框。

（3）使用"Office 剪贴板"实现复制操作。Office 2016 中的剪贴板可以收集多达 24 项剪贴板信息，用户可以方便地使用"复制"命令将若干个对象复制到剪贴板中，然后将剪贴板中的对象粘贴到任何 Office 文档中。

使用"Office 剪贴板"实现复制操作的操作步骤如下。

步骤 1　打开"剪贴板"任务窗格。在"开始"选项卡中，单击"剪贴板"命令组右下角的对话框启动按钮，打开"剪贴板"任务窗格。

步骤 2　复制内容到"Office 剪贴板"。选定要复制的单元格或单元格区域，然后执行"复制"命令。

步骤 3　粘贴"Office 剪贴板"中的内容。选定目标区域左上角的单元格，单击剪贴板中要粘贴的内容。

"Office 剪贴板"与系统剪贴板有所不同，当向"Office 剪贴板"中复制多个内容时，所复制的最后一项将被复制到系统剪贴板上。用"粘贴"命令时，所粘贴的是系统剪贴板的内容。当清空"Office 剪贴板"时，系统剪贴板也将同时被清空。

2．选择性粘贴

在用"复制"与"粘贴"命令复制单元格数据时，包含了单元格的全部信息。如果希望有选择地复制单元格的数据，如只对单元格中的公式、格式或数值等进行复制，可以在执行"粘贴"命令时，单击"粘贴"按钮下方的下拉箭头，从弹出的"粘贴"选项列表中选择所需选项，如图 3-3 所示。

3-1　选择性粘贴

还可以在执行了"粘贴"命令后，单击目标区域右下角的"粘贴选项"智能标记，在弹出的粘贴选项中进行选择性粘贴。

如果希望对粘贴方式进行更详细的设置，可以用"选择性粘贴"命令实现。其操作步骤如下。

步骤1　对选定区域执行复制操作并指定粘贴目标区域。

步骤2　打开"选择性粘贴"对话框。在图 3-3 所示的粘贴选项列表中选择"选择性粘贴"命令，弹出"选择性粘贴"对话框。

图 3-3　"粘贴"选项列表

步骤3　设置粘贴方式。在"选择性粘贴"对话框中指定需要粘贴的方式，单击"确定"按钮。

"选择性粘贴"命令对使用"剪切"命令定义的区域不起作用。

在"选择性粘贴"对话框中，"粘贴"组内有很多粘贴选项，其作用如表 3-1 所示。

表 3-1　粘贴选项及其作用

选　　项	作　　用
全面	在绝大多数情况下，与默认的常规粘贴相同。即粘贴原始区域中全部复制内容，包括数据、单元格中的所有格式、数据有效性及单元格的批注
公式	只复制原始区域的公式
数值	只复制原始区域的数值，如果原始区域是公式，则复制公式的计算结果
格式	只复制原始区域的格式
批注	只复制原始区域的批注
验证	只复制原始区域中设置的数字有效性
所有使用源主题的单元	复制主题样式（一般是跨工作簿时使用）。所谓的主题是指页面布局中的主题
边框除外	复制除了边框以外的所有内容
列宽	复制列宽的信息
公式和数字格式	复制所有公式和数字格式
值和数字格式	复制所有数值和数字格式，如果原始区域是公式，则只复制公式的计算结果和其数字格式

3.3　编辑单元格

在对工作表进行操作的过程中，由于某种原因经常需要在制作好的工作表中插入、删除单元格或者行和列，有时还需要将跨越几行或几列的多个单元格合并为一个单元格，以适应业务变化的需要。本节重点介绍这些操作。

3.3.1　插入单元格、整行或整列

插入操作是为了在已经制作好的工作表中添加一些数据，通常有以下几种形式。

1．插入有内容的单元格

其操作步骤如下。

步骤1　执行复制操作。选定有内容的单元格或单元格区域，按【Ctrl】+【C】组合键。

步骤2　选定目标区域。选定目标区域左上角的单元格或整个目标区域。

步骤3　打开"插入粘贴"对话框。在"开始"选项卡的"单元格"命令组中，单击"插入"右侧的下拉箭头，选择下拉菜单中的"插入复制的单元格"命令，弹出"插入粘贴"对话框，如图 3-4 所示。

步骤4　设置插入方式。根据需要选择活动单元格的移动方向，即选中"活动单元格右移"或"活动单元格下移"单选按钮，单击"确定"按钮，即可将目标区域中的原有数据按选定方向移开，以容纳复制进来的新数据。

2．插入空单元格

在工作表中输入数据时，如果漏输了某个数据，可以先插入一个空单元格，然后将漏输的数据添加到这个空单元格中。插入空单元格的操作步骤如下。

步骤1　选定需要插入空单元格的位置。

步骤2　打开"插入"对话框。在"开始"选项卡的"单元格"命令组中，单击"插入"右侧的下拉箭头，选择下拉菜单中的"插入单元格"命令，弹出"插入"对话框，如图 3-5 所示。

图 3-4　"插入粘贴"对话框　　　　图 3-5　"插入"对话框

步骤3　设置插入方式。根据需要选择活动单元格的移动方向，然后单击"确定"按钮。

选中单元格或单元格区域，按住【Shift】键，将鼠标移到所选区域的右下角，鼠标指针由原来的空心十字变为双向箭头形状后拖曳鼠标，可以沿拖曳方向在拖曳区域快速插入空单元格。

3．插入整行或整列

如果需要插入整行或整列，可按以下步骤进行操作。

步骤 1 选定插入位置。选定需要插入行或列中的任意一个单元格或整行、整列。

步骤 2 执行插入操作。在"开始"选项卡的"单元格"命令组中，单击"插入"右侧的下拉箭头，选择下拉菜单中的"插入工作表行"或"插入工作表列"命令，则在当前行上方或当前列左侧插入新行或新列。

注意 插入整行、整列或空单元格时，如果插入位置的周围单元格设置了格式，执行插入操作后将出现格式刷式样的"插入选项"智能标记按钮 ✓。单击该智能标记按钮弹出下拉列表，从中选择"与上面（左边）格式相同""与下面（右边）格式相同"及"清除格式"单选项，可以为插入的单元格、单元格区域、行或列设置格式。

小技巧 如果要插入多行或多列，可以选定需要插入的新行下方的若干行或新列右侧的若干列（可以是连续的，也可以是不连续的），然后执行插入整行或整列的操作。

3.3.2 删除单元格、整行或整列

在 Excel 中，删除操作和清除操作不同。删除单元格是将单元格从工作表中删掉，包括单元格中的全部信息；清除单元格只是去除单元格中存储的数据、格式或批注等内容，而单元格的位置仍然保留。3.2.2 节已经介绍了清除数据的操作，本节介绍删除操作。

1. 删除单元格或单元格区域

删除单元格或单元格区域的方法主要有 2 种：使用删除命令和使用鼠标快捷操作。

（1）使用删除命令。其操作步骤如下。

步骤 1 选定要删除的单元格或单元格区域。

步骤 2 打开"删除"对话框。在"开始"选项卡的"单元格"命令组中，单击"删除"右侧的下拉箭头，选择下拉菜单中的"删除单元格"命令，或者用鼠标右键单击被删除的单元格，在弹出的快捷菜单中选择"删除"命令，弹出"删除"对话框，如图 3-6 所示。

图 3-6 "删除"对话框

步骤 3 设置删除方式。在"删除"对话框中，根据需要选择被删除单元格右侧的单元格左移，还是下方的单元格上移，然后单击"确定"按钮，完成删除操作。

（2）使用鼠标快捷操作。选择要删除的单元格或单元格区域，将鼠标指针指向填充柄，当鼠标指针变成实心十字时，按住【Shift】键反向拖曳，使所选区域变为灰色阴影，释放鼠标，选定的单元格或单元格区域将被删除。

2. 删除整行或整列

实现整行或整列的删除，可以采用以下 2 种方法。

（1）删除选定单元格或单元格区域所在的整行或整列。在图 3-6 所示的"删除"对话框中，若选择"整行"，则删除当前单元格或单元格区域所在行；若选择"整列"，则删除当前单元格或单元格区域所在列。

（2）删除选定的整行或整列。选定要删除的行或列，然后在"开始"选项卡的"单元格"命令组中，单击"删除"命令，或在"删除"下拉菜单中选择"删除工作表行"或"删除工作表列"命令；也可以用鼠标右键单击选定的行或列，在弹出的快捷菜单中选择"删除"命令，即可完成整行或整列的删除操作。

3.3.3 合并单元格

3-2 合并单元格

合并单元格是指将跨越几行或几列的多个单元格合并为一个单元格。单元格合并后，Excel 将把选定区域左上角的数据放入合并后所得到的新单元格中，合并前左上角单元格的引用为合并后单元格的引用。

实现合并单元格，可以采用以下 2 种方法。

（1）使用命令。其操作步骤如下。

步骤1 选定要合并的单元格区域。

步骤2 在"开始"选项卡的"对齐方式"命令组中，单击"合并后居中"命令，或单击"合并后居中"右侧的下拉箭头，选择下拉菜单中的"合并后居中"命令。

（2）使用"设置单元格格式"对话框。其操作步骤如下。

步骤1 选定要合并的单元格区域。

步骤2 打开"设置单元格格式"对话框。单击"开始"选项卡的"对齐方式"命令组右下角的对话框启动按钮，弹出"设置单元格格式"对话框。

步骤3 设置合并参数。勾选"文本控制"中的"合并单元格"复选框，再按需要选择水平对齐和垂直对齐方式。

步骤4 进行合并确认。单击"确定"按钮。若合并的区域中含有多个单元格数据，则弹出警告对话框，如图 3-7 所示，单击警告对话框中的"确定"按钮则执行合并操作；单击"取消"按钮则取消合并操作。

图 3-7 警告对话框

注意 被合并的单元格区域只能是相邻的若干个单元格。多个包含数据的单元格合并后，只保留单元格区域左上角单元格的数据，其他单元格的数据将被删除。

小技巧 在实际应用中，有时需要进行多次合并单元格的操作。例如，将图 3-8 所示的"合并前"表格中相同序号和相同部门进行合并，合并后的结果如"合并后"的表格所示。这里需要进行 6 次合并操作，一个一个处理显然很麻烦。可按如下步骤简化合并操作。

步骤1 合并 A3:A5 单元格区域。选定 A3:A5 单元格区域；在"开始"选项卡"对齐方式"命令组中，单击"合并后居中"命令。

步骤2 合并 A 列其他单元格区域。选定 A6:A8 单元格区域，按【F4】键；使用相同方法合并 A9:A12 单元格区域。合并 A 列后的结果如图 3-9 所示。

步骤3 合并 B 列。选定 A3:A12 单元格区域，拖曳该区域的填充柄到 B12，释放鼠标。此时将 A 列填充到了 B 列，如图 3-10 所示。单击填充区域右下角的"自动填充选项"小图标，从弹出的列表中选择"仅填充格式"，即可得到图 3-8 所示"合并后"表格的结果。

图 3-8　"合并前"和"合并后"表格　　　图 3-9　合并 A 列　　图 3-10　将 A 列填充
　　　　　　　　　　　　　　　　　　　　　　　　　后的结果　　　　　　到 B 列

3.4　编辑工作表

一般地，一个工作簿由多张工作表组成。用户可以根据需要通过重命名、插入与删除、移动与复制、隐藏或显示、保护工作表等操作来修改工作簿。

3.4.1　重命名工作表

当新建一个工作簿时，工作表的默认名称为 Sheet1，它是由系统默认提供的。用户可以根据自己的需要，为工作表重新命名。重命名工作表主要采用以下 2 种方法。

1．使用鼠标操作

步骤1　进入重命名状态。双击要重命名的工作表标签，此时工作表标签呈灰色显示。

步骤2　输入新工作表名称。在标签上直接输入新的工作表名称，或再单击该标签的某一处出现竖线插入点光标后进行修改。

2．使用命令操作

步骤1　选择要重命名的工作表。

步骤2　执行重命名工作表操作。在"开始"选项卡的"单元格"命令组中，单击"格式"→"重命名工作表"命令，工作表标签呈灰色显示，输入新的工作表名称。

3.4.2　插入与删除工作表

默认情况下，新创建的工作簿由 1 张工作表组成，用户可以根据需要插入或删除工作表。

1．插入工作表

如果要在某张工作表之前插入 1 张空白工作表，需要先选定该工作表，然后在"开始"选项卡的"单元格"命令组中，单击"插入"右侧的下拉箭头，选择下拉菜单中的"插入工作表"命令，即可在所选定的工作表之前插入 1 张空白工作表。新插入的工作表将成为当前工作表，并自动采用默认名称，可以根据需要重新命名。

2．删除工作表

当不再需要某张工作表时，可以将其删除。删除工作表的操作步骤如下。

步骤1　选定要删除的工作表为当前工作表。

步骤2　执行删除工作表操作。在"开始"选项卡的"单元格"命令组中，单击"删除"右侧的下拉箭头，选择下拉菜单中的"删除工作表"命令，如果需要删除的工作表中有数据则出现警告对话框，如图 3-11 所示。用户可根据需要删除或取消。

图 3-11　警告对话框

删除的工作表不可恢复。

也可以用鼠标右键单击工作表标签，在弹出的有关工作表操作的快捷菜单中选择"插入"或"删除"命令，完成工作表的插入或删除等操作。

3.4.3 移动与复制工作表

1．移动工作表

通常，一个工作簿中的工作表是有前后次序的，可以通过移动工作表来改变它们的次序。移动工作表主要有以下2种方法。

（1）使用鼠标。将鼠标指针指向需要移动的工作表标签，按住鼠标左键，此时鼠标指针变成带有一页卷角的表的图标，同时旁边的黑色倒三角用以指示移动的位置，如图 3-12 所示。拖曳鼠标至目标位置之后释放鼠标，即可完成对工作表的移动。

图 3-12　使用鼠标拖曳移动工作表

（2）使用命令。选择需要移动的工作表，在"开始"选项卡的"单元格"命令组中，单击"格式"→"移动或复制工作表"命令，或在右键快捷菜单中选择"移动或复制"命令，打开"移动或复制工作表"对话框。在该对话框中选择目标位置，然后单击"确定"按钮完成对工作表的移动操作。

如果在"移动或复制工作表"对话框的"工作簿"下拉列表中选择"新工作簿"，则 Excel 会自动新建一个工作簿，并将选定的工作表移到该工作簿中。

2．复制工作表

如果需要添加的工作表与现有的某张工作表十分相似，那么采用复制工作表的方法可以快速地建立所需的工作表。复制工作表的操作非常简单，常用以下2种方法。

（1）使用鼠标。将鼠标指针指向需要移动的工作表标签，按【Ctrl】键的同时，按住鼠标左键，此时鼠标指针变成十字形的图标，同时旁边的黑色倒三角用以指示工作表的复制位置，如图 3-13 所示。拖曳鼠标至目标位置后释放鼠标，再放开【Ctrl】键，即可完成对工作表的复制。

图 3-13　使用鼠标拖曳复制工作表

复制所得的工作表的名称由 Excel 自动命名，规则是在源工作表名后加上一个带括号的编号，编号表示为源工作表的第几个副本。

（2）使用命令。选定需要复制的工作表，在"开始"选项卡的"单元格"命令组中，单击"格式"→"移动或复制工作表"命令，或在右键快捷菜单中选择"移动或复制"命令，打开"移动或复制工作表"对话框。在该对话框中选择目标位置，勾选"建立副本"复选框，然后单击"确定"按钮，即可完成对工作表的复制操作。

3.4.4 隐藏或显示工作表

为了保护某些重要的数据，需要隐藏工作表。

1．隐藏工作表

选定需要隐藏的工作表，在"开始"选项卡的"单元格"命令组中，单击"格式"→"隐藏和取消隐藏"→"隐藏工作表"命令，即可隐藏该工作表。

工作表被隐藏后不可见，但仍然处在打开状态，可以被其他工作表访问。

2．取消隐藏的工作表

如果要将已经隐藏的工作表显示出来，可按如下步骤进行操作。

步骤1　打开"取消隐藏"对话框。在"开始"选项卡的"单元格"命令组中，单击"格式"→"隐藏和取消隐藏"→"取消隐藏工作表"命令，弹出"取消隐藏"对话框，如图3-14所示。

图 3-14　"取消隐藏"对话框

步骤2　执行取消隐藏操作。选择要取消隐藏的工作表，然后单击"确定"按钮。

3.4.5　保护工作表

为了防止他人使用工作表，或者为了防止他人无意中修改、删除或移动工作表，可以使用 Excel 的保护工作表功能。

1．保护工作表

保护工作表的操作步骤如下。

步骤1　选定要保护的工作表。

步骤2　打开"保护工作表"对话框。在"审阅"选项卡的"更改"命令组中，单击"保护工作表"命令；或者在"开始"选项卡的"单元格"命令组中，单击"格式"→"保护工作表"命令；或者右键单击要进行保护的工作表的标签，在快捷菜单中选择"保护工作表"命令，系统均可弹出"保护工作表"对话框，如图3-15所示。

图 3-15　"保护工作表"对话框

步骤3　设置保护内容。在"保护工作表"对话框中，勾选"保护工作表及锁定的单元格内容"复选框，在"取消工作表保护时使用的密码"文本框中输入密码，在"允许此工作表的所有用户进行"列表框中，勾选允许用户所用的选项，然后单击"确定"按钮；在弹出的"确认密码"对话框中再次输入相同的密码，然后单击"确定"按钮。

如果需要撤销对工作表的保护，可以单击"审阅"选项卡"更改"命令组中的"撤销工作表保护"命令，在弹出的"撤销工作表保护"对话框的"密码"文本框中输入设置的密码，单击"确定"按钮即可。

2．保护单元格

当工作表处于被保护状态时，工作表中的所有单元格都默认锁定被保护，不能进行删除、清除、移动、编辑和格式化等操作。如果只想对一部分单元格进行保护，而其他单元格不需要保护，只要将不需要保护的单元格取消锁定，然后再设置工作表保护即可。其操作步骤如下。

步骤1　取消单元格锁定。选定要撤销保护的单元格或单元格区域，然后在"开始"选项卡的"单元格"命令组中，单击"格式"→"设置单元格格式"命令，在打开的"设置单元格格式"对话框中单击"保护"选项卡，取消"锁定"复选框的勾选，如图 3-16 所示。单击"确定"按钮。

图 3-16　取消"锁定"复选框勾选

步骤 2　设置工作表保护。操作同前，不再赘述。

　　必须先进行单元格保护设置，然后再执行工作表保护操作，只有在工作表保护状态下，单元格保护才生效。

3.5　应用实例——建立"人员清单"表

在第 1 章应用实例中已经创建了"工资管理"工作簿，并建立了其中的"工资计算"工作表。"工资管理"工作簿中还有"人员清单"工作表需要建立，本节将利用工作表的基本操作方法来建立"人员清单"工作表。

3.5.1　复制工作表

通过分析第 1 章实例所列出的数据，可以发现图 1-8 所示的"人员清单"工作表与图 1-10 所示的"人事档案"工作表的数据内容基本相同。在第 2 章实例中已经建立了"人事档案"工作表，因此在建立"人员清单"工作表时，可以先复制已建立的"人事档案"工作表，然后将其更名为"人员清单"。具体操作步骤如下。

步骤 1　打开"工资管理"和"档案管理"工作簿。

步骤 2　打开"移动或复制工作表"对话框。将"档案管理"工作簿设为当前工作簿，右键单击"人事档案"工作表标签，从弹出的快捷菜单中选择"移动或复制"命令，打开"移动或复制工作表"对话框。

步骤 3　复制工作表。在"工作簿"下拉列表框中选择"工资管理.xlsx"，勾选"建立副本"复选框，然后单击"确定"按钮。此时"工资管理"工作簿中新建了 1 张"人事档案"工作表。

3.5.2 重命名工作表

按照实例要求，应将"工资管理"工作簿中的"人事档案"工作表更名为"人员清单"。重命名工作表的操作步骤如下。

步骤1 进入重命名状态。双击"人事档案"工作表标签，或右键单击"人事档案"工作表标签，从弹出的快捷菜单中选择"重命名"命令。此时工作表标签呈灰色显示。

步骤2 输入工作表名。在标签上输入人员清单。

3.5.3 删除工作表中的列

对照图 1-8 所示数据可知，"出生日期""学历""婚姻状况""籍贯""联系电话"和"身份证号码"等数据列不属于"人员清单"工作表的内容，应将其删除。删除这些数据列的操作步骤如下。

步骤1 选定要删除的数据列。首先用鼠标左键从 D 列列标拖曳到 G 列；然后按住【Ctrl】键不放，再选定 L 列和 M 列；最后先释放鼠标左键，再放开【Ctrl】键。

步骤2 删除工作表中的列。在"开始"选项卡的"单元格"命令组中，单击"删除"右侧的下拉箭头，选择下拉菜单中的"删除工作表列"命令。

3.6 应用实例——维护人事档案表

在第 2 章中已经创建了"档案管理"工作簿，由于"档案管理"工作簿中的"人事档案"工作表数据是由两个人分别输入的，表列顺序是按照两个人的分工次序排列的，现在需要进行适当的调整。本节将通过 Excel 的基本编辑功能实现对"人事档案"工作表的调整和维护。

3.6.1 调整工作表中的列

首先将第 2 章中完成的"人事档案"工作表复制一份，然后再将复制后生成的新工作表更名为"人事档案调整"，下面将针对"人事档案调整"表进行相关调整操作。根据要求，需要将"人事档案调整"中的部门、职务、职称等列信息适当左移。下面将通过剪切插入操作及鼠标拖曳操作来调整表列顺序。

1. 通过剪切插入操作移动"部门"列

将"部门"列移到"姓名"列之前。具体操作步骤如下。

步骤1 剪切"部门"列。选定 H 列，在"开始"选项卡"剪贴板"命令组中，单击"剪切"命令；或者直接按【Ctrl】+【X】组合键；或者用鼠标右键单击该区域，在弹出的快捷菜单中单击"剪切"命令。

步骤2 插入"部门"列。用鼠标右键单击 B 列列标或 B1 单元格，在弹出的快捷菜单中选择"插入剪切的单元格"命令。将"部门"列从 H 列移动到 B 列后的工作表，如图 3-17 所示。

图 3-17 移动"部门"列后的工作表

2. 通过鼠标拖曳操作移动"职务"和"职称"列

将"职务""职称"这两列移动到"学历"列前。具体操作方法是：选定"职务"和"职称"两列，将鼠标指向选定区域的左边或右边的边缘，这时鼠标指针会由十字变成十字箭头，按住鼠标右键，拖曳到"学历"和"婚姻状况"所在列位置，在弹出的快捷菜单中选择"移动选定区域，原有区域右移"命令。

使用相同方法，将"参加工作日期"列移动到"婚姻状况"列的前面。调整完成的"人事档案调整"工作表如图 3-18 所示。

	A	B	C	D	E	F	G	H	I	J	K	L	M	N
1	序号	部门	姓名	性别	出生日期	职务	职称	学历	参加工作日期	婚姻状况	籍贯	联系电话	身份证号码	基本工资
2	A001	经理室	黄振华	男	1966/4/10	董事长	高级经济师	大专	1987/11/23	已婚	北京	13512341234	110102196604100138	12005
3	A002	经理室	尹洪群	男	1968/9/18	总经理	高级工程师	大本	1989/4/18	已婚	山东	13512341235	110102196809180010	8505
4	A003	经理室	杨灵	男	1973/3/19	副总经理	经济师	博士	2000/12/4	已婚	北京	13512341236	110101197303191117	7910
5	A004	经理室	沈宁	女	1977/10/2	秘书	工程师	大本	1999/10/23	未婚	北京	13512341237	110101197710021836	4760
6	B001	人事部	赵文	女	1967/12/30	部门主管	经济师	大本	1991/1/18	已婚	北京	13512341238	110102196712031800	4760
7	B002	人事部	胡方	男	1966/4/8	业务员	经济师	大专	1987/12/24	已婚	四川	13512341239	110101196604082100	8505
8	B003	人事部	郭新	女	1964/3/26	业务员	经济师	大本	1983/12/12	已婚	北京	13512341240	110101196403262430	4760
9	B004	人事部	周跋珊	女	1969/6/20	业务员	经济师	大本	1989/3/6	已婚	北京	13512341241	110101196906203131	4760
10	B005	人事部	张波妨	女	1968/11/9	统计	助理统计师	大专	2001/3/6	已婚	安徽	13512341242	110101196811092306	4200
11	C001	财务部	李忠祺	男	1965/2/10	财务总监	高级会计师	大本	1987/1/1	已婚	北京	13512341243	110101196502103339	10080
12	C002	财务部	焦戈	女	1970/2/26	成本主管	高级会计师	大专	1989/11/1	已婚	北京	13512341244	110101197002263452	8505
13	C003	财务部	张进明	男	1974/10/27	会计	助理会计师	大本	1996/7/14	已婚	北京	13512341245	110103197410273859	4200

图 3-18　调整完成的"人事档案调整"工作表

3.6.2　保护工作表

现要求对原始的"人事档案"表进行保护，要求"基本工资"列可以进行编辑操作及设置单元格格式操作，其他单元格中的数据除了可以进行设置单元格格式操作外，不允许进行其他操作。其操作步骤如下。

步骤 1　取消"基本工资"列单元格锁定。用鼠标右键单击 N 列列标，在弹出的快捷菜单中选择"设置单元格"格式命令，在打开的"设置单元格格式"对话框中单击"保护"选项卡，取消"锁定"复选框的勾选，然后单击"确定"按钮。

步骤 2　设置工作表保护。在"审阅"选项卡的"更改"命令组中，单击"保护工作表"命令，在弹出的"保护工作表"对话框中设置保护内容。

步骤 3　设置"取消工作表保护时使用的密码"并进行确认。

习　题

一、选择题

1. 若要连续选定 A～E 列，以下操作错误的是（　　）。
   A. 单击列标 A，然后拖曳鼠标至列标 E，释放鼠标
   B. 单击列标 A，再按住【Shift】键单击列标 E
   C. 按住【Ctrl】键，再单击 A、B、C、D、E 列标
   D. 单击 A、B、C、D、E 的每个列标

2. 选定多个不相邻的工作表，可单击要选定的第 1 张工作表标签后，按住（　　），再分别单击其他工作表标签。
   A.【Alt】键 　　　　　　　　　　　　　B.【Ctrl】键
   C.【Shift】键 　　　　　　　　　　　　D.【Shift】+【Alt】组合键

3. 在 Excel 中，保留单元格格式只清除单元格数据的操作是：首先选定只清除数据的单元格或单元格区域，然后（　　）。
   A. 在"开始"选项卡的"单元格"命令组中，单击"删除"命令

B．按【Delete】键

C．执行剪切操作

D．无法实现

4．以下关于 Excel "清除"单元格和"删除"单元格的叙述中，错误的是（　　）。

　　A．"清除"的对象只能是单元格中的内容

　　B．"删除"的对象不只是单元格中的内容，还有单元格本身

　　C．只能"清除"不能"删除"单元格中某些类型的数据

　　D．它们只对选定的单元格区域起作用，其他单元格中的内容不会受到影响

5．使用"选择性粘贴"命令，不能完成的操作是（　　）。

　　A．粘贴单元格的批注　　　　　　　　B．粘贴单元格的部分字符

　　C．粘贴单元格的格式　　　　　　　　D．粘贴单元格的全部信息

6．复制某一个单元格区域内容时，在粘贴之前选定一个单元格，则（　　）。

　　A．以该单元格为左上角，向下、向右粘贴整个单元格区域的内容

　　B．以该单元格为左下角，向上、向右粘贴整个单元格区域的内容

　　C．以该单元格为右上角，向下、向左粘贴整个单元格区域的内容

　　D．以该单元格为右下角，向上、向左粘贴整个单元格区域的内容

7．以下不能在工作表中删除当前选中列的操作是（　　）。

　　A．在"开始"选项卡的"单元格"命令组中，单击"删除"右侧的下拉箭头，选择下拉菜单中的"删除工作表列"命令

　　B．在"开始"选项卡的"单元格"命令组中，单击"删除"命令

　　C．鼠标右键单击所选列，选择快捷菜单中的"删除"命令

　　D．按【Delete】键

8．以下不能重命名工作表的操作是（　　）。

　　A．单击工作表标签，然后输入新名称

　　B．右键单击工作表标签，选择快捷菜单中的"重命名"命令，然后输入新名称

　　C．在"开始"选项卡的"单元格"命令组中，单击"格式"→"重命名工作表"命令，然后输入新名称

　　D．双击工作表标签，然后输入新名称

9．以下关于工作表操作的叙述中，错误的是（　　）。

　　A．工作表名默认是 Sheet1，用户可以重新命名

　　B．一次可以删除一个工作簿中的多张工作表

　　C．在工作簿之间允许复制工作表

　　D．在工作簿之间不允许移动工作表

10．如果对工作表中的所有单元格都进行了保护，则（　　）。

　　A．无法对工作表进行移动或复制　　　B．无法删除该工作表

　　C．无法移动或修改单元格中的数据　　　D．无法打开此工作表

二、填空题

1．单击"开始"选项卡中"单元格"命令组的"插入"右侧的下拉箭头，选择下拉菜单中的"插入工作表行"命令，将在当前单元格的_____方插入一个空行。

2．当同时选择了多张工作表，在工作簿的标题栏上会出现_____字样。

3．要撤销对单元格的保护，应先撤销_____。

4．用鼠标拖曳工作表标签，这个操作的作用是_____。

5．要隐藏单元格中的公式，应使用_____对话框中的_____选项卡进行设置。

三、问答题

1．为什么要编辑工作表？

2．Excel 的主要处理对象有哪些，如何选定它们？

3．删除单元格与清除单元格有什么不同？

4．如何隐藏 Excel 工作表？

5．什么时候需要对工作表进行保护？

实　　训

对第 1 章实训中创建完成的"办公管理.xlsx"工作簿文件进行以下编辑操作。

1．将"员工信息"表复制一份，命名为"员工信息调整"表。

2．对"员工信息"表进行整表保护。

3．将"员工信息调整"表中第 6 列的标题"入职日期"修改为"参加工作日期"。

4．将"部门"列移动到"岗位"列左侧。"员工信息调整"表调整结果如图 3-19 所示。

	A	B	C	D	E	F	G	H	I	J
1	工号	姓名	性别	部门	岗位	参加工作日期	办公电话	移动电话	E-mail 地址	备注
2	CK01	孙家龙	男	办公室	董事长	1984/8/3	010-65971111	13311211011	sunjialong@cheng-wen.com.cn	
3	CK02	张卫华	男	办公室	总经理	1990/8/28	010-65971112	13611101010	zhanghuihua@cheng-wen.com.cn	
4	CK03	王叶	女	办公室	主任	1996/9/19	010-65971113	13511212121	wangye@cheng-wen.com.cn	
5	CK04	梁勇	男	办公室	职员	2006/9/1	010-65971113	13511212122	liangyong@cheng-wen.com.cn	
6	CK05	朱思华	女	办公室	文秘	2009/7/3	010-65971114	13511212123	zhusihua@cheng-wen.com.cn	
7	CK06	陈关敏	女	财务部	主任	1998/8/2	010-65971115	13511212124	chungm@cheng-wen.com.cn	
8	CK07	陈德生	男	财务部	出纳	2008/9/12	010-65971115	13511212125	chunds@cheng-wen.com.cn	
9	CK08	陈桂兰	女	财务部	会计	1996/8/1	010-65971115	13511212126	chunguilan@cheng-wen.com.cn	
10	CK09	彭庆华	男	工程部	主任	1984/8/3	010-65971115	13511212127	pqh@cheng-wen.com.cn	
11	CK10	王成祥	男	工程部	总工程师	1999/8/4	010-65971120	13511212128	wangcxyang@cheng-wen.com.cn	
12	CK11	何家强	男	工程部	工程师	2004/12/3	010-65971120	13511212129	hejq@cheng-wen.com.cn	
13	CK12	曾伦济	男	工程部	技术员	1999/8/3	010-65971120	13511212130	zlq@cheng-wen.com.cn	
14	CK13	张新民	男	工程部	工程师	2003/8/25	010-65971120	13511212131	zhangxm@cheng-wen.com.cn	
15	CK14	张跃华	男	技术部	主任	1990/9/13	010-65971124	13511212132	zhangyuh@cheng-wen.com.cn	
16	CK15	邓都平	男	技术部	主任	2011/2/28	010-65971125	13511212133	dengdp@cheng-wen.com.cn	
17	CK16	朱京丽	女	技术部	技术员	2013/7/17	010-65971126	13511212134	zhujl8041@cheng-wen.com.cn	
18	CK17	蒙继炎	男	市场部	主任	1996/9/3	010-65971127	13511212135	penjy@cheng-wen.com.cn	
19	CK18	王丽	女	市场部	业务主管	2008/8/3	010-65971128	13511212136	wl_1996@cheng-wen.com.cn	
20	CK19	梁鸿	男	市场部	主任	1984/2/1	010-65971129	13511212137	lianghong_62@cheng-wen.com.cn	
21	CK20	刘尚武	男	销售部	业务主管	1991/5/22	010-65971130	13511212138	liu_shangwu@cheng-wen.com.cn	
22	CK21	朱强	男	销售部	销售主管	1993/8/3	010-65971131	13511212139	zhuqiang@cheng-wen.com.cn	
23	CK22	丁小飞	女	销售部	销售员	2013/6/14	010-65971132	13511212140	dignxiaofei@cheng-wen.com.cn	
24	CK23	孙宝彦	男	销售部	销售员	2004/9/27	010-65971132	13511212141	sby@cheng-wen.com.cn	
25	CK24	张港	男	销售部	销售员	2014/9/21	010-65971134	13511212142	zhangg@cheng-wen.com.cn	

图 3-19　"员工信息调整"表调整结果

第**4**章 美化工作表

内容提要

本章主要介绍如何对工作表进行格式设置，包括设置单元格格式、设置工作表的行高和列宽、使用条件格式，以及为工作表设置边框、底纹、背景等美化工作表的操作。同工作表的编辑操作一样，本章内容也属于 Excel 最基本的操作。

主要知识点

- 调整行高与列宽
- 设置字体和数字格式
- 设置对齐方式
- 设置边框和底纹
- 使用格式刷
- 使用条件格式和套用表格格式
- 使用图片、形状、艺术字

工作表建好以后，还应对工作表中数据的格式进行编排，对工作表的格式进行美化。这样，不仅可以使工作表中的数据清晰易读，而且可以使工作表的样式美观大方、重点突出。在工作表的制作过程中，对表格的格式编排和美化是不容忽视的操作。

4.1 调整行与列

在编辑工作表的过程中，有时会遇到单元格中只显示一部分文字或显示为"######"的情况。产生这些问题的原因是单元格的宽度不够，需要进行调整。

4.1.1 调整行高与列宽

对于 Excel 提供的默认行高和列宽，用户可以按需要自行调整。其具体操作方法主要有以下几种。

（1）使用鼠标。将鼠标指针指向要调整行高的行号下方的分割线，当指针变为调整高度的上下双向箭头时，按住鼠标左键拖曳分割线可改变行高。将鼠标指针指向要调整列宽的列标右侧的分割线，当指针变为调整宽度的左右双向箭头时，按住鼠标左键拖曳分割线可改变列宽。

（2）自动调整。Excel 可以根据单元格中的数据内容自动设置最佳的行高与列宽。

调整行高：选定需要调整行高的行或行中任意单元格，在"开始"选项卡的"单元格"命令组中，单击"格式"→"自动调整行高"命令；或直接双击行号下方的分割线，则以最高的单元格为标准调整行高。

调整列宽：选定需要调整宽度的列或列中任意单元格，在"开始"选项卡的"单元格"命令组中，单击"格式"→"自动调整列宽"命令；或直接双击列标右侧的分割线，则以最宽的单元格为标准调整列宽。

（3）使用命令。使用命令可以精确调整行高、列宽。

调整行高：选定需要调整行高的行或行中任意单元格，在"开始"选项卡的"单元格"命令组中，单击"格式"→"行高"命令，在弹出的"行高"对话框中输入所需的行高值，单击"确定"按钮。

调整列宽：选定需要调整宽度的列或列中任意单元格，在"开始"选项卡的"单元格"命令组中，单击"格式"→"列宽"命令，在弹出的"列宽"对话框中输入所需的列宽值，单击"确定"按钮。

在"开始"选项卡的"单元格"命令组中，单击"格式"→"默认列宽"命令，可以调整整个工作表中 Excel 默认的标准列宽。

4.1.2　隐藏行或列

如果不希望工作表的某些行或列被别人看到，可以将其隐藏起来，需要显示时再取消隐藏，将其显示出来。

1．隐藏行或列

选定要隐藏的列（行）或列（行）中的任意单元格，在"开始"选项卡的"单元格"命令组中，单击"格式"→"隐藏和取消隐藏"→"隐藏列"（"隐藏行"）命令。

2．取消对行或列的隐藏

取消行的隐藏：选定隐藏行上下的行或上下行中的任意单元格，在"开始"选项卡的"单元格"命令组中，单击"格式"→"隐藏和取消隐藏"→"取消隐藏行"命令。

取消列的隐藏：选定隐藏列两侧的列或两侧列中的任意单元格，在"开始"选项卡的"单元格"命令组中，单击"格式"→"隐藏和取消隐藏"→"取消隐藏列"命令。

4.2　设置单元格格式

设置单元格格式主要包括设置数字格式、字体格式、对齐方式、单元格的边框及图案等。用户可以在数据输入前设定格式，也可以在数据输入完成后再改变格式。

单元格的格式设置方法有以下 2 种。

（1）使用"开始"选项卡功能区中的命令按钮。这种方法可以使操作方便、快捷。

（2）使用"设置单元格格式"对话框。这种方法可以进行更复杂和详细的设置。

4.2.1　设置数字格式

Excel 中预定义了多种数字格式，如货币符号、千位分隔符、小数点位数、日期、时间和百分比等。用户可以直接使用这些预定义的数字格式，也可以自定义数字格式。

1. 使用预定义数字格式

Excel 预定义的数字格式包括常规、数值、货币、会计专用、日期、时间、百分比、分数、科学记数、文本、特殊等类型。这些格式基本上能够满足用户的需要。

（1）使用命令按钮。在"开始"选项卡的"数字"命令组中提供了几个快速设置数字格式的命令按钮，如图 4-1 所示。选定需要设定格式的单元格或单元格区域后，单击所需命令即可完成相应的格式设置。

图 4-1 数字格式的命令按钮

（2）使用"设置单元格格式"对话框。其操作步骤如下。

步骤1 选定需要设定格式的单元格或单元格区域。

步骤2 打开"设置单元格格式"对话框。单击"开始"选项卡"数字"命令组右下角的对话框启动按钮，弹出"设置单元格格式"对话框，并默认选中"数字"选项卡，如图 4-2 所示。

图 4-2 "设置单元格格式"对话框中的"数字"选项卡

步骤3 设置所需数字格式。在"分类"列表框中选择所需类型，此时对话框右侧显示出该类型中可用的格式及示例，用户可以根据需要进行选择，然后单击"确定"按钮。

无论为单元格设置了哪种数字格式，都只会改变单元格中数值的显示形式，而不会改变单元格中存储的真正内容。

2. 创建自定义数字格式

简单来说，自定义格式是指定的一些格式代码，用以描述数据的显示格式。Excel 允许用户创建自定义数字格式，并可以在格式化工作表时使用该格式。

4-1 创建自定义数字格式

自定义数字格式的语法规则如下：<正数格式>;<负数格式>;<零值格式>;<文本格式>。最多能设定 4 个区段的格式代码，每个区段由分号隔开，依次定义正数、负数、零与文字的格式。如果指定了两个区段，那么第一区段用于正数和零值，第二区段用于负数；如果只指定了一个区段，则所有数字都将使用该格式；如果要跳过某一区段，那么该区段应该以分号结束。例如，[黑色]$#,##0;[红色]($#,##0);[蓝色]0;"应输入数值型数据"表示正数用黑色显示，负数用红色显示，零用蓝色显示，若输入非数字数据则显示"应输入数值型数据"。表 4-1 列出了 Excel 提供的大部分数字格式符号及其作用。

表 4-1   Excel 提供的大部分数字格式符号及其作用

符 号	功 能	作 用
0	数字的预留位置	确定十进制小数的数字显示位置；按小数点右边的 0 的个数对数字进行四舍五入处理；如果数字位数少于格式中的零的个数，则将显示无意义的 0
#	数字的预留位置	只显示有意义的数字，而不显示无意义的 0
?	数字的预留位置	与 0 相同，但它允许插入空格来对齐数字位，且要除去无意义的 0
.	小数点	标记小数点的位置
%	百分号	显示百分号，把数字作为百分数
,	千位分隔符	标记出千位、百万位等的位置
_(下划线)	对齐	留出等于下一个字符的宽度；对齐封闭在括号内的负数并使小数点保持对齐
￥/ $	人民币/美元符号	在指定位置显示人民币/美元符号
( )	左右括号	在指定位置显示左右括号
+/−	正/负号	在指定位置显示正/负号
/	分数分隔符	指示分数
\	文本标记符	紧接其后的是文本字符
" text"	文本标记符	引号内引述的是文本
*	填充标记符	用星号后的字符填满单元的剩余部分
@	格式化代码	标识出用户输入文字显示的位置
E−E+e−e _	科学计数标识符	以指数格式显示数字
[颜色]	颜色标记	用标记出的颜色显示字符
[颜色 n]	颜色标记	用调色板中相应的颜色显示字符（n 为 0～56 的数）
[condition value]	条件语句	用<,>,=,<=,>=,<>和数值来设置条件表达式

创建自定义数字格式的操作步骤如下。

步骤1 打开"设置单元格格式"对话框。单击"开始"选项卡"数字"命令组右下角的对话框启动按钮，弹出"设置单元格格式"对话框，在"分类"列表框中选择"自定义"选项。

步骤2 设置自定义格式。在自定义类型中提供了一些预设的格式，可选取其中的预设格式进行修改，完成自定义格式设置。

注意

用户一旦创建了自定义格式，此格式将一直被保存在工作簿中，并且能像预定义数字格式一样被使用。如果用户不再需要自定义数字格式，先选定要删除的自定义数字格式，再单击对话框中的"删除"按钮即可删除。但用户不能删除 Excel 提供的预定义数字格式。

4.2.2 设置字体格式

字体格式的设置包括对文字的字体、字形、字号、颜色以及特殊效果的设定。通过对字体格式的设置，可以使表格更加美观或突出表现表格中的某一部分内容。设置字体格式，可以采用以下 2 种方法。

（1）使用命令按钮。首先选定需要设定字体格式的单元格或单元格区域，然后根据需要单击"开始"选项卡上"字体"命令组中相应的命令按钮。

（2）使用"设置单元格格式"对话框。

步骤1 选定需要设定字体格式的单元格或单元格区域。

步骤2 打开"设置单元格格式"对话框。单击"开始"选项卡"字体"命令组右下角的对话框启动按钮，弹出"设置单元格格式"对话框，并默认选中"字体"选项卡，如图 4-3 所示。

图 4-3　"设置单元格格式"对话框中的"字体"选项卡

步骤3 设置所需字体格式。根据需要设置字体、字形、字号、下划线等，然后单击"确定"按钮。

4.2.3 设置对齐方式

默认情况下，Excel 自动将输入的文本型数据左对齐，数值型数据右对齐，逻辑型数据和错误值居中对齐。Excel 也允许用户根据需要改变数据的对齐方式。可采用以下方法进行对齐操作。

（1）使用命令按钮。如果要使单元格中的数据左对齐、右对齐、居中或合并后居中，可以通过直接单击"开始"选项卡"对齐方式"命令组中的相应命令按钮实现。其中，"合并后居中"主要用来设置报表标题或跨栏的表头。

（2）使用"设置单元格格式"对话框。使用命令按钮进行对齐操作，既简单又方便，但如果所设的对齐方式较为复杂，则需要使用"设置单元格格式"对话框实现。选定需要设定对齐方式的单元格或单元格区域后，单击"开始"选项卡"对齐方式"命令组右下角的对话框启动按钮，弹出"设置单元格格式"对话框，并默认选中"对齐"选项卡，如图4-4所示。在该对话框中可以进行对齐设置。

图4-4 "设置单元格格式"对话框中的"对齐"选项卡

从该对话框中可以看出，单元格中的数据可以分为"水平对齐"和"垂直对齐"2个方向的调整，还可以进行"文本控制"和"文字方向"的选择。

① 水平对齐："水平对齐"方式有常规、靠左、居中、靠右、填充、两端对齐、跨列居中和分散对齐。其含义分别如下。

- 常规：Excel 的默认对齐方式。
- 靠左：单元格中的内容紧靠单元格的左端显示。如果在"水平对齐"下拉列表中选取了"靠左"对齐方式，则"水平对齐"下拉列表框右侧的"缩进"按钮生效，可以在"缩进"框中指定缩进量。缩进量为0时，即为"靠左"；缩进量大于0时，Excel 会在单元格内容的左边加入指定缩进量的空格字符。
- 居中：单元格中的内容位于单元格的中央位置显示。
- 靠右：单元格中的内容紧靠单元格的右端显示。
- 填充：对单元格中现有内容进行重复显示，直至填满整个单元格。
- 两端对齐：当单元格中的内容超过单元格宽度时变成多行并且自动调整字间距，以使两端对齐。
- 跨列居中：将选定区域中左上角单元格的内容放到选定区域的中间位置，其他单元格的内容必须为空。该命令通常用来对表格的标题进行设置。

注意

"跨列居中"与"合并后居中"的显示效果虽然相同，但实质是不同的。对选定的单元格区域执行"跨列居中"命令后，区域中的各单元格并没有合并，各自的引用不变；而执行了"合并后居中"后，区域中的各单元格被合并为一个单元格，合并后单元格的引用为合并前左上角单元格的引用。

- 分散对齐：单元格中的内容在单元格内均匀分配。

对于经常使用的"左对齐""居中""右对齐"命令，还可以利用"开始"选项卡"对齐"命令组中相应的格式命令按钮来实现。

② 垂直对齐："垂直对齐"方式包括靠上、居中、靠下、两端对齐和分散对齐。

③ 文本控制：当输入的文本对于单元格来说太长的时候，Excel 会跨过单元格边界而扩展到相邻单元格，若相邻单元格中有内容，则这些文本只能被截断显示。如果用户希望能在一个单元格中显示这些文本，则可以采用"文本控制"框为用户提供的自动换行、缩小字体填充或合并单元格等几种处理方法。

④ 文字方向：Excel 中，可以控制单元格中字符是在水平方向、垂直方向还是以任意角度显示。可采用以下方法进行设置。

a．使用鼠标拖曳"方向"区中时钟的文本"指针"。

b．在"方向"区的"度数"值调节框中输入旋转角度或单击数值调节钮的上下箭头。

c．单击"方向"区的"文本"框，可实现字符旋转 90°。

4.2.4　设置边框和底纹

在默认情况下，整个工作表都会显示预设的网格线，目的是方便数据的输入和编辑，但在打印或打印预览时，这些网格线是不显示的。因此，如果希望在打印或打印预览时显示网格线，或者不希望在工作表中显示网格线，都可以通过设置来实现。如果希望对含有数据部分的表格通过表格框线来分隔，则需要设置边框。在表格中，恰当地使用一些边框、底纹和背景图案，可以使做出的表格更加美观，更具有吸引力。

1．设置网格线

网格线的显示/隐藏设置方法有 2 种：通过功能区中的命令按钮和使用"Excel 选项"对话框。

（1）使用命令按钮。在"视图"选项卡的"显示"命令组中，勾选或取消勾选"网格线"复选框，即可显示或隐藏网格线；或者在"页面布局"选项卡的"工作表选项"命令组中，勾选或清除网格线下方的"查看"复选框，设置显示或隐藏网格线。

（2）使用"Excel 选项"对话框。其操作步骤如下。

步骤1　打开"Excel 选项"对话框。单击"文件"→"选项"命令，打开"Excel 选项"对话框，选择对话框左侧的"高级"选项。

步骤2　设置显示/隐藏网格线。勾选或取消勾选"此工作表的显示选项"区中的"显示网格线"复选框，如图 4-5 所示，然后单击"确定"按钮。

图 4-5　设置显示/隐藏网格线

2．设置单元格边框

设置单元格边框线主要有以下 2 种方法。

（1）使用命令按钮。选定需要设置边框线的单元格区域，然后单击"开始"选项卡"字体"命令组中"框线"按钮右侧的下拉箭头，从弹出的下拉列表中选择所需的边框样式即可。

（2）使用"设置单元格格式"对话框。

步骤1　选定需要设置边框线的单元格区域。

步骤 2 打开"设置单元格格式"对话框。在"开始"选项卡的"字体"命令组中，单击"框线"→"其他边框"命令，打开"设置单元格格式"对话框，并默认选中"边框"选项卡。

步骤 3 设置边框。设置边框样式、颜色及所需边框，单击"确定"按钮。

3. 添加背景色

为表格添加适当的背景色，可以突出表格中的某些部分，增强视觉效果，使表格数据更清晰、外观更好看。添加背景色主要有以下 2 种方法。

（1）使用命令按钮。选定需要添加背景色的单元格区域，单击"开始"选项卡"字体"组中"填充颜色"右侧的下拉箭头，从颜色列表中选择需要的颜色。

（2）使用"设置单元格格式"对话框。

步骤 1 选定需要设置背景色的单元格区域。

步骤 2 打开"设置单元格格式"对话框。

步骤 3 设置背景色。选定"填充"选项卡，选择所需的背景色，单击"确定"按钮。

4.2.5　使用格式刷

使用"格式刷"，可以将一个单元格或单元格区域中的格式信息快速复制到其他单元格或单元格区域中，以使它们具有相同的格式。使用格式刷进行格式复制的操作步骤如下。

步骤 1 选定含有要复制格式信息的单元格或单元格区域。

步骤 2 复制格式信息。在"开始"选项卡的"剪贴板"命令组中，单击"格式刷"命令按钮，鼠标指针变为带有刷子的空十字形。

步骤 3 粘贴格式信息。如果要将格式复制到某一个单元格只需要单击该单元格即可；如果要将格式复制到某一个单元格区域则需要按住鼠标左键，将鼠标指针拖过该单元格区域。

要将选定单元格或单元格区域中的格式复制到多个位置，可以双击"格式刷"命令按钮，使其保持持续使用状态。当完成格式复制后，再次单击"格式刷"命令按钮或按【Esc】键，即可使鼠标指针还原到正常状态。

4.2.6　设置条件格式

所谓条件格式是指当单元格中的数据满足指定条件时所设置的显示格式。Excel 2016 提供了可以直接应用的多种类型的条件格式，包括突出显示单元格规则、项目选取规则和形象化表现规则（如数据条、色阶、图标集）。此外，用户还可以自己新建规则和管理规则。

用户可以利用 Excel 的条件格式功能，根据指定的公式或数值动态地设置不同条件下数据的不同显示格式。设定了条件格式后，如果单元格的值发生了更改，则单元格显示的格式会随之自动更改。不论是否有数据满足条件或是否显示了指定的单元格格式，条件格式在被删除前会一直对单元格起作用。

1. 设置条件格式

设置条件格式主要有 2 种方式，即快速设置和高级设置。快速设置简单、快捷、实用；高级设置个性化元素较多，需要通过"新建格式规则"对话框进行设置。

（1）快速设置。其操作步骤如下。

步骤 1 选定需要设置条件格式的单元格或单元格区域。

步骤 2 打开条件格式设置对话框。在"开始"选项卡的"样式"命令组中，单击"条件格式"命令，在弹出的下拉列表中选择相应的命令，将打开相应的条件格式对话框。例如，单击"条件格式"→"突出显示单元格规则"→"大于"命令时，打开"大于"对话框，如图 4-6 示。

图 4-6 "大于"对话框

步骤3 设置条件格式。在左侧的文本框中设置条件，在"设置为"下拉列表框中选择显示格式，然后单击"确定"按钮。

 如果之前已经对当前单元格区域设置过条件格式，则 Excel 2016 会自动添加条件格式。

（2）高级设置。其操作步骤如下。

步骤1 选定需要设置条件格式的单元格或单元格区域。

步骤2 打开"新建格式规则"对话框。在"开始"选项卡的"样式"命令组中，单击"条件格式"→"新建规则"命令，打开"新建格式规则"对话框，如图 4-7 所示。

图 4-7 "新建格式规则"对话框

步骤3 设置条件格式。在"选择规则类型"列表框中选择一种规则类型，在"编辑规则说明"区中根据需要设置参数和显示格式，最后单击"确定"按钮。

2. 清除条件格式

选定要清除条件格式的单元格或单元格区域，然后在"开始"选项卡的"样式"组中，单击"条件格式"→"清除规则"→"清除所选单元格的规则"命令，可清除所选单元格或单元格区域的条件格式。还可以根据需要选择"清除整个工作表的规则"或"清除此表的规则"命令进行相应清除。

使用"清除规则"命令会清除所选单元格或单元格区域中设置的所有条件格式规则，如果只是要清除其中某个规则，则需要在"条件格式规则管理器"中完成。操作步骤如下。

步骤1 选定已设置条件格式的单元格或单元格区域。

步骤2 打开"条件格式规则管理器"对话框。在"开始"选项卡的"样式"命令组中，单击"条件格式"→"管理规则"命令，打开"条件格式规则管理器"对话框。

步骤3 删除规则。选择要删除的规则，单击"删除规则"按钮。

3．更改条件格式

更改条件格式的操作步骤如下。

步骤1 选定含有要更改条件格式的单元格或单元格区域。

步骤2 打开"条件格式规则管理器"对话框。在"开始"选项卡的"样式"命令组中，单击"条件格式"→"管理规则"命令，打开"条件格式规则管理器"对话框。

步骤3 编辑规则。在对话框下面的列表框中选择要进行更改的格式规则，然后单击"编辑规则"按钮，打开"编辑格式规则"对话框，编辑修改该规则即可。

注意 　　若多张工作表具有相同的条件格式，可以先设置为工作表组，再进行格式设置。

4．管理条件格式规则优先级

对于一个单元格或单元格区域，可以设置多个条件格式。这些格式设置规则可能冲突，也可能不冲突。如果两个规则间没有冲突，则两个规则都得到应用。例如，一个规则将单元格格式设置为字体加粗，另一个规则将同一个单元格的字体颜色设置为红色，则该单元格格式设置为字体加粗且为红色。如果两个规则有冲突，则应用优先级较高的规则。例如，一个规则将单元格字体颜色设置为红色，而另一个规则将同一个单元格字体颜色设置为绿色。因为这两个规则冲突，所以只应用优先级靠前的规则。

在"条件格式规则管理器"对话框下方的列表框中，位于上面的规则优先级高于位于下面的规则优先级，越往下优先级越低。默认情况下，新规则总是添加到列表的顶部，因此具有较高的优先级。

在"条件格式规则管理器"对话框中，选择某个格式规则，单击"上移"上三角按钮，可以调高其优先级，单击"下移"下三角按钮，可以降低其优先级。

当一个单元格或单元格区域有多个规则时，如果要在某个规则处停止规则评估，则选中该规则右侧的"如果为真则停止"复选框。例如，某单元格区域有 3 个条件格式规则，默认情况下，如果 3 个规则之间没有冲突，则 3 个规则都得到应用。如果想让第 2 个规则评估为真时不再应用第 3 个规则，则在第 2 个规则的右侧勾选"如果为真则停止"复选框。

4.3　设置工作表格式

本章 4.2 节主要针对单元格或单元格区域的格式化操作进行了介绍，本节将介绍对整个工作表进行的一些比较综合的整表格式化操作，包括设置工作表背景、自动套用格式等。熟练掌握这部分内容，将会提高工作表的质量和格式化速度。

4.3.1　设置工作表背景

默认情况下，工作表的背景是白色的。用户可以选择有个性、有品位的图片文件作为工作表的背景，使做出的表格更具个性化。

1. 添加工作表背景

将图片文件作为工作表背景的操作步骤如下。

步骤1 打开"插入图片"对话框。单击"页面布局"选项卡"页面设置"命令组中的"背景"命令按钮，弹出"插入图片"对话框，如图4-8所示。

图 4-8 "插入图片"对话框

步骤2 插入图片。单击"从文件"选项，打开"工作表背景"对话框，在对话框中选择要作为工作表背景的图片文件，然后单击"插入"按钮。

2. 删除工作表背景

单击"页面布局"选项卡"页面设置"命令组中的"删除背景"命令，即可删除工作表背景。

添加工作表背景后，"页面布局"选项卡"页面设置"命令组中的"背景"命令按钮被取代为"删除背景"命令按钮。

4.3.2 改变工作表标签颜色

Excel 工作簿可以包含若干张工作表，每张工作表都有一个名称，又称为工作表标签。在 Excel 中可以为工作表标签添加各种颜色，使每张工作表更加醒目。其操作步骤如下。

步骤1 选中需要添加颜色的工作表标签。

步骤2 设置标签颜色。在"开始"选项卡的"单元格"命令组中，单击"格式"→"工作表标签颜色"命令，从弹出的级联菜单中选择所需颜色。

也可用鼠标右键单击要设置颜色的工作表标签，在弹出的快捷菜单中进行设置。

4.3.3 套用表格格式

为了使设置的表格标准、规范，可以通过套用 Excel 提供的多种专业表格样式来对整个工作表进行多重综合格式的同时套用，从而实现自动、快速地格式化表格。

1. 套用表格格式

套用表格格式的操作步骤如下。

步骤1 选定要格式化的表格区域。

步骤2 打开表格样式下拉列表。在"开始"选项卡的"样式"命令组中，单击"套用表格格式"命令，弹出表样式下拉列表。

步骤3 套用表格格式。单击要使用的表样式，打开"套用表格式"对话框。在"表数据的来源"文本框中默认显示已选取的表格区域，可以根据需要重新设定，确认后单击"确定"按钮。

 套用表格格式后，在表格的首行标题处会分别出现下三角按钮，单击这些按钮可以对表格进行排序和筛选。

2. 更改/删除套用的表格格式

当选择套用了表格样式的单元格区域或区域中的任一单元格时，在 Excel 的功能区中会自动出现"表格工具"上下文选项卡，其中包括"设计"子选项卡。如果需要更改表样式，则单击"表格样式"命令组中的上三角、下三角或"其他"按钮，在展开的表样式列表中选择所需要的样式即可；如果要删除已套用的表格样式，则单击"其他"按钮，在展开的样式列表中执行"清除"命令；如果要将套用了表样式的表格区域转换为普通区域，则单击"工具"命令组中的"转换为区域"命令按钮，在弹出的提示对话框中单击"确定"按钮即可。转换为普通区域后，表格的首行标题处不再有下三角按钮，但是套用的格式仍然保留。

4.4 使用对象美化工作表

在 Excel 工作表中可以插入图形、图片、艺术字等对象，用以美化表格，使工作表更加生动、直观。

4.4.1 插入图片

在工作表中插入图片对象，可以丰富工作表的内容并提高工作表的可读性。图片对象可以是"计算机"中的任意图片文件，也可以是从各种联机来源中查找到的图片。

1. 插入图片文件

在工作表中可以插入来自文件的图片，操作步骤如下。

步骤1 选定要插入图片的单元格区域的左上角单元格。

步骤2 打开"插入图片"对话框。在"插入"选项卡的"插图"命令组中，单击"图片"命令，打开"插入图片"对话框。

步骤3 插入图片。在"插入图片"对话框中选择需要插入的图片文件，单击"插入"按钮。

2. 插入联机图片

使用 Excel 2016 插入图片时，可以进行"必应图像搜索"，也可以从"OneDrive 个人"找到需要的图片，然后插入工作表中。插入联机图片的操作步骤如下。

步骤1 选定要插入图片的单元格区域的左上角单元格。

步骤2 打开"插入图片"对话框。在"插入"选项卡的"插图"命令组中，单击"联机图片"命令，打开"插入图片"对话框。

步骤3 搜索图片。在"插入图片"对话框中，选择查找图片的途径。例如，进行"必应图像搜索"，则单击"必应图像搜索"选项，打开"联机 图片"对话框，如图 4-9 所示。

步骤4 插入图片。单击所需的图片类，系统将进一步打开所选类的图片，选择所需的图片，然后单击"插入"按钮。

图 4-9　"联机 图片"对话框

　　当图片对象处于选中状态时，在 Excel 的功能区会自动出现"图片工具"上下文选项卡，包含"格式"子选项卡，可以对插入的图片进行修改、编辑等操作。通过单击该选项卡功能区上的各个命令按钮或通过右键单击图片，选择"设置图片格式"命令，打开"设置图片格式"任务窗格，可以实现对图片的编辑处理。

4.4.2　使用形状

　　利用 Excel 的形状工具可以方便、快捷地绘制出各种线条、基本形状、流程图、标注等图形，并可以对图形进行旋转、翻转，添加颜色、阴影、立体效果等操作。绘制图形的操作步骤如下。

步骤 1　选择所需形状。在"插入"选项卡的"插图"命令组中，单击"形状"命令按钮，打开"形状"库。单击所需形状按钮，鼠标指针变为十字形状。

步骤 2　绘制图形。在要插入图形的位置拖曳鼠标至所需大小后释放鼠标。

　　当图形对象处于选中状态时，在 Excel 的功能区会自动出现"绘图工具"的"格式"上下文选项卡，可以对绘制的图形进行各种编辑操作。

　　在绘制图形的过程中，若拖曳鼠标的同时按住【Shift】键，则绘出的是正多边形。

4.4.3　使用艺术字

　　艺术字是具有特殊效果的文字。Excel 内部提供了大量的艺术字样式，用户可以选择艺术字样式库中的某个艺术字样式，将其插入工作表中。

　　单击"插入"选项卡"文本"命令组中的"插入艺术字"命令按钮，打开"艺术字样式"库。单击所需的艺术字样式，即可在工作表中插入艺术字。

　　用户可以对插入的艺术字进行修改、编辑。由于艺术字本身就是绘图对象，因此当艺术字对象处于选中状态时，在 Excel 的功能区也会自动出现"绘图工具"的"格式"上下文选项卡，可以根据需要调整艺术字样式、形状效果等。

4.5　应用实例——修饰人事档案表

　　在第 3 章的应用实例中，已经完成了对人事档案表的编辑。为了使表格更加美观和规范，需要对其进行一定的修饰。例如，添加标题、调整行高与列宽，进行对齐方式、字体、边框等格式的设置操作。本节将通过 Excel 的格式设置功能实现对"人事档案调整"工作表的修饰和美化。

4.5.1　添加标题

先为"人事档案调整"工作表添加标题，具体操作步骤如下。

步骤1　插入 1 个空行。用鼠标右键单击第 1 行行号，然后在弹出的快捷菜单中选择"插入"命令，即可在工作表的最上方插入 1 个空行。

步骤2　输入标题。选择 A1 单元格，输入人事档案表。

步骤3　设置标题行合并后居中。用鼠标选定 A1:N1 的单元格区域，然后在"开始"选项卡的"对齐方式"命令组中，单击"合并后居中"命令，这些单元格即合并成了 1 个大单元格，标题居中显示在整个表格的正上方。

步骤4　设置标题的字体、字号。在"开始"选项卡的"字体"命令组中，单击"字体"下拉列表框的下拉箭头，从列表框中选择"黑体"；单击"字号"下拉列表框的下拉箭头，从列表框中选择"20"。设置好标题的工作表如图 4-10 所示。

序号	部门	姓名	性别	出生日期	学历	婚姻状况	籍贯	职务	职称	参加工作日期	联系电话	身份证号码	基本工资
A001	经理室	黄振华	男	1966/4/10	大专	已婚	北京	董事长	高级经济师	1987/11/23	13512341234	110102196604100138	12005
A002	经理室	尹洪群	男	1968/9/18	大本	已婚	山东	总经理	高级工程师	1989/4/18	13512341235	110102196809180010	8505
A003	经理室	杨灵	男	1973/3/19	博士	已婚	北京	副总经理	经济师	2000/12/4	13512341236	110101197303191117	7910
A004	经理室	沈宁	女	1977/10/2	大专	未婚	北京	秘书	工程师	1999/10/23	13512341237	110101197710021836	4760
B001	人事部	赵文	女	1967/12/30	大本	已婚	北京	部门主管	经济师	1991/1/18	13512341238	110102196712031800	4760
B002	人事部	胡方	男	1966/4/8	大本	已婚	四川	业务员	高级经济师	1987/12/24	13512341239	110101196604082100	8505
B003	人事部	郭新	女	1964/3/26	大本	已婚	北京	业务员	经济师	1983/12/12	13512341240	110101196403262430	4760
B004	人事部	周晓明	男	1969/6/20	大专	已婚	北京	统计	助理统计师	1989/3/6	13512341241	110101196906203131	4760
B005	人事部	张淑纺	女	1968/11/9	大专	已婚	安徽	统计	助理统计师	2001/3/6	13512341242	110101196811092306	4200
C001	财务部	李思旗	男	1965/2/10	大本	已婚	北京	财务总监	高级会计师	1987/1/1	13512341243	110101196502103339	10080
C002	财务部	焦戈	女	1970/2/26	大专	已婚	北京	成本主管	高级会计师	1989/11/1	13512341244	110101197002263452	8505
C003	财务部	张进明	男	1974/10/27	大本	已婚	北京	会计	助理会计师	1996/7/14	13512341245	110103197410273639	4200
C004	财务部	傅华	女	1972/11/29	大专	已婚	北京	会计	会计师	1997/9/19	13512341246	110101197211294051	4760

图 4-10　设置好标题的工作表

4.5.2　设置表头格式

从图 4-10 所示内容可以看出，现在的表头和表体的格式相同，下面通过单元格格式的设置使表头更加突出。具体操作步骤如下。

步骤1　调整表头的行高。用鼠标指向表头所在行的行号下沿（此时鼠标指针会变成黑色上下箭头形状），向下拖曳至合适的位置，这里调整为 27.00。

步骤2　设置表头居中对齐。用鼠标右键单击表头所在行号 2，在弹出的快捷菜单中选择"设置单元格格式"命令，打开"设置单元格格式"对话框，单击"对齐"选项卡，在"水平对齐"和"垂直对齐"下拉列表框中均选择"居中"。

注意　如果只是设置单元格水平居中对齐，可以在选定相应单元格后，直接单击"开始"选项卡上"对齐方式"命令组中的"居中"命令按钮。

步骤3　设置表头的字体和字形。在"设置单元格格式"对话框中选择"字体"选项卡，在"字体"下拉列表框中选择"黑体"，在"字形"下拉列表框中选择"加粗"，单击"确定"按钮。设置好表头的工作表如图 4-11 所示。

图 4-11 设置好表头的工作表

4.5.3 设置表体格式

表体也需要进行一些格式的设置，以使其更统一和规范。下面分别使用数字格式、表格框线、填充颜色等功能设置表体格式。

1. 设置数字格式

"人事档案调整"工作表中显示的工资数据都是整数，若要求保留两位小数，则需要进行格式调整。其操作步骤如下。

步骤1 选定需要设置数字格式的单元格区域 N3:N65。首先单击 N3 单元格，利用滚动条使 N65 单元格显示在窗口中，然后在按住【Shift】键的同时单击 N65 单元格。

步骤2 设置"基本工资"数字显示格式。用鼠标右键单击选定的单元格区域，在弹出的快捷菜单中选择"设置单元格格式"命令，打开"设置单元格格式"对话框。单击"数字"选项卡，在"分类"列表框中选择"数值"，指定"小数位数"为"2"。单击"确定"按钮。

增加小数位数后如果列宽不够则需要进行适当调整。

注意

---

2. 设置边框

Excel 工作簿窗口显示的网格线比较单调，默认情况下在打印输出时并不显示。如果想要自行设置个性化的表格框线，具体操作步骤如下。

步骤1 选定要添加表格线的单元格区域。这里选定 A2:N65 单元格区域。

步骤2 添加表格框线。在"开始"选项卡的"字体"命令组中，单击"框线"命令按钮 右侧的下拉箭头，在弹出的"框线"下拉列表中选择"所有框线"。

步骤3 调整外框线。再次单击"字体"命令组中"框线"命令按钮的下拉箭头，在弹出的"框线"下拉列表中选择"粗外侧框线"。

步骤4 设置表头外框线。为了使表头部分突出，也为表头部分加上粗外侧框线。先选定表头区域（A2:N2 单元格区域），然后直接单击"开始"选项卡"字体"组中的"框线"命令按钮即可（因为这时默认的边框线就是刚刚使用过的粗外侧框线）。设置好表格框线的工作表如图 4-12 所示。

图 4-12 设置好表格框线的工作表

3．强调显示某些数据

现在需要将"人事档案调整"工作表中工资较高或较低的数据强调显示，可以通过条件格式来实现。假设将人事档案调整表中基本工资低于 4500 和高于 10000 的工资数据，分别用不同的颜色显示出来，具体操作步骤如下。

步骤1 选定要设置条件格式的单元格区域。这里选定 N3:N65 单元格区域。

步骤2 设置第 1 个条件格式。在"开始"选项卡上的"样式"命令组中，单击"条件格式"→"突出显示单元格规则"→"小于"命令，打开"小于"对话框。在"为小于以下值的单元格设置格式"文本框中输入 4500；在"设置为"下拉列表框中选择"红色文本"，设置完成后的"小于"对话框如图 4-13 所示，单击"确定"按钮。

图 4-13 设置完成后的"小于"对话框

步骤3 设置第 2 个条件格式。在"开始"选项卡上的"样式"命令组中，单击"条件格式"→"突出显示单元格规则"→"大于"命令，打开"大于"对话框。在"为大于以下值的单元格设置格式"文本框中输入 10000；在"设置为"下拉列表框中选择"自定义格式"，打开"设置单元格格式"对话框，在"字体"选项卡的"颜色"列表中选择"蓝色"，单击"确定"按钮返回"大于"对话框，单击"确定"按钮完成设置。

步骤4 查看条件格式设置规则。在"开始"选项卡的"样式"命令组中，单击"条件格式"→"管理规则"命令，打开"条件格式规则管理器"对话框，查看本实例的条件格式设置规则，如图 4-14 所示。

图 4-14 本实例的条件格式设置规则

习　题

一、选择题

1．以下叙述中，正确的是（　　）。
   A．要显示隐藏的行，必须输入密码
   B．隐藏一行后，该行中的数据被同时隐藏
   C．隐藏一行后，该行中的行号被其他行使用
   D．可以通过"开始"选项卡"单元格"命令组中的"格式"命令显示隐藏的行

2．以下关于列宽的叙述中，错误的是（　　）。
   A．可以用鼠标拖曳调整列宽
   B．标准列宽不可以随意改变

    C．选取若干列后，当调整其中一列的列宽时，所有选中列会有相同的改变

    D．使用"自动调整列宽"命令调整列宽与双击列标右侧的分隔线效果一样

  3．若将 A1 单元格的格式复制到 A2 单元格，正确的操作是（　　　　）。

    A．单击"格式刷"命令按钮，单击 A1，再单击 A2

    B．选定 A2，单击"格式刷"命令按钮，再单击 A1

    C．选定 A1，单击"格式刷"命令按钮，再单击 A2

    D．选定 A1，单击"复制"命令按钮，选中 A2，再单击"粘贴"命令按钮

  4．以下关于 Excel 的"设置单元格格式"功能的叙述中，错误的是（　　　　）。

    A．可以实现将输入的 1/4 作为分数

    B．可以实现将输入的 23.56 自动转换为"贰拾叁.伍陆"显示

    C．可以实现将输入的 23.56 自动转换为"二十三.五六"显示

    D．可以将输入的 65977788 作为电话号码

  5．Excel 提供的"格式刷"命令按钮可以复制（　　　　）。

    A．全部　　　　　　　B．格式　　　　　　　C．内容　　　　　　　D．批注

  6．在工作表中，将第 3 行和第 4 行选定，然后进行插入行的操作。以下关于此操作的叙述中，正确的是（　　　　）。

    A．在原来的行号 2 和 3 之间插入两个空行

    B．在原来的行号 2 和 3 之间插入一个空行

    C．在原来的行号 3 和 4 之间插入两个空行

    D．在原来的行号 3 和 4 之间插入一个空行

  7．以下叙述中，正确的是（　　　　）。

    A．只能实现跨列居中　　　　　　　　　　B．可以实现跨行、跨列居中

    C．只能实现跨行居中　　　　　　　　　　D．以上都不对

  8．在 Excel 中，某个单元格自定义数字格式为 000.00，值为 23.7，则显示的内容为（　　　　）。

    A．023.70　　　　　　B．23.70　　　　　　　C．23.7　　　　　　　D．24

  9．系统默认的文本数据的对齐方式是（　　　　）。

    A．左对齐　　　　　　B．右对齐　　　　　　C．居中对齐　　　　　D．不确定

  10．用户输入了数值型数据 123，其默认对齐方式是（　　　　）。

    A．左对齐　　　　　　B．右对齐　　　　　　C．居中对齐　　　　　D．不确定

二、填空题

  1．单元格中只显示一部分文字或显示为"######"的原因是_____。

  2．利用 Excel 的_____功能，可以根据指定的公式或数值动态地设置不同条件下数据的不同显示格式。

  3．若要多次复制格式，则应在选定包含格式信息的单元格后，_____"开始"选项卡上的"格式刷"命令按钮。

  4．如果要清除某个条件格式规则，需要在"_____"对话框中完成。

  5．在绘制图形的过程中，若拖曳鼠标的同时按下_____键，则绘出的是正多边形。

三、问答题

  1．调整表格行高的方法有几种？各自的特点是什么？

  2．怎样隐藏工作表中的行与列？

  3．现有 1 张"技术职级"工作表，如图 4-15 所示。要将表中"总额"大于 100000 的数

据用"绿旗"标注，80000～100000 的数据用"黄旗"标注，小于 80000 的数据用"红旗"标注，标注结果如图 4-16 所示。应使用何种方法？请说明具体的操作思路和步骤。

	A	B	C	D	E	F
1	技术职级	月薪	年固定工资	业绩奖金	年工资+奖金	总额
2	T1	6,000	72,000	72,000	144,000	144,000
3	T2	5,000	60,000	60,000	120,000	120,000
4	T3	4,000	48,000	48,000	96,000	96,000
5	T4	3,000	36,000	36,000	72,000	72,000
6	T5	2,000	24,000	24,000	48,000	48,000

图 4-15 "技术职级"工作表

	A	B	C	D	E	F
1	技术职级	月薪	年固定工资	业绩奖金	年工资+奖金	总额
2	T1	6,000	72,000	72,000	144,000	⚑144,000
3	T2	5,000	60,000	60,000	120,000	⚑120,000
4	T3	4,000	48,000	48,000	96,000	⚑96,000
5	T4	3,000	36,000	36,000	72,000	⚑72,000
6	T5	2,000	24,000	24,000	48,000	⚑48,000

图 4-16 标注结果

4．现有 1 张更改前、更新后数据表，如图 4-17 所示。要求选择一种方法，通过 1 次操作完成对序号值的更改。叙述所用的方法和操作步骤。

5．格式刷的作用是什么？应如何使用？

实 训

对第 3 章实训中编辑完成的"员工信息调整"表进行以下格式设置操作。

1．将"移动电话"列设为文本格式。

2．调整所有列宽为最适合的列宽。

3．添加表标题，内容为"员工信息表"；设置标题格式，字体为隶书、字号为 20、跨列居中。

4．设置表头字体为黑体，并为表格加表格线。

5．将 1998-1-1 前参加工作人员的"参加工作日期"数据用红色、加粗、倾斜字体显示。格式设置结果如图 4-18 所示。

	A	B	C	D	E
1	更改前数据			更新后数据	
2	序号	姓名		序号	姓名
3	1	黄振华		A001	黄振华
4	2	尹洪群		A002	尹洪群
5	3	扬灵		A003	扬灵
6	4	沈宁		A004	沈宁
7	5	赵文		A005	赵文
8	6	胡方		A006	胡方

图 4-17 更改前、更新后数据表

	A	B	C	D	E	F	G	H	I	J
1						员工信息表				
2	工号	姓名	性别	部门	岗位	参加工作日期	办公电话	移动电话	E-mail 地址	备注
3	CK01	孙家龙	男	办公室	董事长	1994/8/3	010-65971111	13511211011	sunjialong@cheng-wen.com.cn	
4	CK02	张卫华	男	办公室	总经理	1990/8/28	010-65971112	13611101010	zhanghuihua@cheng-wen.com.cn	
5	CK03	王叶	女	办公室	主任	1996/9/19	010-65971113	13511212121	wangye@cheng-wen.com.cn	
6	CK04	梁勇	男	办公室	职员	2006/9/1	010-65971113	13511212122	liangyong@cheng-wen.com.cn	
7	CK05	朱思华	女	办公室	文秘	2009/7/3	010-65971113	13511212123	zhusihua@cheng-wen.com.cn	
8	CK06	陈关敏	女	财务部	主任	1998/8/2	010-65971115	13511212124	chungm@cheng-wen.com.cn	
9	CK07	陈盛生	男	财务部	出纳	2008/9/12	010-65971115	13511212125	chunds@cheng-wen.com.cn	
10	CK08	陈桂兰	女	财务部	会计	1996/8/17	010-65971115	13511212126	chunguilan@cheng-wen.com.cn	
11	CK09	彭庆华	男	工程部	主任	1984/8/3	010-65971117	13511212127	pqh@cheng-wen.com.cn	
12	CK10	王成祥	男	工程部	总工程师	1999/8/4	010-65971117	13511212128	wangcxyang@cheng-wen.com.cn	
13	CK11	何家强	男	工程部	工程师	2004/12/3	010-65971120	13511212129	hejq@cheng-wen.com.cn	
14	CK12	曾伦清	男	工程部	技术员	1999/8/3	010-65971120	13511212130	zlq@cheng-wen.com.cn	
15	CK13	张新民	男	工程部	工程师	2003/3/5	010-65971123	13511212131	zhangxm@cheng-wen.com.cn	
16	CK14	张跃华	男	技术部	主任	1990/9/13	010-65971124	13511212132	zhangyuh@cheng-wen.com.cn	
17	CK15	邓郁平	男	技术部	技术员	2011/2/28	010-65971125	13511212133	dengdp@cheng-wen.com.cn	
18	CK16	朱京丽	女	技术部	技术员	2013/7/17	010-65971126	13511212134	zhuji8041@cheng-wen.com.cn	
19	CK17	蒙继炎	男	市场部	主任	1996/9/3	010-65971127	13511212135	penjy@cheng-wen.com.cn	
20	CK18	王丽	女	市场部	业务主管	2008/8/3	010-65971127	13511212136	wl_1996@cheng-wen.com.cn	
21	CK19	梁鸿	男	市场部	业务员	1984/2/1	010-65971128	13511212137	lianghong_62@cheng-wen.com.cn	
22	CK20	刘尚武	男	销售部	业务主管	1991/5/22	010-65971130	13511212138	liu_shengwu@cheng-wen.com.cn	
23	CK21	朱强	男	销售部	销售主管	1993/8/3	010-65971131	13511212139	zhuqiang@cheng-wen.com.cn	
24	CK22	丁小飞	女	销售部	销售员	2013/6/16	010-65971131	13511212140	dignxiaofei@cheng-wen.com.cn	
25	CK23	孙宝彦	男	销售部	销售员	2004/9/27	010-65971132	13511212141	sby@cheng-wen.com.cn	
26	CK24	张港	男	销售部	销售员	2014/9/21	010-65971132	13511212142	zhangg@cheng-wen.com.cn	

图 4-18 格式设置结果

第 **5** 章 **打印工作表**

内容提要

本章主要介绍工作表的显示、工作表的页面设置以及工作表的打印输出。重点是通过对人事档案工作表的显示设置、页面设置以及打印设置，掌握 Excel 显示工作表和打印工作表的操作。这部分内容是应用 Excel 实现工作表打印的重要方法，理解和应用好这些方法，可以轻松实现工作表的显示和打印。

主要知识点

- 缩放窗口
- 拆分窗口
- 冻结窗格
- 页面设置
- 打印设置

建立和编排了版面整齐、外观漂亮的工作表后，就可以按照需要对工作表进行显示和打印输出了。Excel 提供了丰富的打印功能，用户可以根据需求选择打印范围、打印顺序，还可以设置形式多样的页眉/页脚和标题、表头打印方式。

5.1 显示工作表

用户在打印工作表前，或在编辑、美化工作表的过程中，常常需要显示工作表中相关内容。例如，希望显示工作表的不同部分，或显示工作表中更多的数据。利用 Excel 的拆分窗口、冻结窗格功能，或调整窗口的显示比例可以满足上述需求。

5-1 显示工作表

5.1.1 缩放窗口

当工作表内容字体较小不容易分辨，或者工作表内容较多无法在一个窗口中纵览全表时，可以将工作表的显示比例调整为所需大小。其具体操作步骤如下。

步骤1 打开"显示比例"对话框。在"视图"选项卡的"显示比例"命令组中，单击"显示比例"命令，或直接单击状态栏上的"缩放级别"按钮，系统弹出"显示比例"对话框。

步骤2 确定显示比例。在该对话框中，选择需要的显示比例，或者在"自定义"右侧文本框中输入所需的显示比例值，然后单击"确定"按钮。

除了使用"显示比例"对话框调整工作表的显示比例，按住【Ctrl】键的同时滚动鼠标滚轮，也可以更方便、直观地调整显示比例。

缩放窗口的显示比例设置只对当前工作表有效，用户可以对不同的工作表设置不同的缩放比例。另外，更改了显示比例并不影响打印比例，工作表仍将按照100%的比例进行打印输出。

5.1.2 拆分窗口

当工作表内容较多时，其数据就无法全部显示在当前窗口中。如果希望同时显示工作表中不同部分的数据，可以使用 Excel 提供的拆分窗口功能。拆分窗口是以工作表中当前单元格为分隔点，拆分成多个窗格，并且在每个被拆分的窗格中都可以通过滚动条来显示工作表的某一部分数据。其具体操作步骤如下。

步骤1 选定拆分位置。选定作为拆分点的单元格。例如，选定 F13 单元格。

步骤2 拆分窗口。在"视图"选项卡的"窗口"命令组中，单击"拆分"命令，Excel自动在选定的单元格处将工作表分为 4 个独立的窗格，如图5-1所示。

	序号	部门	姓名	性别	出生日期	学历	婚姻状况	籍贯	职务	职称	参加工作日期	联系电话	身份证号码	基本工资
								人事档案表						
3	A001	经理室	黄振华	男	1966/4/10	大专	已婚	北京	董事长	高级经济师	1987/11/23	13512341234	110102196604100138	12005
4	A002	经理室	尹洪群	男	1968/9/18	大本	已婚	山东	总经理	高级工程师	1989/4/18	13512341235	110102196809180010	8505
5	A003	经理室	扬灵	男	1973/3/19	博士	已婚	北京	副总经理	经济师	2000/12/4	13512341236	110101197303191117	7910
6	A004	经理室	沈宁	女	1977/10/2	大专	未婚	北京	秘书	工程师	1999/10/23	13512341237	110101197710021836	4760
7	B001	人事部	赵文	女	1967/12/30	大本	已婚	北京	部门主管	经济师	1991/1/18	13512341238	110102196712031800	4760
8	B002	人事部	胡方	男	1966/4/8	大本	已婚	四川	业务员	经济师	1987/12/24	13512341239	110101196604082100	8505
9	B003	人事部	郭新	男	1964/3/26	大本	已婚	北京	业务员	经济师	1983/12/12	13512341240	110101196403262430	4760
10	B004	人事部	周晓明	男	1969/6/20	大专	已婚	北京	业务员	经济师	1989/3/6	13512341241	110101196906203131	4760
11	B005	人事部	张淑纺	女	1968/11/9	大专	已婚	安徽	统计	助理统计师	2001/3/6	13512341242	110101196811092306	4200
12	C001	财务部	李忠旗	男	1965/2/10	大本	已婚	北京	财务总监	高级会计师	1987/1/1	13512341243	110101196502103339	10080
13	C002	财务部	焦戈	女	1970/2/26	大专	已婚	北京	成本主管	高级会计师	1989/11/1	13512341244	110101197002263452	8505
14	C003	财务部	张进明	男	1974/10/27	大本	已婚	北京	会计	助理会计师	1996/7/14	13512341245	110103197410273859	4200
15	C004	财务部	傅华	女	1972/11/29	大专	已婚	北京	会计	会计师	1997/9/19	13512341246	110101197211294051	4760
16	C005	财务部	杨阳	男	1973/3/19	硕士	已婚	湖北	会计	经济师	1998/12/5	13512341247	110101197303194151	4760
17	C006	财务部	任萍	女	1979/10/5	大本	未婚	北京	出纳	助理会计师	2004/1/31	13512341248	110101197910054777	4760
18	D001	行政部	郭永红	女	1969/8/24	大本	已婚	天津	部门主管	经济师	1993/1/2	13512341249	110104196908244824	4760

图5-1 拆分窗口

如果要将窗口拆分为左右两个窗格，应选定第一行的某个单元格；如果要将窗口拆分为上下两个窗格，应选定第一列的某个单元格。

每个拆分得到的窗格都是独立的，用户可以根据需要使其显示同一个工作表不同位置的内容。如果不再使用拆分的窗格，可以再次单击"视图"选项卡"窗口"命令组中的"拆分"命令，将其取消。

5.1.3 冻结窗格

对于比较复杂的大型表格，一般都会有标题行或者标题列，如果向下或向右移动工作表，这些标题行或标题列就会被移出屏幕，使用户无法清楚当前单元格所属的行或列。解决此问题最好的方法是利用 Excel 提供的冻结窗格功能。冻结窗格是将当前单元格以上行和以左列进行冻结。通常用来冻结标题行或标题列，以便通过滚动条来显示工作表中其他部分的内容。其具体操作步骤如下。

步骤1 选定冻结位置。选定作为冻结点的单元格。例如，选定 D3 单元格。

步骤2 冻结窗格。在"视图"选项卡的"窗口"命令组中，单击"冻结窗格"→"冻结拆分窗格"命令，Excel 自动将选定单元格以上和以左的所有单元格冻结，并一直保留在屏幕上，如图 5-2 所示。

	A	B	C	D	E	F	G	H	I	J	K	L	M	N	R
1									人事档案表						
2	序号	部门	姓名	性别	出生日期	学历	婚姻状况	籍贯	职务	职称	参加工作日期	联系电话	身份证号码	基本工资	
8	B002	人事部	胡方	男	1966/4/8	大本	已婚	四川	业务员	高级经济师	1987/12/24	13512341239	110101196604082100	8505	
9	B003	人事部	郭新	女	1964/3/26	大本	北京	业务员	经济师		1983/12/12	13512341240	110101196403262430	4760	
10	B004	人事部	周晓明	女	1969/6/20	大专	已婚	北京	业务员	经济师	1989/3/6	13512341241	110101196906203131	4760	
11	B005	人事部	张淑纺	女	1968/11/9	大专	已婚	安徽	统计	助理统计师	2001/3/6	13512341242	110101196811092306	4200	
12	C001	财务部	李忠旗	男	1965/2/10	大本	已婚	北京	财务总监	高级会计师	1987/1/1	13512341243	110101196502103339	10080	
13	C002	财务部	焦戈	女	1970/2/26	大专	已婚	北京	成本主管	高级会计师	1989/11/1	13512341244	110101197002263452	8505	
14	C003	财务部	张进明	男	1974/10/27	大本	已婚	北京	会计	助理会计师	1996/7/14	13512341245	110103197410273859	4200	
15	C004	财务部	傅华	女	1972/11/29	大专	已婚	北京	会计	会计师	1997/9/19	13512341246	110101197211294051	4760	
16	C005	财务部	杨阳	男	1973/3/19	硕士	已婚	湖北	会计	经济师	1998/12/5	13512341247	110101197303194151	4760	
17	C006	财务部	任萍	女	1979/10/5	大本	未婚	北京	出纳	助理会计师	2004/1/31	13512341248	110101197910054777	4760	
18	D001	行政部	郭永红	女	1969/8/24	大本	已婚	天津	部门主管	经济师	1993/1/2	13512341249	110104196908244824	4760	

图 5-2　冻结窗格

从图 5-2 可以看到，C 列右侧和第 2 行下方都出现了一条实的黑细线，表示第 3 行以上和 D 列以左被冻结，这时当使用滚动条上下或左右滚动时，第 1、2 行和 A、B、C 3 列将不会移出窗口。当不再需要冻结窗格时，可以在"视图"选项卡的"窗口"命令组中，单击"冻结窗格"→"取消冻结窗格"命令，将其取消。

注意　　冻结窗格与拆分窗口无法在同一工作表上同时使用。

5.2　设置工作表页面

在打印工作表前，需要对工作表进行页面设置，包括设置页面、页边距、页眉/页脚、打印标题等。下面分别进行介绍。

5.2.1　设置页面

设置页面主要设置待打印工作表的纸张大小、打印方向、打印范围和打印质量等。其具体操作步骤如下。

步骤 1　打开"页面设置"对话框。单击"页面布局"选项卡"页面设置"命令组的对话框启动按钮，系统弹出"页面设置"对话框。

步骤 2　设置页面。单击"页面"选项卡，根据需要对"方向""缩放""纸张大小""打印质量""起始页码"等进行设置。然后单击"确定"按钮。

"页面"选项卡中各选项的功能如表 5-1 所示。

表 5-1　　　　　　　　　　　　　"页面"选项卡中各选项功能

选　项	功　能
方向	用于指定打印纸的打印方向，可以选择"纵向"或"横向"。系统默认为"纵向"打印
缩放	用于指定打印比例，可以输入 10%～400%，也可以通过"调整为"选项调整页宽和页高，其中页宽与页高的调整互不影响。注意，在此指定的是打印的缩放比例，并不影响工作表在屏幕上的显示比例
纸张大小	用于选择所需的打印纸规格
打印质量	用于设置打印质量。点数越大，打印质量越好，但打印时间也越长
起始页码	用于设置要打印工作表的起始页码。页码可以从需要的任何数值开始。若页码从 1 开始（如果打印的是第 1 页），或从下 1 个顺序数开始（如果不是打印的第 1 页），则选择"自动"

5.2.2 设置页边距

页边距是指打印内容的位置与纸边的距离，一般以厘米为单位。设置页边距的操作步骤如下。

步骤1 打开"页面设置"对话框。

步骤2 设置页边距。单击"页边距"选项卡，根据需要分别在"上""下""左""右"等微调框中输入相应的值，并对"居中方式"进行选择，然后单击"确定"按钮。

5.2.3 设置页眉/页脚

页眉用来显示每一页顶部的信息，通常包括标题的名称等内容；页脚用来显示每一页底部的信息，通常包括页数、打印日期或打印时间等。Excel 提供了许多预定义的页眉/页脚格式，如页码、日期、时间、文件名、工作表名等。如果希望使用 Excel 提供的预定义页眉/页脚格式，可以单击"页眉"或"页脚"右侧的下拉箭头，并从弹出的下拉列表中选择一个合适的页眉或页脚格式；如果希望设置个性化的页眉或页脚格式，可按以下步骤自定义页眉/页脚。

步骤1 打开"页面设置"对话框。

步骤2 设置页眉/页脚。单击"页眉/页脚"选项卡。若自定义页眉，则单击"自定义页眉"按钮，在弹出的"页眉"对话框的"左""中""右"编辑框中输入希望显示的内容；若自定义页脚，则单击"自定义页脚"按钮，在弹出的"页脚"对话框的"左""中""右"编辑框中输入希望显示的内容，如图 5-3 所示。然后单击"确定"按钮。

图 5-3 自定义页脚

自定义页眉/页脚时，需要打开"页眉"或"页脚"对话框。该对话框中有 10 个工具按钮，这些工具按钮的代码和功能如表 5-2 所示。

表 5-2　　　　　　　"页眉"或"页脚"对话框中 10 个工具按钮的代码和功能

按　　钮	名　　称	代　　码	功　　能
A	格式文本	无	设置选定文本的字体、大小、字形和下划线等
	插入页码	&[页码]	用于插入页号
	插入页数	&[总页数]	用于插入总页数
	插入日期	&[日期]	用于插入日期
	插入时间	&[时间]	用于插入时间
	插入文件路径	&[路径]&[文件]	用于插入文件所在位置路径名及文件名
	插入文件名	&[文件]	用于插入文件名
	插入数据表名称	&[标签名]	用于插入工作表标签名
	插入图片	&[图片]	用于插入图片
	设置图片格式	无	用于设置图片格式

如果希望打印的多张工作表具有连续的页码，则可以按以下步骤进行设置。

步骤1 选定待打印的工作表，并打开"页面设置"对话框。

步骤2 设置页码。单击"页眉/页脚"选项卡，然后单击"自定义页眉"或"自定义页脚"按钮，在弹出的对话框的"左""中"或"右"编辑框中插入页码。

步骤3 结束设置。单击"确定"按钮，关闭"页眉"或"页脚"对话框。然后单击"确定"按钮，关闭"页面设置"对话框。

5.2.4 设置打印标题

如果需要打印的工作表比较大，那么工作表将被打印在多页上，这样有些页可能不显示标题行，有些页可能不显示标题列，还有些页可能只显示数据。本章 5.1.3 节介绍了利用冻结窗格功能固定显示标题行或标题列，但此方法对打印没有任何影响。如果需要在打印时能够在每页的顶端或左端打印出标题，可以通过设置打印标题来实现。其具体操作步骤如下。

步骤1 打开"页面设置"对话框。

步骤2 设置重复打印的标题行或标题列。单击"工作表"选项卡。如果需要指定在顶端重复一行或连续几行，则单击"顶端标题行"框右侧的"折叠"按钮，然后在工作表中进行相应的选定；如果需要指定在左侧重复一列或连续几列，则单击"左端标题列"框右侧的"折叠"按钮，然后在工作表中进行相应的选定。设置结果如图 5-4 所示。

步骤3 结束设置。单击"确定"按钮，关闭"页面设置"对话框。

图 5-4 设置重复打印的标题行或标题列

当打印的内容一页打不下时，每页都会在页面上方或左侧打印出指定的标题行和标题列的内容。

Excel 的每张工作表都可以进行不同的页面设置，如纸张大小、打印方向、页边距、页眉/页脚、打印标题等。但在实际应用时，用户经常需要为多张工作表做相同或相近的页面设置。事实上，可以复制工作表的页面设置。具体操作步骤如下。

步骤1 选定需要进行页面设置的工作表。先选定进行过页面设置的工作表，然后按住【Ctrl】键，逐个单击需要进行页面设置的工作表标签，以选定所有目标工作表。

步骤2 复制页面设置。单击"页面布局"选项卡"页面设置"命令组右下角的对话框启动按钮，系统弹出"页面设置"对话框，然后直接单击"确定"按钮，关闭"页面设置"对话框。

按照上述步骤操作，源工作表的页面设置将会被复制到所有目标工作表上。

5.3 打印工作表

在完成了上述各项页面设置后，就可以打印工作表了。打印工作表时，可以打印指定的区域，也可以打印指定的工作表或整个工作簿。但是在打印之前，最好先对设置后的工作表进行打印预览，待满意后再进行打印输出。

5.3.1　设置打印区域

5-2　设置打印区域

如果需要打印工作表中的部分数据，可以设置打印区域。打印区域是在不需要打印整个工作表时指定打印的一个或多个单元格区域。定义了打印区域之后打印工作表时，将只打印该区域。一个工作表可以有多个打印区域，每个打印区域都将作为一个单独页来进行打印。

1．设置打印区域

设置打印区域常用的方法有两种：一是使用命令；二是通过"页面设置"对话框。

（1）使用命令设置打印区域，其具体操作步骤如下。

步骤1　选定打印区域。选定待打印的单元格区域。

步骤2　设置打印区域。在"页面布局"选项卡的"页面设置"组中，单击"打印区域"→"设置打印区域"命令；或者在"文件"选项卡中，单击"打印"→"打印活动工作表"→"打印选定区域"命令。此时选定的单元格区域即被设置为打印区域，同时单元格区域会出现虚线框。

此方法适用于当次打印，下次再打印时，需要使用同样的步骤重新进行设置，而不能直接打印。

有时要打印的区域是多个不连续的行或列，并希望打印在同一页上。此时可以先将不需要打印的行或列隐藏起来，然后再打印工作表。

（2）使用"页面设置"对话框设置打印区域，具体操作步骤如下。

步骤1　打开"页面设置"对话框。

步骤2　设置打印区域。单击"工作表"选项卡，然后在"打印区域"文本框中输入待打印单元格区域地址。若需打印多个单元格区域，则在输入时使用逗号（,）将待打印单元格区域地址分开。也可以单击"打印区域"文本框右侧的"折叠"按钮，使用鼠标选定待打印的单元格区域。如图5-5所示。

步骤3　结束设置。单击"确定"按钮。

图5-5　打印区域的设置

2．取消打印区域

取消打印区域的操作步骤如下。

步骤1　选定单元格。选定要清除打印区域中的任意单元格。

步骤2　取消打印区域。在"页面布局"选项卡的"页面设置"组中，单击"打印区域"→"取消打印区域"命令。

如果工作表包含多个打印区域，则清除一个打印区域将删除工作表上的所有打印区域。

5.3.2　打印预览

在页面设置完成之后、打印之前，应利用打印预览功能查看打印的模拟效果。通过预览，可以更精细地设置打印效果，直到满意后再打印。在打开的"页面设置"对话框中，每个选项卡里都有"打印预览"命令按钮，单击该按钮可以看到打印预览的效果；也可以使用"文件"选项卡的"打印"命令进行打印预览。

如果希望直接进入打印预览窗口，可以按【Ctrl】+【F2】组合键。

5.3.3　打印工作表

对工作表进行页面设置和预览后，如果对设置效果满意，就可以进行打印。打印时，可以打印整个工作簿，也可以打印部分工作表，还可以打印多份相同的工作表。

1．打印整个工作簿

如果需要打印当前工作簿中的所有工作表，可以按以下步骤进行操作。

步骤1　执行"打印"命令。单击"文件"→"打印"命令。

步骤2　设置打印整个工作簿。单击"打印活动工作表"→"打印整个工作簿"命令。

步骤3　打印整个工作簿。单击"打印"按钮进行打印。

设置为"打印整个工作簿"后，会一次性将工作簿中的所有工作表都打印出来。

2．打印部分工作表

如果希望打印工作簿上的某几张工作表，可以在按住【Ctrl】键的同时，逐个单击待打印的工作表的标签，然后单击"文件"选项卡中的"打印"→"打印"命令按钮。

3．打印多份相同的工作表

如果需要打印多份相同的工作表，可按以下步骤进行设置。

步骤1　执行"打印"命令。单击"文件"→"打印"命令。

步骤2　设置打印份数。在"打印"下方微调框中输入待打印的份数。

在当前状态下还可以设置打印机属性、打印页数的范围、打印纸张的方向、纸张的大小等。

5.4　应用实例——打印人事档案

打印人事档案是档案管理比较基础和经常性的工作。例如，有时需要打印某部门员工的人事档案信息，有时需要打印所有员工的人事档案信息等。一般在打印前，应根据需要对打印的工作表进行页面等相关设置，然后再进行打印。本节将通过对"人事档案调整"工作表的打印设置，进一步介绍 Excel 有关打印设置操作的方法和技巧。

5.4.1　设置页面

Excel 的页面设置和 Word 类似，但是在某些方面比 Word 功能更为复杂，主要包括页面、页边距、页眉/页脚和工作表的设置。下面将重点对"人事档案调整"表的页面、页边距和工作表进行设置。

由于"人事档案调整"表比较宽，并且包含的数据行比较多，因此需要将页面设置成 A4 纸、横向打印，将页边距设置成左右边距为 0；为了使人事档案调整表打印在纸张的正中位置，需要将居中方式设置为水平居中；为了使打印在每 1 页上的表格都能够显示出第 1 行的标题和第 2 行的信息，需要设置顶端标题行。完成这些设置的操作步骤如下。

步骤1　打开"页面设置"对话框。

步骤2　设置方向。单击"页面"选项卡，在"方向"选项中选定"横向"单选按钮。

步骤3　设置纸张大小。在"纸张大小"下拉列表中选择"A4"。

步骤4　设置页边距。单击"页边距"选项卡，将"左""右"两项设置为"0"。

步骤5　设置居中方式。在"居中方式"选项区域中，勾选"水平"复选框。

步骤6　设置顶端标题行。单击"工作表"选项卡，单击"顶端标题行"右侧的"折叠"按钮，选择"人事档案调整"工作表的标题行和表头行（第 1 行和第 2 行）。

步骤7　结束设置。单击"确定"按钮，关闭"页面设置"对话框。

5.4.2　设置页眉和页脚

由于"人事档案调整"表由多页组成，为了便于装订，也为了使整个表的布局显得更加专业，设置在每页的左上角显示"第*页　共*页"字样，在每页的右上角显示 LOGO，并在所设内容的下方显示一条横线；同时设置每页的右下角为打印日期。

完成这些设置的具体操作步骤如下。

步骤1　绘制直线。打开一个画图程序，使用直线工具画一条长度合适的直线，将其以 JPG 格式保存到磁盘中。

步骤2　打开"页面设置"对话框。

步骤3　设置页眉。单击"页眉/页脚"选项卡；单击"页眉"下拉列表框的下拉箭头，从弹出的下拉列表中选择"第 1 页，共？页"；单击"自定义页眉"按钮，弹出"页眉"对话框，将"中"编辑框中的内容移至"左"编辑框中；将光标定位到"中"编辑框中，按一次【Enter】键，然后单击"插入图片"按钮，在"插入图片"对话框中选择"从文件"，在弹出的对话框中选择步骤 1 完成的直线图片文件，单击"插入"按钮；将光标定位到"右"编辑框中，单击"插入图片"按钮，在弹出的"插入图片"对话框中选定已准备好的 LOGO 图片文件，单击"插入"按钮。设置好的页眉如图 5-6 所示。最后单击"确定"按钮。

注意　插入图片后，如果需要，可以单击"设置图片格式"按钮，对图片进行格式设置。

步骤4　设置页脚。由于 Excel 预设的页脚中没有需要的格式，因此单击"自定义页脚"按钮，弹出"页脚"对话框。将光标定位到"右"编辑框中，单击"插入日期"按钮。设置完毕后的"页眉/页脚"选项卡的"页面设置"对话框如图 5-7 所示。单击"确定"按钮完成设置。

图 5-6　设置好的页眉

图 5-7　设置完毕后的"页眉/页脚"
选项卡的"页面设置"对话框

5.4.3 打印预览

完成上述设置后，在打印之前，还应预览打印的效果。打印预览效果如图 5-8 所示。

第 1 页，共 3 页   文化用品公司

人事档案表

序号	部门	姓名	性别	出生日期	学历	婚姻状况	籍贯	职务	职称	参加工作日期	联系电话	身份证号码	基本工资
A001	经理室	黄振华	男	1966/4/10	大专	已婚	北京	董事长	高级经济师	1987/11/23	13512341234	110102196604100138	12005
A002	经理室	尹洪群	男	1968/9/18	大本	已婚	山东	总经理	高级工程师	1989/4/18	13512341235	110102196809180010	8505
A003	经理室	扬灵	男	1973/3/19	博士	已婚	北京	副总经理	经济师	2000/12/4	13512341236	110101197303191117	7910
A004	经理室	沈宁	女	1977/10/2	大专	未婚	北京	秘书	工程师	1999/10/23	13512341237	110101197710021836	4760
B001	人事部	赵文	男	1967/12/30	大本	已婚	北京	部门主管	经济师	1991/1/18	13512341238	110102196712031800	4760
B002	人事部	胡方	男	1966/4/8	大本	已婚	四川	业务员	高级经济师	1987/12/24	13512341239	110101196604082100	8505
B003	人事部	郭新	男	1964/3/26	大本	已婚	北京	业务员	经济师	1983/1/12/12	13512341240	110101196403262430	4760
B004	人事部	周晓明	女	1969/6/20	大专	已婚	北京	业务员	经济师	1989/3/6	13512341241	110101196906203131	4760
B005	人事部	张灏纺	女	1968/11/9	大专	已婚	安徽	统计	助理统计师	2001/3/6	13512341242	110101196811092306	4200
C001	财务部	李忠旗	男	1965/2/10	大本	已婚	北京	财务总监	高级会计师	1987/1/1	13512341243	110101196502103339	10080
C002	财务部	焦戈	女	1970/2/26	大专	已婚	北京	成本主管	高级会计师	1989/11/1	13512341244	110101197002263452	8505
C003	财务部	张进明	男	1974/10/27	大本	已婚	北京	会计	助理会计师	1996/7/14	13512341245	110103197410273859	4200
C004	财务部	傅华	女	1972/11/29	大专	已婚	北京	会计	会计师	1997/9/19	13512341246	110101197211294051	4760
C005	财务部	杨阳	男	1973/3/19	硕士	已婚	湖北	会计	经济师	1998/12/5	13512341247	110101197303194151	4760
C006	财务部	任萍	女	1979/10/5	大本	未婚	北京	出纳	助理经济师	2004/1/31	13512341248	110101197910054777	4760
D001	行政部	郭永红	女	1969/8/24	大本	已婚	天津	部门主管	经济师	1993/1/2	13512341249	110104196908244824	4760
D002	行政部	李龙吟	男	1973/2/24	大专	未婚	吉林	业务员	助理经济师	1992/11/11	13512341250	110104197302244070	4200
D003	行政部	张玉丹	女	1971/6/11	大本	已婚	北京	业务员	经济师	1993/2/25	13512341251	110101197106115328	4760
D004	行政部	周金馨	女	1972/7/7	大本	已婚	北京	业务员	经济师	1996/3/24	13512341252	110101197207075470	4760
D005	行政部	周新联	男	1975/1/29	大本	已婚	北京	业务员	经济师	1996/10/15	13512341253	110101197501295775	4200
D006	行政部	张玫	女	1984/8/4	硕士	未婚	北京	业务员	助理经济师	2008/8/10	13512341254	110101198408045975	4200
E001	公关部	安晋文	男	1971/3/31	大专	已婚	陕西	部门主管	高级经济师	1995/2/28	13512341255	110101197103316241	8505
E002	公关部	刘润杰	男	1973/8/31	大本	未婚	河南	外勤	经济师	1998/1/16	13512341256	110101197308317171	4760
E003	公关部	胡大闪	男	1975/5/19	高中	已婚	北京	外勤	经济师	1995/5/10	13512341257	110101197505197474	4760
E004	公关部	高俊	男	1975/3/26	大本	已婚	山东	外勤	经济师	1997/12/12	13512341258	110101197503267268	4760
E005	公关部	张乐	女	1969/8/11	大本	已婚	四川	业务员	工程师	1989/4/29	13512341259	110101196908118197	4760
E006	公关部	李小东	男	1974/10/28	大本	已婚	湖北	业务员	助理经济师	1996/7/15	13512341260	110101197410288394	4200
E007	公关部	王霞	女	1983/3/20	硕士	未婚	安徽	业务员	经济师	2006/12/5	13512341261	110101198303208499	4760

2021/5/25

图 5-8 打印预览效果

如果希望将不同部门的人事档案分别打印在不同页面上，可以利用分页预览视图进行调整。其具体操作步骤如下。

步骤 1 进入分页预览视图。在"视图"选项卡的"工作簿视图"命令组中，单击"分页预览"命令，这时将进入"分页预览"视图，如图 5-9 所示。

	A	B	C	D	E	F	G	H	I	J	K	L	M	N
1								人事档案表						
2	序号	部门	姓名	性别	出生日期	学历	婚姻状况	籍贯	职务	职称	参加工作日期	联系电话	身份证号码	基本工资
3	A001	经理室	黄振华	男	1966/4/10	大专	已婚	北京	董事长	高级经济师	1987/11/23	13512341234	110102196604100138	12005
4	A002	经理室	尹洪群	男	1968/9/18	大本	已婚	山东	总经理	高级工程师	1989/4/18	13512341235	110102196809180010	8505
5	A003	经理室	杨灵	男	1973/3/19	博士	已婚	北京	副总经理	经济师	2000/12/4	13512341236	110101197303191117	7910
6	A004	经理室	沈宁	女	1977/10/2	大专	未婚	北京	秘书	工程师	1999/10/23	13512341237	110101197710021836	4760
7	B001	人事部	赵文	男	1967/12/30	大本	已婚	北京	部门主管	经济师	1991/1/18	13512341238	110102196712031800	4760
8	B002	人事部	胡方	男	1966/4/8	大本	已婚	四川	业务员	高级经济师	1987/12/24	13512341239	110101196604082100	8505
9	B003	人事部	郭新	男	1964/3/26	大本	已婚	北京	业务员	经济师	1983/12/12	13512341240	110101196403262430	4760
10	B004	人事部	周晓明	女	1969/6/20	大专	已婚	北京	业务员	经济师	1989/3/6	13512341241	110101196906203131	4760
11	B005	人事部	张浸纺	女	1968/11/9	大专	已婚	安徽	统计	助理统计师	2001/3/6	13512341242	110101196811092306	4200
12	C001	财务部	李忠旗	男	1965/2/10	大本	已婚	北京	财务总监	高级会计师	1987/1/1	13512341243	110101196502103339	10080
13	C002	财务部	焦戈	女	1970/2/26	大专	已婚	北京	成本主管	高级会计师	1989/11/1	13512341244	110101197002263452	8505
14	C003	财务部	张进明	男	1974/10/27	大本	已婚	北京	会计	助理会计师	1996/7/14	13512341245	110103197410273859	4200
15	C004	财务部	傅华	女	1972/11/29	大专	已婚	北京	会计	会计师	1997/9/19	13512341246	110101197211294051	4760
16	C005	财务部	杨阳	男	1973/3/19	硕士	已婚	湖北	会计	经济师	1998/12/5	13512341247	110101197303194151	4760
17	C006	财务部	任萍	女	1979/10/5	大本	未婚	北京	出纳	助理经济师	2004/1/31	13512341248	110101197910054777	4760
18	D001	行政部	郭永红	女	1969/8/24	大本	已婚	天津	部门主管	经济师	1993/1/2	13512341249	110104196908244824	4760
19	D002	行政部	李龙吟	男	1973/2/24	大专	未婚	吉林	业务员	助理经济师	1992/11/11	13512341250	110104197302244070	4200
20	D003	行政部	张玉丹	女	1971/6/11	大本	已婚	北京	业务员	经济师	1993/2/25	13512341251	110101197106115328	4760
21	D004	行政部	周金馨	女	1972/7/7	大本	已婚	北京	业务员	经济师	1996/3/24	13512341252	110101197207075470	4760
22	D005	行政部	周新联	男	1975/1/29	大本	已婚	北京	业务员	经济师	1996/10/15	13512341253	110101197501295775	4200
23	D006	行政部	张玫	女	1984/8/4	硕士	未婚	北京	业务员	助理经济师	2008/8/10	13512341254	110101198408045975	4200
24	E001	公关部	安晋文	男	1971/3/31	大专	已婚	陕西	部门主管	高级经济师	1995/2/28	13512341255	110101197103316241	8505
25	E002	公关部	刘润杰	男	1973/8/31	大本	未婚	河南	外勤	经济师	1998/1/16	13512341256	110101197308317171	4760
26	E003	公关部	胡大闪	男	1975/5/19	高中	已婚	北京	外勤	经济师	1995/5/10	13512341257	110101197505197474	4760
27	E004	公关部	高俊	男	1975/3/26	大本	已婚	山东	外勤	经济师	1997/12/12	13512341258	110101197503267268	4760
28	E005	公关部	张乐	女	1969/8/11	大本	已婚	四川	外勤	工程师	1989/4/29	13512341259	110101196908118197	4760
29	E006	公关部	李小东	男	1974/10/28	大本	已婚	湖北	业务员	助理经济师	1996/7/15	13512341260	110101197410288394	4200
30	E007	公关部	王霞	女	1983/3/20	硕士	未婚	安徽	业务员	经济师	2006/12/5	13512341261	110101198303208499	4760
31	F001	项目一部	张涛	男	1970/12/21	大本	已婚	天津	部门主管	工程师	1994/1/5	13512341262	110101197012218597	4760
32	F002	项目一部	沈核	男	1967/7/21	大本	已婚	陕西	项目监察	高级工程师	1989/4/6	13512341263	110101196707218691	8505
33	F003	项目一部	王利华	女	1979/7/20	大专	已婚	四川	项目监察	高级经济师	2000/4/6	13512341264	110101197907208894	8505
34	F004	项目一部	靳喜夏	女	1969/2/17	大本	已婚	山东	项目监察	高级经济师	1989/11/5	13512341265	110101196902178746	8505

图 5-9 "分页预览"视图

79

步骤2 按部门设置分页。在"分页预览"视图中显示的蓝色虚线就是 Excel 设置的分页符。可以用鼠标拖动蓝色虚线（分页符）到适当的位置。这里将第 1 页的分页符拖动到第 6 行（经理室的最后一行）下方。按同样方法，可在其他部门之间设置人工分页符。按部门分页预览设置结果如图 5-10 所示。

	A	B	C	D	E	F	G	H	I	K	L	M	N
4	A002	经理室	尹洪群	男	1968/9/18	大本	已婚	山东	总经理	高级工程师	1989/4/18	13512341235	110102196809180010	8505
5	A003	经理室	杨灵	男	1973/3/19	博士	已婚	北京	副总经理	经济师	2000/12/4	13512341236	110101197303191117	7910
6	A004	经理室	沈宁	女	1977/10/2	大专	未婚	北京	秘书	工程师	1999/10/23	13512341237	110101197710021836	4760
7	B001	人事部	赵文	男	1967/12/30	大本	已婚	北京	经济师	1991/1/18	13512341238	110102196712031800	4760
8	B002	人事部	胡方	男	1966/4/8	大本	已婚	四川	业务员	高级经济师	1987/12/24	13512341239	110101196604082100	8505
9	B003	人事部	郭新	女	1964/3/26	大本	已婚	北京	业务员	经济师	1983/12/12	13512341240	110101196403262430	4760
10	B004	人事部	周晓明	男	1969/6/20	大本	已婚	北京	业务员	经济师	1989/3/6	13512341241	110101196906203131	4760
11	B005	人事部	张进纺	女	1968/11/9	大专	已婚	安徽	统计	助理统计师	2001/3/6	13512341242	110101196811092306	4200
12	C001	财务部	李忠旗	男	1965/2/10	大本	已婚	北京	财务总监	高级会计师	1987/1/1	13512341243	110101196502103339	10080
13	C002	财务部	焦戈	女	1970/2/26	大专	已婚	北京	成本主管	高级会计师	1989/11/1	13512341244	110101197002263452	8505
14	C003	财务部	张连明	男	1974/10/27	大本	已婚	北京	会计	助理会计师	1996/7/14	13512341245	110103197410273859	4200
15	C004	财务部	傅华	女	1972/11/29	大本	已婚	北京	会计	会计师	1997/9/19	13512341246	110101197211294051	4760
16	C005	财务部	杨阳	男	1973/3/19	硕士	已婚	湖北	会计	经济师	1998/12/5	13512341247	110101197303194151	4760
17	C006	财务部	任苹	女	1979/10/5	大本	未婚	北京	出纳	助理会计师	2004/1/31	13512341248	110101197910054777	4760
18	D001	行政部	郭永红	女	1969/8/24	大本	已婚	天津	业务员		1993/1/2	13512341249	110104196908244824	4760
19	D002	行政部	于龙吟	男	1973/2/24	大专	未婚	吉林	业务员	助理经济师	1992/11/11	13512341250	110101197002244070	4200
20	D003	行政部	张玉丹	女	1971/6/11	大本	已婚	北京	业务员	经济师	1993/2/25	13512341251	110101197106115328	4760
21	D004	行政部	周金馨	女	1972/7/7	大本	已婚	北京	业务员	经济师	1996/3/24	13512341252	110101197207075470	4760
22	D005	行政部	周颖联	男	1975/1/29	大本	已婚	北京	业务员	助理经济师	1996/10/15	13512341253	110101197501295775	4200
23	D006	行政部	张政	女	1984/8/4	硕士	未婚	北京	业务员	助理经济师	2008/8/10	13512341254	110101197408045975	4200
24	E001	公关部	安疆文	男	1971/3/31	大专	已婚	陕西	部门主管	高级经济师	1995/2/28	13512341255	110101197103316241	8505
25	E002	公关部	刘润杰	男	1973/8/31	大本	未婚	河南	外勤	经济师	1998/1/16	13512341256	110101197308317171	4760
26	E003	公关部	胡大冈	男	1975/5/19	高中	已婚	北京	外勤	经济师	1995/5/10	13512341257	110101197505197174	4760
27	E004	公关部	高俊	男	1975/3/26	大本	已婚	山东	外勤	经济师	1997/12/12	13512341258	110101197503267268	4760
28	E005	公关部	张乐	女	1969/8/11	大本	已婚	四川	外勤	经济师	1989/4/29	13512341259	110101196908118197	4760
29	E006	公关部	李小东	女	1974/10/28	大本	已婚	湖北	业务员	助理经济师	1996/7/15	13512341260	110107197410288394	4200
30	E007	公关部	王霞	女	1983/3/20	硕士	未婚	安徽	业务员	经济师	2006/12/5	13512341261	110101198303208499	4760
31	F001	项目一部	张涛	男	1970/12/21	大本	未婚	北京	部门主管	工程师	1994/1/5	13512341262	110101197012218597	4760

图 5-10　按部门分页预览设置结果

若要结束"分页预览"视图，可单击"视图"选项卡"工作簿视图"命令组中的"普通"命令，返回到普通视图。按部门设置好分页后，最后一页的打印预览效果如图 5-11 所示。

第 7 页，共 7 页　　　　荧化用品公司

人事档案表

序号	部门	姓名	性别	出生日期	学历	婚姻状况	籍贯	职务	职称	参加工作日期	联系电话	身份证号码	基本工资
G001	项目二部	侃明	男	1969/6/2	大本	已婚	北京	部门主管	工程师	1991/11/27	13512341279	110101196906020713	4760
G002	项目二部	张东	男	1979/4/8	大本	已婚	北京	项目监察	高级工程师	2000/12/25	13512341280	110101197904081117	8505
G003	项目二部	李小平	男	1979/2/17	大专	已婚	山东	业务员	工程师	2000/11/4	13512341281	110105197902171319	7560
G004	项目二部	陆元	男	1969/2/17	大本	已婚	北京	业务员	经济师	1990/11/4	13512341282	110103197202172533	4760
G005	项目二部	王进	男	1988/3/26	大专	已婚	北京	业务员		2011/12/11	13512341283	110103198803262733	4760
G006	项目二部	李大德	男	1980/9/11	大本	已婚	重庆	业务员	工程师	2002/5/30	13512341284	110101198009113235	4760
G007	项目二部	魏光符	男	1972/9/29	大本	已婚	北京	业务员	经济师	1994/6/16	13512341285	110101197209293236	4760
G008	项目二部	赵希明	女	1965/10/26	大本	已婚	北京	业务员	工程师	1987/7/14	13512341286	110101196510263458	4760
G009	项目二部	戴家宏	男	1968/3/1	高中	已婚	北京	业务员	助理工程师	1988/5/25	13512341287	110102196803013657	4200
G010	项目二部	黄和中	男	1968/6/19	大专	已婚	北京	项目监察	高级工程师	1990/3/6	13512341288	110101196806193751	8505
G011	项目二部	程光凡	男	1973/2/24	大本	已婚	北京	业务员	工程师	1992/11/11	13512341289	110101197302243201	4760
G012	项目二部	俞丽	女	1972/7/30	大本	已婚	天津	业务员	经济师	1996/4/16	13512341290	110103197207303956	4760
G013	项目二部	李历宁	男	1972/7/30	大本	已婚	北京	业务员	工程师	1997/4/16	13512341291	110101197207304257	4760
G014	项目二部	孙燕	女	1976/2/16	博士	已婚	湖北	项目监察	高级工程师	1999/1/16	13512341292	110101197602164672	8505
G015	项目二部	刘利	女	1971/6/11	博士	已婚	山西	业务员	工程师	1999/2/26	13512341293	110101197106114676	4760
G016	项目二部	李红	女	1975/1/29	硕士	已婚	黑龙江	业务员	工程师	2000/10/15	13512341294	110102197501293702	4760
G017	项目二部	李丹	男	1973/3/19	博士	未婚	北京	业务员	工程师	2000/12/4	13512341295	110104197303194925	4760
G018	项目二部	郝放	男	1979/1/26	硕士	未婚	四川	业务员	工程师	2005/12/29	13512341296	110106197901264977	4760

2021/7/13

图 5-11　按部门分页后，最后一页的打印预览效果

也可以通过命令插入分页符的方法来实现按部门分页。其操作步骤如下。

步骤 1 选定分页位置。选定要分页行所在的第一列单元格。

步骤 2 插入分页符。在"页面布局"选项卡的"页面设置"命令组中，单击"分页符"→"插入分页符"命令，即可在所选位置上方插入一个分页符。

5.4.4 打印设置及打印

所有设置完成且预览结果也符合要求后，就可以开始打印了。打印的操作步骤如下。

步骤 1 执行"打印"命令。单击"文件"→"打印"命令。

步骤 2 设置打印机名称。在"打印机"下拉列表中选择合适的打印机。

步骤 3 选择打印对象。在"设置"下拉列表中选择"打印活动工作表"。

步骤 4 设定打印份数。在"打印"右侧微调框中输入 1。还可以设置纸张方向和纸张大小等。

步骤 5 打印工作表。单击"打印"按钮，即可开始打印工作表。

通常情况下，建立好的 Excel 表格都需要打印输出。因此掌握上述介绍的打印输出设置技巧，可以使打印输出的文档更能够符合自己的显示需求。

习 题

一、选择题

1．以下是"页面设置"对话框中的 4 个选项卡，设置打印方向应使用的选项卡是（ ）。

    A．页面   B．页边距   C．页眉/页脚   D．工作表

2．若要打印出工作表的网络线，需要先在"页面设置"对话框中选择"工作表"选项卡，然后应勾选的复选框是（ ）。

    A．网格线   B．单色打印   C．行号列标   D．草稿品质

3．Excel 拆分窗口的目的是（ ）。

    A．使表内容分成明显的两个部分

    B．将工作表分成多个以方便管理

    C．拆分工作表以方便看到工作表不同部分

    D．将大工作表拆分为两个以上的小工作表

4．以下关于打印工作簿的叙述中，错误的是（ ）。

    A．1 次可以打印整个工作簿

    B．1 次可以打印 1 个工作簿中的 1 张或多张工作表

    C．在 1 张工作表中可以只打印某 1 页

    D．不能打印 1 张工作表中的 1 个区域

5．在 Excel 的"页眉"对话框中，无法自动插入的内容是（ ）。

    A．计算机名   B．文件名   C．工作表名   D．文件路径名

6．在 Excel 中，默认的打印顺序是（ ）。

    A．先左后右   B．先右后左   C．先列后行   D．先行后列

7．若希望在浏览工作表时，将最上面 1 行和最左侧 3 列固定，则应将冻结窗格的位置单元格设置在（ ）。

    A．C1   B．D1   C．C2   D．D2

8．在打印工作表时，如果需要将第 1 行打印在每页上端，应设置的内容是（ ）。

    A．打印区域   B．顶端标题行   C．左端标题列   D．打印顺序

9. 以下关于设置页眉和页脚的叙述中，正确的是（　　　）。

　　A．在"页面设置"对话框的"页面"选项卡中进行设置

　　B．在"页面设置"对话框的"页边距"选项卡中进行设置

　　C．在"页面设置"对话框的"页眉/页脚"选项卡中进行设置

　　D．只能在打印预览中进行设置

10. 假设当前单元格为 B2，如果选择了"冻结拆分窗格"命令，则冻结的行和列是（　　　）。

　　A．第 1 行和第 1 列　　　　　　　　B．第 1 行和第 2 列

　　C．第 2 行和第 1 列　　　　　　　　D．第 2 行和第 2 列

二、填空题

1. 在 Excel 中，按_____组合键可以选定整张工作表。

2. 在打印工作表时，可以通过设置_____，将工作表某 1 行内容打印在每页最上端。

3. 在 Excel 中，为了查看对比大型工作表不同位置的数据，应该进行_____操作。

4. 并排查看与单纯的重排窗口在功能上最大的区别是_____。

5. 按下_____组合键可以直接进入打印预览窗口。

三、问答题

1. 使用 Excel 提供的拆分窗口功能和冻结窗格功能的目的是什么？

2. 打印预览时，分页预览的作用是什么？

3. 如何将某一工作表的页面设置复制到其他 1 张或多张工作表中？

4. 怎样控制打印输出的比例？

5. 图 5-12 所示是使用 Excel 制作的"绩效奖金"表，在"页面设置"对话框中设置了打印区域为 A1:G6，在不清除打印区域的情况下，如何将 A1:C6 和 G1:G6 打印出来？

	A	B	C	D	E	F	G
1	工号	姓名	部门	上级评分	评定等级	评定系数	绩效奖金
2	0001	孙家龙	办公室	78	较好	0.7	4620
3	0002	张卫华	办公室	88	良好	1	5950
4	0003	王叶	办公室	90	优秀	1.3	6630
5	0004	梁勇	办公室	76	较好	0.7	3360
6	0005	朱思华	办公室	60	合格	0.5	2400
7	0006	陈关敏	财务部	88	良好	1	5550
8	0007	陈德生	财务部	76	较好	0.7	3080
9	0008	陈桂兰	财务部	90	优秀	1.3	6240
10	0009	彭庆华	市场部	79	较好	0.7	3710
11	0010	王成祥	市场部	89	良好	1	4800
12	0011	何家强	市场部	45	需要改进	0	100
13	0012	曾伦清	市场部	67	合格	0.5	2500
14	0013	张新民	市场部	88	良好	1	4800
15	0014	张跃华	劳资室	90	优秀	1.3	7215
16	0015	邓都平	劳资室	67	合格	0.5	2800

图 5-12　已设置了打印区域的"绩效奖金"表

实　训

对第 4 章实训中完成的"员工信息调整"表（见图 4-18），按照以下要求完成打印设置。

1. 冻结第 3 列（不含第 3 列）以左、第 3 行（不含第 3 行）以上数据。

2. 设置页眉和页脚，使页眉右侧显示报表制作时间，页脚中间显示报表当前页数和总页数，显示格式和内容为"第×页　共×页"。

3. 设置工作表，使每页报表均显示工作表第 2 列和第 2 行的数据。

4. 按部门输出员工信息。

第二篇　数据处理篇

第 6 章　使用公式计算数据

内容提要

本章主要介绍数据计算的步骤和要点，包括公式的使用与审核、单元格的引用、数据的合并计算等。重点是通过计算工资管理工作簿中的工资数据和计算销售管理工作簿中业务员的销售业绩奖金，掌握应用 Excel 完成各种不同计算的方法。这部分是学习和应用 Excel 最重要也是最灵活的方面，是学习和掌握 Excel 的重点。

主要知识点

- 公式的组成
- 运算符的种类及用法
- 公式的输入和编辑
- 单元格引用
- 合并计算
- 公式的审核

Excel 作为电子数据表软件，其强大的数据计算、数据分析功能主要体现在公式和函数的应用上。利用公式，可以进行加、减、乘、除等简单计算，也可以完成统计分析等复杂计算，还可以对文本字符串进行比较和连接等处理。

6.1　认识公式

公式是 Excel 的核心，使用公式可以轻松而快速地进行计算处理。

6.1.1　公式的概念

公式是指以前导符等号（=）开始，通过使用运算符将数据、函数等元素按一定顺序连接在一起，从而实现对工作表中的数据进行计算和处理的等式。公式的计算结果是数据值。

6.1.2　公式的组成

公式由前导符等号（=）、常量、单元格引用、单元格区域名称、函数、括号及相应的运算符组成。其中，常量是指通过键盘直接输入到工作表中的数字或文本，如 115、"day" 等。

单元格引用是指通过使用一些固定的格式，引用单元格中的数据，如 B5、$B$10、$A1:C$10 等。单元格区域名称是指直接引用为该单元格区域定义的名称。假设将单元格区域 E1:F10 命名为"day"，那么在计算时可以使用该名称代替该单元格区域。例如，求该单元格区域数据之和，可将计算公式写为：=sum(day)。函数是 Excel 提供的各种内置函数，使用时直接给出函数名及参数即可，如=sum(day)。括号是为了区分运算顺序而增加的一种符号。运算符是连接公式中基本运算量并完成特定计算的符号，如"+""&"等。

公式中的"="不可省略，否则 Excel 会将其识别为文本。

6.1.3 公式中的运算符

运算符是公式中不可缺少的部分，主要包括算术运算符、文本运算符和关系运算符。

1．算术运算符

使用算术运算符可以实现基本的算术运算。算术运算符包括加（+）、减（−）、乘（*）、除（/）、百分号（%）和乘方（^）。由算术运算符、数值常量、值为数值的单元格引用以及数值函数等组成的表达式称为算术表达式。算术表达式的运算结果为数值型。例如，C3 和 D3 单元格中存放的是数值型数据，那么 C3/D3*100 就属于算术表达式。

2．文本运算符

使用文本运算符可以实现文本数据的连接运算。文本运算符只有一个，即连接符（&），其功能是将两个文本数据首尾连接在一起，形成一个新的文本型数据。由文本运算符、文本型常量、值为文本的单元格引用以及文本型函数等组成的表达式称为文本表达式。文本表达式的运算结果为文本。例如，"中国"&"计算机用户"的运算结果为"中国计算机用户"；又如，1234&567 的运算结果为 1234567。

如果连接符（&）连接的是数值型数据，数据两侧的双引号可以省略；如果连接符（&）连接的是文本型数据，数据两侧的双引号不能省略，否则将返回错误值。

3．关系运算符

使用关系运算符可以实现比较运算。关系运算符包括大于（>）、大于等于（>=）、小于（<）、小于等于（<=）、等于（=）和不等于（<>）6 种。关系运算用于比较两个数据的大小。由关系运算符、数值表达式、文本表达式等组成的表达式称为关系表达式。关系表达式的运算结果为一个逻辑值：TURE（真）或 FALSE（假）。这里需要注意的是，关系运算符两侧的表达式应为同一种类型。例如，"ABC" > "BAC"是一个关系表达式，关系运算符两侧均为文本表达式，比较结果为 FALSE。在 Excel 中，除错误值外，数值型数据、文本型数据和逻辑型数据之间均存在大小关系，即数值型数据小于文本型数据、文本型数据小于逻辑型数据。

文本数值与数值是两个不同的概念，Excel 允许数值以文本类型存储。如果一定要比较文本数值与数值的大小，可将二者相减的结果与 0 比较大小来实现。

4．运算符的优先级

如果一个表达式用到了多种运算符，那么这个表达式中的运算将按一定的顺序进行，这种顺序称为运算符的优先级。运算符的优先级从高到低依次为：^（乘方）→–（负号）→%（百分比）→*、/（乘或除）→+、–（加或减）→&（文本链接）→>、>=、<、<=、=、<>（比较）。

如果公式中包含了相同优先级的运算符，如公式中同时包含了乘法和除法，Excel 将从左到右进行计算。如果要修改计算顺序，可将先计算的部分放在括号内。

　　　　　括号的优先级最高。也就是说，如果在公式中包含括号，那么应先计算括号内的表达式，然后再计算括号外的表达式。

6.2　输入公式

输入公式与输入数据类似，可以在单元格中输入，也可以在编辑栏中输入。无论在什么位置上输入，均可以使用 2 种方法，即手工输入和单击单元格输入。

6.2.1　手工输入

手工输入就是完全通过键盘来输入整个公式。方法是先输入一个等号，然后依次输入公式中的各元素。例如，在 F4 单元格中输入公式=D4+E4。在输入过程中，可以发现当输入 D4 时，D4 单元格的边框变为蓝色，表示它已经成为公式中的引用单元格；输入 E4 时，E4 单元格的边框变为红色，同样表示它已经成为公式中的引用单元格。如果后面还有更多的引用单元格，将分别以不同的颜色显示出来。

6.2.2　单击单元格输入

除手工输入公式的方法外，Excel 还提供了一种简捷、快速的输入公式方法，即通过单击单元格输入运算元素，手工输入运算符。例如，在 F4 单元格中输入公式=D4+E4，操作步骤如下。

步骤 1　输入公式前导符。选定输入公式的单元格 F4，输入=。

步骤 2　输入 D4。用鼠标单击 D4 单元格，这时 D4 单元格的边框变为一个活动虚线框，F4 单元格中的内容变为"=D4"。

步骤 3　输入运算符。输入+（加号）。

步骤 4　输入 E4。用鼠标单击 E4 单元格，这时 E4 单元格的边框变为一个活动虚线框，D4 单元格的边框变为蓝色实线，F4 单元格中的内容变为"=D4+E4"。

步骤 5　确认输入。单击编辑栏上的输入按钮 ✓ 。

当单元格 D4 或 E4 的数据发生变化时，F4 中的内容也随之发生变化，而不需要手动修改其中的信息，这正是公式的优势所在。

6.3　编辑公式

如果输入的公式有误，可以对其进行修改。修改公式的方法与修改单元格中数据的方法相同。此外，还可以对输入的公式进行复制、显示、删除等操作。

6.3.1　复制公式

可以使用自动填充的方法将公式复制到连续区域的单元格中，也可以使用"复制"命令实现不连续区域的公式复制。使用自动填充方法复制公式的操作步骤如下。

步骤 1　选定要复制公式的单元格。

步骤2 执行复制操作。将鼠标移到所选单元格的填充柄处，当鼠标指针变成十字形状时，按住鼠标左键不放拖曳至所需单元格放开。此时可以看到填充公式的单元格中立即显示出计算结果。

可以通过组合键实现公式的快速复制。具体操作步骤如下。

步骤1 选定单元格区域。选定公式所在单元格及需要复制公式的连续单元格区域。例如，将 F4 单元格中的公式"=D4+E4"复制到单元格区域 F5:F10 中，应选择 F4:F10。

步骤2 复制公式。按【Ctrl】+【D】组合键。

6.3.2 显示公式

默认情况下，含有公式的单元格中显示的数据是公式的计算结果。但是，如果用户希望显示公式，则可以按以下步骤进行操作。

步骤1 切换到"公式"选项卡。单击"公式"选项卡。

步骤2 设置显示公式。单击"公式审核"命令组中的"显示公式"命令，这时工作表中所有的公式将立即显示出来。

如果希望使含有公式的单元格恢复显示计算结果，可以再次单击"公式"选项卡"公式审核"命令组中的"显示公式"命令。

6.3.3 删除公式

如果用户希望在含有公式的单元格中只显示和保留其中的数据，可以将公式删除。其操作步骤如下。

步骤1 复制含有公式的单元格。选定需要删除公式的单元格或单元格区域，然后单击"开始"选项卡"剪贴板"命令组中的"复制"命令，或者直接按【Ctrl】+【C】组合键。

步骤2 打开"选择性粘贴"对话框。在选定的单元格或单元格区域中单击鼠标右键，从弹出的快捷菜单中选择"选择性粘贴"→"选择性粘贴"命令，此时弹出"选择性粘贴"对话框。

步骤3 设置粘贴内容。选定"粘贴"选项区中的"数值"单选按钮。

步骤4 确认删除。单击"确定"按钮，即可将选定单元格中的公式删除。

按【Delete】键，将删除包括公式和公式计算结果在内的所有内容。

6.4 引用单元格

Excel 在处理数据时，几乎所有公式都要引用单元格或单元格区域，引用的作用相当于链接，指明公式中使用的数据位置。公式的计算结果取决于被引用的单元格中的值，并随着其值的变化而发生相应的变化。在 Excel 中，单元格的引用方式主要有 3 种，分别是相对引用、绝对引用和混合引用。

6.4.1 相对引用

相对引用是指公式所在的单元格与公式中引用的单元格之间的相对位置。若公式所在单元格的位置发生了变化，那么公式中引用的单元格的位

6-1 相对引用

置也将随之发生变化，这种变化是以公式所在单元格为基点的。例如，在 F4 单元格中输入公式=D4+E4，公式中使用了相对引用 D4 和 E4，被引用的 D4 是以公式所在单元格 F4 为基点，向左移动 2 列的单元格；被引用的 E4 是以公式所在单元格 F4 为基点，向左移动 1 列的单元格。当将 F4 单元格中的公式复制到 F5 单元格中时，公式中被引用的单元格是以公式所在的单元格 F5 为基点，向左移动 2 列的单元格是 D5，向左移动 1 列的单元格是 E5，因此 F5 单元格中的公式变为"=D5+E5"，这就是相对引用。也就是说，相对引用是随着公式所在单元格位置的变化而相对变化的。相对引用的方法是：列标+行号。

6.4.2 绝对引用

有时在公式中需要引用某个固定的单元格，无论将引用该单元格的公式复制或者填充到什么位置，都不希望它发生任何改变，这时就要使用单元格的绝对引用。绝对引用的方法是：在列标和行号前分别加上"$"符号。例如，$H$2 表示对 H2 单元格的绝对引用，$A$1:$C$6 表示对 A1:C6 单元格区域的绝对引用。绝对引用与公式所在单元格位置无关，即使公式所在单元格位置发生了变化，引用的公式不会改变，引用的内容也不会发生任何变化。

6.4.3 混合引用

有时希望公式中使用的单元格引用行号变化而列标不变，或者列标变化而行号不变，这时可以使用混合引用。混合引用有 2 种形式：一种是行号使用相对引用，列标使用绝对引用；另一种是行号使用绝对引用，列标使用相对引用。例如，$C3、C$3 均为混合引用。如果公式所在单元格位置改变，则相对引用改变，而绝对引用不改变。

若要改变公式中的引用方式，可以通过快捷键【F4】来完成。例如，在编辑栏中输入=D4，选定该公式后，按一下【F4】键，公式变为"=$D$4"；再按一下【F4】键，公式变为"=D$4"；再按一次【F4】键，公式变为"=$D4"；最后按一次【F4】键，又返回到开始时的"=D4"。

6.4.4 外部引用

在公式中引用单元格，不仅可以引用同一工作表中的单元格，而且可以引用同一工作簿其他工作表中的单元格，以及不同工作簿中的单元格。

1．引用同一工作簿其他工作表中的单元格

在同一工作簿中，引用其他工作表单元格的方法为：在单元格引用前加上相应工作表引用（即工作表的名称），并用感叹号（！）将工作表引用和单元格引用分开。其引用格式如下。

工作表引用!单元格引用

例如，要引用"工资计算"工作表中的 F6 单元格，则应输入的公式为工资计算!$F$6。一般地，引用另一张工作表单元格的数据时都采用绝对引用，这样即使将该公式移到其他单元格，所引用的单元格也不会发生变化。

如果工作表的名称包含空格，则必须用单引号将工作表名括起来。

2．引用不同工作簿中的单元格

当需要引用不同工作簿中的单元格时，引用格式如下。

[工作簿名称]工作表引用!单元格引用

例如，要引用"工资管理"工作簿的"人员清单"工作表中的 C15 单元格，则应输入的公式为 [工资管理.xlsx]人员清单!$C$15。若"工资管理"工作簿未打开，则在引用中应写出"工资管理"工作簿存放位置的绝对路径，并用单引号将绝对地址、工作簿名称和工作表名称括起来。例如，假设"工资管理"工作簿存放在 D 盘 Excel 文件夹中，应输入的公式为"='D:\Excel\[工资管理.xlsx]人员清单'!$C$15"。

3．三维引用

如果需要同时引用工作簿中多张工作表的单元格或单元格区域，则使用三维引用是非常方便的。尤其当多张工作表的同一单元格或同一区域的数据相关，且要对它们进行统计计算时，三维引用将给用户带来极大的方便。其引用格式如下。

工作表名 1:工作表名 N!单元格引用

例如，在某个工作簿中存放了 12 个月的销售情况表，名称依次为 1 月、2 月、3 月、…、12 月，每张表的结构相同，即相应单元格存放的内容是相同的。假定每张表的 F18 单元格存放的是月销售利润，现需要计算全年销售总利润。

在此，若利用三维引用，就会使问题变得异常简单，即在存放"年销售总利润"的单元格中输入公式=SUM(1 月:12 月!$F$18)。

6.5 合并计算

在实际应用中，常常出现这样的情况：某公司分设几个分公司，各分公司已经分别建好了各自的年终报表，现在该公司要想得到总的年终报表，了解全局情况，就要将各分公司的数据合并汇总。此时就需要使用 Excel 的合并计算功能。

合并计算可以方便地将多张工作表的数据合并计算后存放到另一张工作表中。在合并计算中，存放合并计算结果的工作表称为"目标工作表"，其中接收合并数据的区域称为"目标区域"，目标工作表应是当前工作表，目标区域应是当前单元格区域；被合并计算的各张工作表称为"源工作表"，其中被合并计算数据的区域称为"来源区域"，源工作表可以是打开的，也可以是关闭的。

Excel 提供了 2 种合并计算方式，即按位置合并计算和按分类合并计算。

6.5.1 按位置合并计算

最简单也是最常用的合并计算是按位置合并计算。在按位置合并计算时，要求合并的各工作表格式必须相同。按位置合并计算的操作步骤如下。

步骤1 选定目标区域。选定要存放合并计算结果的工作表（目标工作表），然后选定存放合并计算结果的单元格区域（目标区域）。

步骤2 打开"合并计算"对话框。在"数据"选项卡的"数据工具"命令组中，单击"合并计算"命令，系统弹出"合并计算"对话框。

步骤3 选择计算函数。在"函数"下拉列表框中选择一个函数。

步骤4 添加来源区域。单击"引用位置"框中的"折叠"按钮，再选定要合并的工作表中的单元格区域，然后单击"还原"按钮。单击"添加"按钮，这时选定的要合并的单元格区域添加到了"所有引用位置"列表框中。

步骤5 添加其他来源区域。重复步骤 4，依次将所有要合并的单元格区域都添加到"所有引用位置"列表框中。

步骤6 执行合并计算操作。单击"确定"按钮完成合并计算，并将合并计算的结果显示在目标区域中。

如果要自动保持合并计算的结果与源数据的一致，应在"合并计算"对话框中勾选"创建指向源数据的链接"复选框。

如果在合并计算时，勾选了"创建指向源数据的链接"复选框，那么存放合并计算结果的工作表中存放的不是单纯的合并计算结果，而是合并计算的公式。此时在合并工作表的左侧将出现分级显示按钮，可以根据需要显示或隐藏源数据。当源数据变动时，合并计算结果会自动更新，也就是说合并计算结果与源数据之间建立了链接关系。如果在合并计算时，未勾选"创建指向源数据的链接"复选框，则存放合并计算结果的工作表中仅保存单纯的合并计算结果，此时合并的工作表中不会出现分级显示按钮，当源数据变动时，需要重新进行合并计算。

6.5.2　按分类合并计算

6-2　按分类合并计算

如果要合并计算的各工作表格式不完全相同，则不能简单地使用按位置合并计算的方法汇总数据，而应该按分类进行合并。按分类合并计算的操作方法与按位置合并计算的操作方法类似，其操作步骤如下。

步骤1　选定目标区域。选定要存放合并计算结果的目标工作表，然后选定存放合并计算结果的目标区域。与按位置合并计算不同的是，这时还应同时选定分类合并依据所在的单元格区域。

步骤2　打开"合并计算"对话框。

步骤3　选择计算函数。在"函数"下拉列表框中选择一个函数。

步骤4　添加来源区域。添加各工作表需要合并的来源区域。

 按分类合并计算时，来源区域除了包含待合并的数据区域以外，还应包含分类合并依据所在的单元格区域，而且各工作表中待合并的数据区域可能不完全相同，因此要逐个选定。

步骤5　指定"标签位置"。在"标签位置"区域指定分类合并依据所在的单元格位置。如果分类合并依据在顶端行，则勾选"首行"复选框；如果分类合并依据在最左列，则应勾选"最左列"复选框，如图 6-1 所示。

图 6-1　指定"标签位置"

按分类合并计算的关键步骤是要勾选"标签位置"区域中的"首行"或"最左列"复选框，或同时勾选"首行"和"最左列"复选框，这样 Excel 才能正确地按指定分类进行合并计算。

步骤6 执行合并计算操作。单击"确定"按钮完成合并计算，并将合并计算的结果显示在目标区域中。

由于在合并计算时只能使用求和、计数、平均值、最大值等 11 种数值运算，因此 Excel 只合并计算源工作表中的数值，含有文本的单元格将作为空白单元格进行处理。

6.6 审核公式

"正确的数据"是 Excel 进行数据计算的基本条件之一。但是，如果工作表中的公式太多，就很难发现潜在的错误，这时可以使用公式审核工具来追踪引用单元格和从属单元格，以便了解某一单元格公式的来龙去脉。如果某单元格因为公式错误而出现错误信息，也可以通过公式审核工具找出公式错误的根源，找出引起错误的单元格。

6.6.1 错误信息

处理错误信息是公式审核的基本功能之一。在使用公式或函数进行计算的过程中，如果使用不正确，Excel 将在相应的单元格中显示一个错误值。例如，在需要数字的公式中使用了文本、删除了被公式引用的单元格等，都将产生错误值。了解这些错误值的含义，将有助于用户发现和修正错误。表 6-1 为 Excel 中常见的 8 种错误值及其产生原因。

表 6-1   常见的 8 种错误值及其产生原因

错 误 值	产 生 原 因
######	列宽不够，或者使用了负的日期或时间
#DIV/0!	数值被 0 除
#N/A	函数或公式中没有可用数值
#NAME?	公式中使用了 Excel 不能识别的名称
#NULL!	指定两个并不相交的区域交叉点
#NUM!	函数或公式中使用了无效数值
#REF!	公式引用了无效的单元格
#VALUE!	使用错误的参数或运算对象类型

6.6.2 追踪单元格

当工作表中使用的公式非常复杂时，往往很难搞清公式与值之间的关联关系。例如，某单元格的公式引用了许多其他单元格，而该单元格又被其他单元格中的公式所引用。利用 Excel 提供的单元格追踪功能，可以有效地解决此类问题。Excel 的审核工具可追踪 2 种单元格，分别为引用单元格和从属单元格。

1．追踪引用单元格

如果在选定的单元格中包含了一个公式或函数，在公式或函数中引用到的其他单元格称为引用单元格。追踪引用单元格的操作步骤如下。

步骤1 选定要审核的单元格。

步骤2　追踪引用单元格。在"公式"选项卡的"公式审核"命令组中，单击"追踪引用单元格"命令。

这时，Excel 将该公式的引用单元格用蓝色箭头线标出。如果想要取消引用单元格追踪箭头线，可以单击"公式审核"命令组中的"移去箭头"命令，或单击"公式审核"命令组中的"移去箭头"右侧的下拉箭头，并从弹出的下拉菜单中选择"移去引用单元格追踪箭头"命令。

2．追踪从属单元格

如果选定了一个单元格，而这个单元格又被一个公式所引用，则被选定的单元格就是包含公式单元格的从属单元格。追踪从属单元格的操作步骤如下。

步骤1　选定要观察的单元格。

6-3　追踪单元格

步骤2　追踪从属单元格。在"公式"选项卡的"公式审核"命令组中，单击"追踪从属单元格"命令。

这时，Excel 在工作表中将引用该单元格的公式所在的单元格用蓝色箭头线标出，表明选定的单元格被蓝色箭头线指向的单元格所引用。同样，如果需要继续观察下一级从属单元格，可以再次执行此命令。如果想要取消从属单元格追踪箭头线，方法同取消引用单元格追踪箭头线的方法。

　　在追踪单元格后，如果对工作表进行了修改操作，如修改某单元格中的公式、插入一行、删除一行等，那么工作表中的追踪箭头线将自动消失。

6.6.3　追踪错误

如果某单元格因为公式错误而出现错误信息，如#VALUE!、#NULL!、#DIV/0！等，可以使用"公式审核"命令组中的"追踪错误"命令来追踪。其操作步骤如下。

步骤1　选定想要追踪错误的单元格。

步骤2　执行追踪错误操作。在"公式"选项卡的"公式审核"命令组中，单击"错误检查"右侧的下拉箭头，并从弹出的下拉菜单中选择"追踪错误"命令。

这时 Excel 用蓝色箭头显示引起错误的单元格，从而可以发现并分析造成错误的原因，以便对其进行修改。

　　如果用户希望清除所有追踪箭头，只需单击"公式审核"命令组上的"移去箭头"命令。

6.6.4　添加监视

在"监视窗口"对话框中添加监视，可以监视指定单元格或单元格区域的公式及内容的变化，即使该单元格已经移出屏幕，仍然可以由监视窗口查看其内容。其具体操作步骤如下。

步骤1　打开"监视窗口"对话框。在"公式"选项卡的"公式审核"命令组中，单击"监视窗口"命令，系统弹出"监视窗口"对话框。

步骤2　添加监视。单击"添加监视"按钮，弹出"添加监视点"对话框，选定要监视的单元格，结果如图 6-2 所示。

步骤3　显示监视单元格的值及公式。单击"添加"按钮，此时可以看到"监视窗口"中显示了所监视单元格的值及公式，如图 6-3 所示。

图 6-2　"添加监视点"对话框　　　　　图 6-3　显示所监视单元格的值及公式

可以单击"公式审核"命令组中的"公式求值"命令，查看公式的计算结果，以确定公式的正确性。查看公式计算结果的操作步骤如下。

步骤1　选定要查看公式计算结果的单元格。

步骤2　打开"公式求值"对话框。单击"公式审核"命令组中的"公式求值"命令，系统弹出"公式求值"对话框，如图 6-4 所示。

图 6-4　"公式求值"对话框

步骤3　分步显示公式计算结果。单击"求值"按钮，"求值"框中将按公式计算的顺序分步显示公式的计算过程，即每单击一次"求值"按钮，将计算一个值。

　如果希望在编辑栏中直接查看公式或公式中部分对象的计算结果，可以使用【F9】键。具体操作方法为：在编辑栏中选定公式中需要显示计算结果的部分，按【F9】键，即可在编辑栏中显示该部分的计算结果。注意，在进行选择时，应选择包含整个运算的对象。

6.7　应用实例——计算和调整工资项

Excel 的功能之一是对工作表中已有数据进行计算处理。在第 2 章和第 3 章应用实例中，已经向"工资管理"工作簿的"工资计算"表和"人员清单"表输入了一些基础数据，但还有些工资项需要通过计算产生，如公积金、各类社保缴费（如医疗险、养老险和失业险）、应发工资、实发工资等。此外，在工资管理中，"基本工资""职务工资"等是变动最多的数据项，有时是对所有员工按相同幅度进行调整，有时是对所有员工按不同幅度进行调整，还有时是对个别员工进行调整。本节将介绍如何使用公式计算相关工资项，以及如何利用选择性粘贴、按位置合并计算和按分类合并计算等方法实现对工资项的调整。

6.7.1　计算公积金

假设住房公积金统一按基本工资和职务工资之和的 12% 计算，则"公积金"的计算公式为：

公积金=（基本工资+职务工资）×0.12

计算"公积金"的基本步骤如下。

步骤1　选定第 1 名员工"公积金"所在的单元格 M2。

步骤2　计算第 1 名员工的公积金。输入"公积金"的计算公式=(C2+D2)*0.12，单击编辑栏的"输入"按钮，计算结果如图 6-5 所示。

	A	B	C	D	E	F	G	H	I	J	K	L	M	N
M2				fx	=(C2+D2)*0.12								
1	序号	姓名	基本工资	职务工资	岗位津贴	工龄补贴	交通补贴	物价补贴	洗理费	书报费	奖金	应发工资	公积金	医疗险
2	A001	黄振华	12005	3652	1200		300	150			3900		1879	
3	A002	尹洪群	8505	2184	1200		300	150			3180			

图 6-5　计算第 1 名员工的公积金结果

公式中用到了该员工的基本工资和职务工资数据，引用方法是在公式中使用相应单元格的地址，这就是相对引用。

由图 6-5 可以看出，M2 单元格中存储的是公式，显示的则是公式的计算结果。

步骤3　计算其他员工的公积金。将 M2 单元格的公式填充到 M3:M64 单元格区域中，计算结果如图 6-6 所示。

M2				fx	=(C2+D2)*0.12									
	A	B	C	D	E	F	G	H	I	J	K	L	M	N
1	序号	姓名	基本工资	职务工资	岗位津贴	工龄补贴	交通补贴	物价补贴	洗理费	书报费	奖金	应发工资	公积金	医疗险
2	A001	黄振华	12005	3652	1200		300	150			3900		1879	
3	A002	尹洪群	8505	2184	1200		300	150			3180		1283	
4	A003	扬灵	7910	2184	1200		300	150			3060		1211	
5	A004	沈宁	4760	2184	1200		300	150			3200		833.3	
6	B001	赵文	4760	2184	1245		300	150			3800		833.3	
7	B002	胡方	8505	2069	1100		300	150			2100		1269	
8	B003	郭新	4760	2069	1100		300	150			2220		819.5	
9	B004	周晓明	4760	2104	1200		300	150			2800		823.7	
10	B005	张淑纺	4200	2104	1200		300	150			2900		756.5	

图 6-6　计算其他员工的公积金结果

Excel 填充到 M3 单元格的公式自动变为"=(C3+D3)*0.12"，填充到 M4 单元格的公式自动变为"=(C4+D4)*0.12"，…，以此类推。这是 Excel 自动填充公式时的重要特征，单元格的相对引用会随着公式填充到单元格位置的变化而自动地相应改变。

6.7.2　计算医疗险、养老险和失业险

假设该公司"医疗险""养老险"和"失业险"分别按基本工资和职务工资之和的 2%、8% 和 0.5% 扣除。公式分别为：

医疗险=（基本工资+职务工资）×0.02

养老险=（基本工资+职务工资）×0.08

失业险=（基本工资+职务工资）×0.005

"医疗险"的计算与"公积金"的计算类似，即先在第 1 名员工"医疗险"所在的单元格 N2 中输入计算公式=(C2+D2)*0.02，然后将该公式填充到 N3:N64 单元格区域中。计算"养老险""失业险"的操作步骤均与此类似，相应的计算请读者自行完成。

6.7.3　计算应纳税所得额

应纳税所得额的计算公式为：

应纳税所得额=应发工资-公积金-医疗险-养老险-失业险-专业附加扣除-5000

计算"应纳税所得额"的操作步骤如下。

步骤 1　选定第 1 名员工"应纳税所得额"所在的单元格 R2。

步骤 2　计算第 1 名员工的应纳税所得额。输入计算公式=L2-M2-N2-O2-P2-Q2-5000，按【Enter】键。

步骤 3　计算其他员工的应纳税所得额。将 R2 单元格的公式填充到 R3:R64 单元格区域。

6.7.4　计算应发工资和实发工资

应发工资和实发工资的计算公式分别为：

应发工资=基本工资+职务工资+岗位津贴+工龄补贴+交通补贴+物价补贴+洗理费+书报费+奖金

实发工资=应发工资-公积金-医疗险-养老险-失业险-所得税

计算应发工资的操作步骤如下。

步骤 1　选定第 1 名员工"应发工资"所在的单元格 L2。

步骤 2　计算第 1 名员工的应发工资。输入"应发工资"的计算公式：=C2+D2+E2+F2+G2+H2+I2+J2+K2，然后按【Enter】键。

步骤 3　计算其他员工的应发工资。将 L2 单元格的公式填充到 L3:L64 单元格区域。

从上述公式可以看出，由于需要汇总的项数较多，公式较长，因此对于这样的计算，使用 SUM 函数求和更为简单和方便。

可将上述公式改为"=SUM(C2:K2)"。SUM 函数的使用方法将在第 7 章中详细介绍。

计算实发工资的操作步骤与此类似，相应的计算请读者自行完成。

计算后的"工资计算"表如图 6-7 所示。

	B	C	D	E	F	G	H	I	J	K	L	M	N	O	P	Q	R	S	T
1	姓名	基本工资	职务工资	岗位津贴	工龄补贴	交通补贴	物价补贴	洗理费	书报费	奖金	应发工资	公积金	医疗险	养老险	失业险	专项附加扣除	应纳税所得额	所得税	实发工资
2	黄振华	12005	3652	1200		300	150			3900	21207	1879	313.1	1253	78.29	666	12018.175		17684.18
3	尹洪群	8505	2184	1200		300	150			3180	15519	1283	213.8	855.1	53.45	1000	7113.975		13113.98
4	扬灵	7910	2184	1200		300	150			3060	14804	1211	201.9	807.5	50.47	546	6986.850		12532.85
5	沈宁	4760	2184	1200		300	150			3200	11794	833.3	138.9	555.5	34.72	1000	4231.600		10231.60
6	赵文	4760	2184	1245		300	150			3800	12439	833.3	138.9	555.5	34.72	456	5420.600		10876.60
7	胡方	8505	2069	1100		300	150			2100	14224	1269	211.5	845.9	52.87	668	6176.850		11844.85
8	郭新	4760	2069	1100		300	150			2220	10599	819.5	136.6	546.3	34.15	1000	3062.475		9062.48
9	周晓明	4760	2104	1200		300	150			2800	11314	823.7	137.3	549.1	34.32	546	4223.600		9769.60
10	张淑纺	4200	2104	1200		300	150			2900	10854	756.5	126.1	504.3	31.52	1000	3435.600		9435.60
11	李忠旗	10080	2104	1200		300	150			2800	16634	1462	243.7	974.7	60.92	456	8436.600		13892.60
12	焦戈	8505	2184	1245		300	150			3800	16184	1283	213.8	855.1	53.45	668	8110.975		13778.98
13	张进明	4200	2184	1245		300	150			3700	11779	766.1	127.7	510.7	31.92	669	4673.600		10342.60

图 6-7　计算后的"工资计算"表

6.7.5　按相同幅度调整基本工资

假设将所有员工的基本工资上调 180 元，可使用选择性粘贴实现。具体操作步骤如下。

步骤 1　将"180"复制到剪贴板中。选定一个无数据的单元格，输入 180；然后选定该单元格；按【Ctrl】+【C】组合键，或者单击"开始"选项卡"剪贴板"命令组中的"复制"命令。

步骤 2　将剪贴板中的"180"累加到"基本工资"列中。选定"工资计算"工作表的 C2:C64 单元格区域，用鼠标右键单击选定的区域，选择快捷菜单中的"选择性粘贴"命令。在弹出的"选择性粘贴"对话框中，选择"运算"区域中的"加"单选按钮，设置后的"选择性粘贴"对话框如图 6-8 所示，单击"确定"按钮。

Excel 会自动将剪贴板中存储的"180"累加到选定
的单元格中。

6.7.6　按不同幅度调整职务工资

更多的情况是按照不同幅度调整工资。例如，高级
职称上调 200 元、中级职称上调 100 元、初级职称上调
50 元。这时可以根据特定要求或标准，先创建员工的"普
调工资"表和"原始工资"表。"普调工资"表中存放需
要调整的工资数据，"原始工资"表中存放"工资计算"
表中的数据。然后将"普调工资"表与"原始工资"表
作为源工作表，将"工资计算"表作为目标工作表，进
行合并计算。合并计算的具体操作步骤如下。

图 6-8　设置后的"选择性粘贴"对话框

步骤 1　建立"原始工资"表。用鼠标右键单击"工资计算"工作表标签，在弹出的下拉
菜单中选择"移动或复制"命令，弹出"移动或复制工作表"对话框；在"下列选定工作表
之前"列表框中选定"工资计算"；勾选"建立副本"复选框；单击"确定"按钮。将新建工
作表名称改为"原始工资"。

步骤 2　建立"普调工资"表。将"工资计算"工作表复制一份；将复制后的工作表
重命名为"普调工资"；将原来的"职务工资"列标题改为"调整工资"，并根据调整标准输
入调整工资额。建立好的"普调工资"表如图 6-9 所示。

	A	B	C	D	E	F	G	H	I	J	K	L	M	N	O	P	Q	R	S	T
1	序号	姓名	基本工资	调整工资	岗位津贴	工龄补贴	交通补贴	物价补贴	洗理费	书报费	奖金	应发工资	公积金	医疗险	养老险	失业险	专项附加扣除	应纳税所得额	所得税	实发工资
2	A001	黄振华	12185.00	200	1200		300	150			3900	17935	1486	247.7	990.8	61.93	666	9482.38		15148.38
3	A002	尹洪群	8685.00	200	1200		300	150			3180	13715	1066	177.7	710.8	44.43	1000	5715.88		11715.88
4	A003	扬灵	8090.00	100	1200		300	150			3060	12900	982.8	163.8	655.2	40.95	546	5511.25		11057.25
5	A004	沈宁	4940.00	100	1200		300	150			3200	9890	604.8	100.8	403.2	25.20	1000	2756.00		8756.00
6	B001	赵方	4940.00	100	1245		300	150			3800	10535	604.8	100.8	403.2	25.20	456	3945.00		9401.00
7	B002	胡万	8685.00	200	1100		300	150			2100	12535	1066	177.7	710.8	44.43	668	4867.88		10535.88
8	B003	郭新	4940.00	100	1200		300	150			2220	8810	604.8	100.8	403.2	25.20	1000	1676.00		7676.00
9	B004	周晓明	4940.00	100	1200		300	150			2800	9490	604.8	100.8	403.2	25.20	546	2810.00		8356.00
10	B005	张淑纺	4380.00	50	1200		300	150			2900	8980	531.6	88.6	354.4	22.15	1000	1983.25		7983.25

图 6-9　"普调工资"表

由于"原始工资""普调工资"和"工资计算"3 张工作表的格式完全一致，因此可以应
用 Excel 的按位置合并工作表功能进行合并计算。

步骤 3　选定存放合并计算结果的单元格区域。这里选定"工资计算"工作表的 D2:D64
单元格区域。

步骤 4　打开"合并计算"对话框。在"数据"选项卡的"数据工具"命令组中，单击
"合并计算"命令，系统将弹出"合并计算"对话框。

步骤 5　设置合并计算选项。单击"引用位置"框中的"折叠"按钮，选择"原始工资"
工作表中的 D2:D64 单元格区域，单击"还原"按钮，回到"合并计算"对话框，单击"添
加"按钮；再次单击"引用位置"框中的"折叠"按钮，选择"普调工资"工作表的 D2:D64
单元格区域，单击"还原"按钮，单击"添加"按钮。设置完合并计算选项的对话框如
图 6-10 所示，单击"确定"按钮。

注意

在第二次或以后选定新的引用位置时，只需要选定要合并的工作表，Excel
会自动选定与上一次引用位置相同的单元格区域。

完成工资普调计算后的"工资计算"表如图 6-11 所示。

从图 6-11 中可以看出，完成了基本工资和职务工资的调整后，使用这两个工资项计算得到的其他工资项（如公积金、应发工资、实发工资等）均进行了相应变动。

图 6-10　设置完合并计算选项的对话框

	A	B	C	D	E	F	G	H	I	J	K	L	M	N	O	P	Q	R	S	T
1	序号	姓名	基本工资	职务工资	岗位津贴	工龄补贴	交通补贴	物价补贴	洗理费	书报费	奖金	应发工资	公积金	医疗险	养老险	失业险	专项附加扣除	应纳税所得额	所得税	实发工资
2	A001	黄振华	12185.00	3852	1200		300	150			3900	21587	1924	320.7	1283	80.19	666	12312.68		17978.68
3	A002	尹洪群	8685.00	2384	1200		300	150			3180	15899	1328	221.4	885.5	55.35	1000	7408.48		13408.48
4	A003	扬灵	8090.00	2284	1200		300	150			3060	15084	1245	207.5	829.9	51.87	546	7203.85		12749.85
5	A004	沈宁	4940.00	2284	1200		300	150			3200	12074	866.9	144.5	577.9	36.12	1000	4448.60		10448.60
6	B001	赵文	4940.00	2284	1245		300	150			3800	12719	866.9	144.5	577.9	36.12	456	5637.60		11093.60
7	B002	胡方	8685.00	2269	1100		300	150			2100	14604	1314	219.1	876.3	54.77	668	6471.35		12139.35
8	B003	郭新	4940.00	2169	1100		300	150			2220	10879	853.1	142.2	568.7	35.55	1000	3279.48		9279.48
9	B004	周晓明	4940.00	2204	1200		300	150			2800	11594	857.3	142.9	571.5	35.72	546	4440.60		9986.60
10	B005	张淑纺	4380.00	2154	1200		300	150			2900	11084	784.1	130.7	522.7	32.67	1000	3613.85		9613.85

图 6-11　完成普调计算后的"工资计算"表

6.7.7　调整个别岗位津贴

还有的时候需要对部分员工的工资项进行调整。例如，要调整 10 名员工的岗位津贴，具体调整信息如图 6-12 所示。此时工作表内只包含需要调整的 10 名员工的信息。由于"工资计算"表和图 6-12 所示的工作表行数不一样，因此应按分类进行合并计算。

	A	B	C	D	E	F	G	H	I	J	K	L	M	N	O	P	Q	R	S	T
1	序号	姓名	基本工资	职务工资	岗位津贴调整	工龄补贴	交通补贴	物价补贴	洗理费	书报费	奖金	应发工资	公积金	医疗险	养老险	失业险	专项附加扣除	应纳税所得额	所得税	实发工资
2	A002	尹洪群	8685.00	2384	200		300	150			3180	14899	1328	221.4	885.5	55.35	1000	6408.48		12408.48
3	B004	周晓明	4940.00	2204	50		300	150			2800	10444	857.3	142.9	571.5	35.72	546	3290.60		8836.60
4	C001	李忠旗	10260.00	2304	100		300	150			2800	15914	1508	251.3	1005	62.82	456	7631.10		13087.10
5	C002	焦戈	8685.00	2384	100		300	150			3800	15419	1328	221.4	885.5	55.35	668	7260.48		12928.48
6	D004	周金馨	4940.00	2284	50		300	150			3340	11064	866.9	144.5	577.9	36.12	666	3772.60		9438.60
7	E005	张乐	4940.00	2169	50		300	150			2100	9709	853.1	142.2	568.7	35.55	546	2563.48		8109.48
8	F001	张涛	4940.00	2204	50		300	150			2920	10564	857.3	142.9	571.5	35.72	668	3288.60		8956.60
9	F007	柳海为	4940.00	2204	50		300	150			2560	10204	857.3	142.9	571.5	35.72	668	2928.60		8596.60
10	F008	盛代国	4940.00	2204	100		300	150			2680	10324	857.3	142.9	571.5	35.72	666	3050.60		8716.60
11	G010	黄和中	8685.00	2384	100		300	150			3300	14919	1328	221.4	885.5	55.35	1000	6428.48		12428.48

图 6-12　存放调整信息的"个调工资"表

按分类合并计算方法与按位置合并计算方法不同的是，在选定目标区域时需要同时将分类合并依据所在的单元格区域选定。在此实例中，假设"原始工资"工作表和存放调整信息的"个调工资"工作表已经分别建好。由于"工资计算"工作表中的"序号"列与"岗位津贴"列不相邻，则应选定的目标区域是 A2:E64，这样合并计算时，Excel 将对指定单元格区域中所有包含数值的单元格进行合并计算，并忽略其他单元格。因此若使用该方法进行合并计算，计算结果最好不要直接放在"工资计算"工作表中。可以将已经建立的"原始工资"工作表作为目标工作表，将"工资计算"工作表和"个调工资"工作表作为源工作表。待计算完成后，再将"原始工资"工作表中计算得到的数据复制到"工资计算"工作表中。

调整部分员工岗位津贴的具体操作步骤如下。

步骤 1　选定目标区域。这里选定"原始工资"工作表中 A2:E64 单元格区域。

步骤 2　打开"合并计算"对话框。在"数据"选项卡的"数据工具"命令组中，单击"合并计算"命令，系统将弹出"合并计算"对话框。

步骤 3　设置合并计算选项。单击"引用位置"框中的"折叠"按钮，选择"工资计算"工作表的 A2:E64 单元格区域，单击"添加"按钮；再选择"个调工资"工作表的 A2:E11 单元格区域，单击"添加"按钮；勾选"标签位置"中的"最左列"复选框。设置完合并计算选项的对话框如图 6-13 所示，单击"确定"按钮。

图 6-13　设置完合并计算选项的对话框

这时 Excel 将对指定单元格区域中所有包含数值的单元格进行合并计算，并忽略其他单元格。

步骤 4　复制数据。选定"原始工资"工作表的 E2:E64 单元格区域，按【Ctrl】+【C】组合键；再选择"工资计算"工作表的 E2 单元格，按【Ctrl】+【V】组合键。最终合并结果如图 6-14 所示。

序号	姓名	基本工资	职务工资	岗位津贴	工龄补贴		交通补贴	物价补贴	洗理费		书报费	奖金	应发工资	公积金	医疗险	养老险	失业险		专项附加扣除	应纳税所得额	所得税		实发工资
A001	黄振华	12185.00	3852	1200			300	150				3900	21587	1924	320.7	1283	80.19		666	12312.68			17978.68
A002	尹洪群	8685.00	2384	1400			300	150				3180	16099	1328	221.4	885.5	55.35		1000	7608.48			13608.48
A003	扬灵	8090.00	2284	1200			300	150				3060	15084	1245	207.5	829.9	51.87		546	7203.85			12749.85
A004	沈宁	4940.00	2284	1200			300	150				3200	12074	866.9	144.5	677.9	36.12		1000	4448.60			10448.60
B001	赵文	4940.00	2284	1245			300	150				3800	12719	866.9	144.5	677.9	36.12		456	5637.60			11093.60
B002	胡方	8685.00	2269	1100			300	150				2100	14604	1314	219.1	876.3	54.77		668	6471.35			12139.35
B003	郭新	4940.00	2169	1100			300	150				2220	10879	853.1	142.2	568.7	35.55		1000	3279.48			9279.48
B004	周晓明	4940.00	2204	1250			300	150				2800	11644	857.3	142.9	571.5	35.72		546	4490.60			10036.60
B005	张淑纺	4380.00	2154	1200			300	150				2900	11084	784.1	130.7	522.7	32.67		1000	3613.85			9613.85

图 6-14　最终合并结果

完成"工资计算"表的调整后，还应将"基本工资"列的数据复制到"人员清单"表的相应数据列中，以确保数据的一致性。

6.8　应用实例——计算销售业绩奖金

销售管理是企业信息管理系统的重要组成部分，销售管理的主要特点是需要及时对销售情况进行统计分析。例如，了解每名业务员的销售业绩，以便进行绩效考核。本节将应用 Excel 公式，对某公司业务员销售业绩的部分信息进行统计。

6.8.1　销售信息简介

假设该公司有业务员 35 名，有关 2020 年销售信息、2021 年 1 月业绩奖金信息和奖金标准信息分别存放在名为"销售管理.xlsx"工作簿文件的"销售情况表""1 月业绩奖金表"和"奖金标准" 3 张工作表中。其中，该公司 2020 年"销售情况表"的部分数据和 2021 年"1 月业绩奖金表"的部分数据，分别如图 6-15、图 6-16 所示。

▲	A	B	C	D	E	F	G	H	I
1	订单序号	业务员	日期	产品代号	产品品牌	订货单位	单价	数量	销售额
2	1	张涛	2020/01/02	SG70A3	三工牌	白云出版社	¥ 230	400	¥ 92,000
3	2	王利华	2020/01/05	SY70B4	三一牌	天缘商场	¥ 190	400	¥ 76,000
4	3	王利华	2020/01/05	XL70B5	雪莲牌	期望公司	¥ 189	1500	¥ 283,500
5	4	苑平	2020/01/07	JD70A4	金达牌	白云出版社	¥ 225	2200	¥ 495,000
6	5	靳晋复	2020/01/10	XL80B5	雪莲牌	星光出版社	¥ 190	3500	¥ 665,000
7	6	郝海为	2020/01/12	JD70A4	金达牌	期望公司	¥ 225	400	¥ 90,000
8	7	李燕	2020/01/12	XL70A3	雪莲牌	海天公司	¥ 230	500	¥ 115,000
9	8	沈核	2020/01/14	JD70B4	金达牌	蓓蕾商场	¥ 190	500	¥ 95,000
10	9	王利华	2020/01/14	JN70B5	佳能牌	天缘商场	¥ 185	780	¥ 144,300
11	10	沈核	2020/01/16	JD70B5	金达牌	天缘商场	¥ 175	400	¥ 70,000

图 6-15　2020 年 "销售情况表" 的部分数据

▲	A	B	C	D	E	F	G	H
1				1月业务员业绩奖金表				
2	序号	姓名	累计销售业绩	奖金百分比	本月销售业绩	奖励奖金	总奖金	累计销售额
3	F001	张涛	13330	25%	61617	1000	16404.25	76660
4	F002	沈核	43010	5%	15050	1000	1752.5	50515
5	F003	王利华	10580	20%	34320	0	6864	44012
6	F004	靳晋复	45000	10%	23432	1000	3343.2	68432
7	F005	苑平	14590	5%	14330	0	716.5	17933
8	F006	李燕	37000	5%	11111	0	555.55	38111
9	F007	郝海为	28100	10%	23210	1000	3321	30421
10	F008	盛代国	49920	5%	12332	1000	1616.6	62252
11	F009	宋维昆	32901	5%	13322	0	666.1	36223
12	F010	谭文广	29900	10%	22222	1000	3222.2	25212

图 6-16　2021 年 "1 月业绩奖金表" 的部分数据

2 月业务员业绩奖金表的工作表名为 "2 月业绩奖金表"，其结构与 "1 月业绩奖金表" 相同，目前只有 "序号" 和 "姓名" 两列数据。下面将根据 "1 月业绩奖金表" 和 "销售情况表" 2 张工作表，使用简单公式计算 "2 月业绩奖金表" 中的 "总奖金" 和 "累计销售额"。需要说明的是，"2 月业绩奖金表" 中只有总奖金和累计销售额 2 项数据可以通过简单公式计算获得。因此本节只介绍这 2 项数据的计算方法和操作步骤。

6.8.2　计算总奖金

总奖金计算公式为：

$$总奖金=本月销售业绩×奖金百分比+奖励奖金$$

计算所有业务员 "总奖金" 的操作步骤如下。

步骤1　选定第 1 名业务员的 "总奖金" 单元格 G3。

步骤2　输入计算公式。在 G3 单元格中输入计算公式=E3*D3+F3。

步骤3　执行计算操作。单击 "编辑栏" 上的 "输入" 按钮，计算结果填入 G3 单元格中。

步骤4　计算所有业务员的总奖金。将鼠标指向 G3 单元格右下角的填充柄，当鼠标指针变为十字形状时，双击鼠标左键，将 G3 单元格的公式填充到 G4:G37 单元格区域中。

6.8.3　计算累计销售额

累计销售额是到目前为止业务员销售业绩的总和，反映了业务员的总销售业绩，该指标可以帮助管理者了解每名业务员的销售成绩和销售能力。累计销售额的计算公式是：

$$累计销售额=上月累计销售额+本月销售业绩$$

计算第 1 名业务员 "累计销售额" 的公式为：='1 月业绩奖金表'!H3+E3

计算每名业务员 "累计销售额" 的操作步骤如下。

步骤1　选定第 1 名业务员的 "累计销售额" 单元格 H3。

步骤2　输入计算公式。在 H3 单元格中输入计算公式='1 月业绩奖金表'!H3+E3。

步骤3　执行计算操作。单击 "编辑栏" 上的 "输入" 按钮，计算结果填入 H3 单元格中。

步骤4　计算所有业务员的累计销售额。将 H3 单元格的公式填充到 H4:H37 单元格区域中。

总奖金和累计销售额的计算结果如图 6-17 所示。

图 6-17 总奖金和累计销售额的计算结果

由于"2月业绩奖金表"中其他数据项计算方法比较复杂，无法通过简单的公式完成计算，因此此处并未计算这些数据。计算的总奖金和累计销售额也不是最终结果，当其他数据通过计算产生后，这两项数据也会发生相应改变。其他数据的计算操作将在后续章节中继续完成。

习 题

一、选择题

1．在 Excel 中，公式的第 1 个符号应为（　　）。
   A．#　　　　　　　　B．}　　　　　　　　C．=　　　　　　　　D．&

2．在 Excel 中，若将 B2 单元格的公式"=A1+A2-C1"复制到 C3 单元格，则 C3 单元格的公式为（　　）。
   A．=A1+A2-C1　　　B．=B2+B3-D2　　　C．=D1+D2-F1　　　D．=D1+D2-F3

3．在 Excel 中，绝对引用表 Sheet2 中 A2:C5 单元格区域的公式为（　　）。
   A．=Sheet2!A2:C5　　　　　　　　B．=Sheet2!$A2:$C5
   C．=Sheet2!$A$2:$C$5　　　　　　D．=Sheet2!$A2:C5

4．在 Excel 中，如果某单元格中的公式引用了另一个单元格的相对地址，则（　　）。
   A．当复制和填充公式时，公式中的单元格地址会随之改变
   B．当复制和填充公式时，公式中的单元格地址不随之改变
   C．仅当填充公式时，公式中的单元格地址会随之改变
   D．仅当复制公式时，公式中的单元格地址会随之改变

5．在 F4 单元格中输入公式=D4+E4，如果在 E4 单元格中输入 YES，则 F4 单元格显示的内容为（　　）。
   A．#NUM!　　　　　　B．#VALUE!　　　　　C．#N/A　　　　　　D．#REF!

6．将相对引用地址改为绝对引用地址的功能键是（　　）。
   A．F3　　　　　　　　B．F4　　　　　　　　C．F8　　　　　　　　D．F9

7．在 Excel 中，当来源区域和目标区域在同一工作表时，（　　）。
   A．无法建立与源数据的链接
   B．可以建立与源数据的链接
   C．设置"标签位置"后可以建立与源数据的链接
   D．设置"引用位置"后可以建立与源数据的链接

8．按分类合并计算的关键步骤是需要设置（　　）。
   A．引用位置　　　　　　　　　B．合并计算所需要的函数
   C．标签位置　　　　　　　　　D．创建指向源数据的链接

9. 在 Excel 中，对多张工作表进行合并计算时，为了使合并结果与源数据自动保持一致，应在"合并计算"对话框中，（　　　）。

　　A．设置"引用位置"为来源区域

　　B．设置"标签位置"为"最左列"

　　C．勾选"与源数据自动保持一致"复选框

　　D．勾选"创建指向源数据的链接"复选框

10. 如果选定了一个单元格，而这个单元格又被一个公式所引用，则被选定的单元格是包含公式单元格的（　　　）。

　　A．从属单元格　　　B．引用单元格　　　C．计算单元格　　　D．数据单元格

二、填空题

1. 在 Excel 中，如果希望含有公式的单元格显示公式，可以单击"公式"选项卡_____命令组中的"显示公式"命令。

2. 使用文本运算符"&"连接文本型数据时，不能省略数据两侧的_____。

3. 在 Excel 中，如果某个公式引用了 B3 单元格，并且希望将该公式复制到其他任意单元格时引用不变，则应将该单元格的引用地址写为_____。

4. 在合并计算中，存放合并计算结果的区域称为_____。

5. 按分类合并计算工作表时，在选择要合并的目标区域的同时，还应选择_____所在的单元格区域。

三、问答题

1. 单元格引用有哪些？各有什么特点？

2. 在公式中如何引用其他工作簿中的单元格？

3. 按位置合并计算与按分类合并计算有什么不同？

4. 追踪引用单元格和从属单元格的目的是什么？

5. 当单元格出现错误值时，如何判断错误产生的原因？

实　训

1. 对第 2 章实训中所建"工资"表的相关工资项，按照以下规则完成计算。

（1）加班工资：加班小时工资为 50 元，加班工资=加班小时工资*加班工时。

（2）应发工资：基本工资、岗位津贴、行政工资、交通补助和加班工资等几项求和。

（3）社保缴费："养老保险"个人支付额为"基本工资"的 8%，"医疗保险"个人支付额为"基本工资"的 2%，"失业保险"个人支付额为"基本工资"的 1%，"公积金"个人支付额为"基本工资"的 10%。

（4）应纳税所得额：应纳税所得额=应发工资-养老保险-医疗保险-失业保险-公积金-3000。

（5）实发工资：实发工资=应发工资-养老保险-医疗保险-失业保险-公积金-代扣个税。

2. 对已建"工资"表中的部分工资项，按照以下要求完成调整。

（1）将所有员工的"交通补贴"向上调整 100 元。

（2）将所有员工的"基本工资"向上调整，调整标准为：董事长和总经理 500 元、主任 350 元、其他员工 200 元。

（3）将部分员工的"行政工资"向上调整，调整人员及调整金额如图 6-18 所示。

	A	B	C	D	E	F	G
1	工号	姓名	部门	岗位	基本工资	岗位津贴	调整金额
2	0004	梁勇	办公室	职员	1800		100
3	0010	王成祥	市场部	业务主管	1800		120
4	0011	何家强	市场部	业务员	2000		100
5	0019	梁鸿	销售部	销售员	1800		100
6	0020	刘尚武	销售部	销售员	1800		100

图 6-18　调整人员及调整金额

第 **7** 章　**应用函数计算数据**

内容提要

本章主要介绍函数的概念和应用，包括函数的结构及分类、函数的输入方法、常用函数的应用等。重点是通过计算"工资管理"工作簿中的各项工资数据和核定"销售管理"工作簿中业务员的销售业绩，掌握应用 Excel 函数完成各种计算的方法。函数应用是 Excel 实现数据处理最灵活也是最重要的方面，它可以实现比较复杂的数据计算，是学习 Excel 过程中的难点。

主要知识点

- 函数的结构和分类
- 函数的输入与编辑
- 数学函数和统计函数
- 日期与时间函数
- 逻辑函数
- 文本函数
- 查找与引用函数
- 财务函数

在 Excel 中，除了可以使用运算符连接常量、单元格地址和名称的简单公式来进行数据计算，还可以使用函数。Excel 提供了多种函数，使用这些函数可以大大简化公式，并能实现更为复杂的数据计算。

7.1　认识函数

公式是对工作表中数据进行计算和操作的等式，函数则是一些预先编写的、按特定顺序或结构执行计算的特殊公式。Excel 函数是由 Excel 内部预先定义并按照特定顺序和结构来执行计算、分析等数据处理任务的功能模块，也被称为"特殊公式"。与公式一样，函数的最终返回结果也是值。

7.1.1　函数的结构

每个函数都有相同的结构形式，其格式为：函数名(参数 1,参数 2,…)，如 IF(D2>0,30,50)。其中，函数名即函数的名称，每个函数名唯一标识一个函数；参数是函数的输入值，用来计算所需的数据。参数可以是数字、文本、表达式、单元格引用、区域名称、逻辑值，或者是其他函数。有些函数不带参数，如 NOW()函数、TODAY()函数等。

当函数的参数也是函数时，称为函数的嵌套，如 IF(D2>0,30,SUM(A1:C10))。其中，IF 和 SUM 都是函数名，IF 函数有 3 个参数，第 1 个参数 D2>0 是关系表达式，第 2 个参数 30 是一个数值常量，第 3 个参数 SUM(A1:C10)是作为参数形式出现的嵌套函数。该函数公式表示：当 D2 大于 0 时，函数值为 30，否则函数值为对 A1:C10 单元格区域求和的值。

7.1.2 函数的种类

根据应用领域的不同，Excel 函数分为财务函数、日期与时间函数、数学与三角函数、统计函数、查找与引用函数、数据库函数、文本函数、逻辑函数、信息函数、工程函数等。

财务函数主要用于进行一般的财务计算，如确定贷款的支付额、投资的未来值或净现值，以及债券的价值等。日期与时间函数主要用于分析和处理公式中的日期值或时间值。数学与三角函数主要用于进行简单或复杂的数学计算。统计函数主要用于对单元格区域进行统计分析。查找与引用函数主要用于在工作表中查找特定的数据，或者特定的单元格引用。数据库函数主要用于数据清单的统计计算。文本函数主要用于进行字符串截取、复制、查找替换等处理。逻辑函数主要用于进行真假值的判断，或者进行复合检验。信息函数主要用于返回单元格区域的格式、保存路径及系统有关信息。工程函数主要用于复数和积分处理、进制转换、度量衡转换等计算。

7.2 输入函数

函数作为公式来使用，输入时应以等号"="开始，后面是函数。输入函数有 3 种方法：使用"插入函数"对话框输入、使用"自动求和"按钮输入和手工直接输入。若在公式中使用了函数，而且函数中的某个参数又是一个函数，则可以使用函数的输入方法进行函数的嵌套输入。

7.2.1 使用"插入函数"对话框输入

对于比较复杂的函数或者参数较多的函数，可以使用"插入函数"对话框输入。其具体操作步骤如下。

7-1 使用"插入函数"对话框输入

步骤1 选定存放函数公式的单元格。

步骤2 打开"插入函数"对话框。单击编辑栏上的"插入函数"按钮 f_x ，或单击"公式"选项卡"函数库"命令组中的"插入函数"命令，或按【Shift】+【F3】组合键。系统弹出"插入函数"对话框。

步骤3 选择函数。在"或选择类别"下拉列表框中选择函数的类别，在"选择函数"列表框中选择所需函数。然后单击"确定"按钮，弹出"函数参数"对话框。

步骤4 输入函数参数。输入函数所需的各项参数，每个参数框右侧会显示出该参数的当前值。对话框的下方有关于所选函数的一些描述性文字，以及对当前参数的相关说明，如图 7-1 所示。

步骤5 结束输入。单击"确定"按钮完成输入。

7.2.2 使用"自动求和"按钮输入

为了方便用户使用，Excel 在"开始"选项卡的"编辑"命令组中设置了一个"自动求和"按钮 ，单击该按钮可以自动添加求和函数；单击该按钮右侧的下拉箭头，会出现一个下拉菜单，其中包含求和、平均值、计数、最大值、最小值和其他函数，如图 7-2 所示。

图 7-1 输入函数参数　　　　图 7-2 "自动求和"下拉菜单

　　单击前 5 个选项中的任意一个，Excel 会非常智能地识别出待统计的单元格区域，并将单元格区域地址自动加到函数的参数中，方便了用户输入。单击"其他函数"选项，Excel 将打开"插入函数"对话框，用户可以在其中选择函数，并设置相关参数。

7.2.3 手工直接输入

　　如果熟练地掌握了函数的格式，可以在单元格中手工直接输入函数。当依次输入了等号、函数名和左括号（如输入=if()后，系统会自动出现当前函数语法结构的提示信息，如图 7-3 所示。

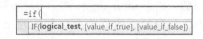

图 7-3 当前函数语法结构的提示信息

　　如果希望进一步了解函数信息，按【Shift】+【F3】组合键，可以打开"插入函数"对话框。

7.2.4 函数的嵌套输入

　　当处理的问题比较复杂时，计算数据的公式往往需要使用函数嵌套。例如，函数公式：=IF(D2>0,30,SUM(A1:C10))。输入该函数公式的操作步骤如下。

7-2 函数的嵌套输入

步骤1 选定存放函数公式的单元格。

步骤2 打开"插入函数"对话框。单击编辑栏上的"插入函数"按钮，弹出"插入函数"对话框。

步骤3 选择函数。在"或选择类别"下拉列表框中选择"逻辑"；在"选择函数"列表框中选择"IF"函数。然后单击"确定"按钮，弹出"函数参数"对话框。

步骤4 输入函数参数。在第 1 个参数框中输入 D2>0；在第 2 个参数框中输入 30；单击第 3 个参数框，单击名称框右侧下拉箭头，从弹出的下拉列表中选择"SUM"，如图 7-4 所示。此时弹出所选函数的"函数参数"对话框，在第 1 个参数框中输入 A1:C10，如图 7-5 所示。

图 7-4 选定 SUM 函数　　　　图 7-5 在第 1 个参数框中输入参数

步骤5 结束输入。单击"确定"按钮完成输入。

7.3 常用函数

Excel 提供了丰富的函数，可以完成绝大多数日常工作中的数据处理工作。但因篇幅所限，本节只介绍数学函数、统计函数、日期与时间函数、逻辑函数、文本函数、查找与引用函数、财务函数中一些常用的函数。

7.3.1 数学函数

Excel 提供了很多数学函数，下面简单介绍其中几种常用的数学函数。

1．ROUND 函数

语法格式：ROUND(number,num_digits)

函数功能：按指定位数对数值进行四舍五入。

参数说明：参数 number 为要进行四舍五入的数值，参数 num_digits 为指定四舍五入的位数。如果 num_digits 大于 0，则四舍五入到指定的小数位；如果 num_digits 等于 0，则四舍五入到最接近的整数；如果 num_digits 小于 0，则在小数点左侧进行四舍五入。

应用示例：假设 A1=119.576，分别对 A1 保留 2 位小数、保留整数、保留到百位数。

计算公式：ROUND(A1,2)、ROUND(A1,0)、ROUND(A1,-2)

计算结果：119.58、120、100

2．SUM 函数

语法格式：SUM(number1,number2,…)

函数功能：计算单元格区域中所有数值的和。

参数说明：SUM 函数最多允许包含 255 个参数。参数可以是数字、包含数字的名称、含有数值型数据的单元格及含有数值型数据的单元格区域。如果参数为文本、空格或逻辑值，则这些值将被忽略；如果参数为错误值或不能转换成数字的文本，则会出现错误。

应用示例：图 7-6 所示的表格为学生考试成绩表。计算郑南同学 3 门课程的考试总成绩。

计算公式：=SUM(E3:G3)

	A	B	C	D	E	F	G	H	I	J	K	L
1											学生人数：	
2	学号	姓名	性别	出生日期	计算机基础	高等数学	英语	总成绩	平均成绩	名次	交费	检查标志
3	202007010108	郑南	女	2003/10/17	91	90	89					
4	202007010107	邓加	男	2003/7/17	90	93	88					
5	202007010104	朱凯	女	2002/5/10	87	64	85					
6		王麟	男	2003/3/12	54	45	58					
7	202007010106		女	2003/8/1	73	72	99					
8		陈小东	男	2003/11/3	60	83	76					
9	202007010102	沈云	女	2003/12/1	83	85	90					
10	202007010101	张红	女	2003/2/1	96	95	88					
11		最高分										
12		最低分										
13		70分以下人数										
14		女生总成绩										

图 7-6 学生考试成绩表

将计算公式输入到 H3 单元格中，其中 E3:G3 为需要求和的单元格区域地址。如果要计算所有学生的总成绩，只需要将 H3 单元格中的计算公式填充到 H4:H10 单元格区域即可。所有学生总成绩的计算结果如图 7-7 所示。

	A	B	C	D	E	F	G	H	I	J	K	L
1									学生人数：			
2	学号	姓名	性别	出生日期	计算机基础	高等数学	英语	总成绩	平均成绩	名次	交费	检查标志
3	202007010108	郑南	女	2003/10/17	91	90	89	270				
4	202007010107	邓加	男	2003/7/17	90	93	88	271				
5	202007010104	朱凯	女	2002/5/10	87	64	85	236				
6		王鹏	男	2003/3/12	54	45	58	157				
7	202007010106		女	2003/8/1	73	72	99	244				
8		陈小东	男	2003/11/3	60	83	76	219				
9	202007010102	沈云	女	2003/12/1	83	85	90	258				
10	202007010101	张红	女	2003/2/1	96	95	88	279				
11		最高分										
12		最低分										
13		70分以下人数										
14		女生总成绩										

图 7-7　所有学生总成绩的计算结果

3．SUMIF 函数

语法格式：SUMIF(range,criteria,sum_range)

函数功能：对满足给定条件的单元格或单元格区域求和。

参数说明：参数 range 为用于条件判断的单元格区域；参数 criteria 为确定哪些单元格将被相加求和的条件，其形式可以为数字、表达式或文本；参数 sum_range 为需要求和的实际单元格。只有当 range 中的相应单元格满足条件时，才对 sum_range 中对应的单元格求和。如果省略 sum_range，则直接对 range 中的单元格求和。

示例：计算图 7-7 所示表格中"计算机基础"课程女生的考试总成绩。

计算公式：=SUMIF(C3:C10,"女",E3:E10)

将计算公式输入到 E14 单元格中，其中，C3:C10 为用于条件判断的单元格区域，"女"为条件，E3:E10 为需要求和的单元格区域。如果需要计算每门课程女生的总成绩，应将 E14 单元格中的计算公式改为：=SUMIF（$C$3:$C$10,"女",E3:E10）。原因是计算其他课程的女生总成绩时，条件判断的单元格区域仍然为"性别"列，因此在向 F14 和 G14 单元格填充公式时，第一个参数单元格区域不能有任何变化。所有女生总成绩的计算结果如图 7-8 所示。

	A	B	C	D	E	F	G	H	I	J	K	L
1									学生人数：			
2	学号	姓名	性别	出生日期	计算机基础	高等数学	英语	总成绩	平均成绩	名次	交费	检查标志
3	202007010108	郑南	女	2003/10/17	91	90	89	270				
4	202007010107	邓加	男	2003/7/17	90	93	88	271				
5	202007010104	朱凯	女	2002/5/10	87	64	85	236				
6		王鹏	男	2003/3/12	54	45	58	157				
7	202007010106		女	2003/8/1	73	72	99	244				
8		陈小东	男	2003/11/3	60	83	76	219				
9	202007010102	沈云	女	2003/12/1	83	85	90	258				
10	202007010101	张红	女	2003/2/1	96	95	88	279				
11		最高分										
12		最低分										
13		70分以下人数										
14		女生总成绩			430	406	451					
15												

图 7-8　所有女生总成绩的计算结果

7.3.2　统计函数

Excel 提供了很多统计函数，有些可以统计选定单元格区域数据个数，有些可以确定数字在某组数字中的排位，还有些可以根据条件进行相关统计，这些函数在实际应用中都非常有用。下面简单介绍几种常用的统计函数。

1．AVERAGE 函数

语法格式：AVERAGE(number1,number2,...)

函数功能：计算单元格区域中所有数值的平均值。

参数说明：AVERAGE 函数最多允许包含 255 个参数。参数可以是数字、包含数字的名称、含有数值型数据的单元格及含有数值型数据的单元格区域。如果参数为文本、空格或逻辑值，则这些值将被忽略；如果参数为错误值或不能转换成数字的文本，则将会出现错误。

应用示例：计算图 7-8 所示表格中郑南同学 3 门课程的平均成绩，并将计算结果保留两位小数。

计算公式：= ROUND(AVERAGE(E3:G3),2)

将计算公式输入到 I3 单元格中，其中 E3:G3 为需要计算平均值的单元格区域地址。如果需要计算所有学生的平均成绩，只需要将 I3 单元格中的计算公式填充到 I4:I10 单元格区域即可。所有学生平均成绩的计算结果如图 7-9 所示。

	A	B	C	D	E	F	G	H	I	J	K	L
1											学生人数：	
2	学号	姓名	性别	出生日期	计算机基础	高等数学	英语	总成绩	平均成绩	名次	交费	检查标志
3	202007010108	郑南	女	2003/10/17	91	90	89	270	90			
4	202007010107	邓加	男	2003/7/17	90	93	88	271	90.33			
5	202007010104	朱凯	女	2002/5/10	87	64	85	236	78.67			
6		王鹏	男	2003/3/12	54	45	58	157	52.33			
7	202007010106		女	2003/8/1	73	72	99	244	81.33			
8		陈小东	男	2003/11/3	60	83	76	219	73			
9	202007010102	沈云	女	2003/12/1	83	85	90	258	86			
10	202007010101	张红	女	2003/2/1	96	95	88	279	93			
11		最高分										
12		最低分										
13		70分以下人数										
14		女生总成绩			430	406	451					

图 7-9　所有学生平均成绩的计算结果

2. COUNT 函数

语法格式：COUNT(value1,value2,...)

函数功能：统计单元格区域中包含数字的单元格个数。利用该函数可以统计出单元格区域中数字的输入项个数。

参数说明：COUNT 函数最多允许包含 255 个参数。参数可以是数字、日期，或以文本代表的数字，错误值或其他无法转换成数字的文本将被忽略。

应用示例：计算图 7-9 所示表格中的学生人数，并放入 L1 单元格中。

计算公式：=COUNT(E3:E10)

计算结果：8

3. COUNTIF 函数

语法格式：COUNTIF(range,criteria)

函数功能：计算单元格区域中满足给定条件的单元格的个数。

参数说明：参数 range 为需要计算其中满足条件的单元格个数的单元格区域；range 必须是对单元格区域的直接引用，或引用函数对单元格区域的间接引用，但不能是常量数组或使用公式运算后生成的数组。参数 criteria 为统计条件，其形式可以是数字、表达式或文本，如条件可以表示为 32、"32"、">32" 或 "apples"。

应用示例：计算图 7-9 所示表格中 "计算机基础" 课程考试成绩小于 70 分的学生人数。

计算公式：=COUNTIF(E3:E10,"<70")

将计算公式输入到 E13 单元格中，其中 E3:E10 为需要计算单元格个数的单元格区域地址，"<70"为统计条件。如果需要统计每门课程成绩小于 70 分的学生人数，只需要将 E13 单元格中的计算公式填充到 F13:G13 单元格区域即可。成绩小于 70 分学生人数的计算结果如图 7-10 所示。

图 7-10 成绩小于 70 分学生人数的计算结果

4. MAX 函数

语法格式：MAX(number1,number2,...)

函数功能：返回给定参数的最大值。

参数说明：MAX 函数最多允许包含 255 个参数。参数可以是数字、空单元格、逻辑值或以数字代表的文本表达式。如果参数为数组引用中的空单元格、逻辑值或文本，则这些值将被忽略；如果参数为错误值或其他无法转换成数字的文本，则会出现错误；如果参数不含数字，则函数值为 0。

应用示例：计算图 7-10 所示表格中"计算机基础"课程考试成绩的最高分。

计算公式：=MAX(E3:E10)

将计算公式输入到 E11 单元格中，其中 E3:E10 为需要查找最大值的单元格区域。如果需要找出每门课程以及总成绩、平均成绩的最高分，只需要将 E11 单元格中的计算公式填充到 F11:I11 单元格区域即可。最高分的计算结果如图 7-11 所示。

图 7-11 最高分的计算结果

5. MIN 函数

语法格式：MIN(number1,number2,...)

函数功能：返回给定参数的最小值。

参数说明：MIN 函数最多允许包含 255 个参数。参数可以是数字、空单元格、逻辑值或以数字代表的文本表达式。如果参数为数组引用中的空单元格、逻辑值或文本，则这些值将被忽略；如果参数为错误值或其他无法转换成数字的文本，则会出现错误；如果参数不含数字，则函数值为 0。

应用示例：计算图 7-11 所示表格中"计算机基础"课程考试成绩的最低分。

计算公式：=MIN(E3:E10)

将计算公式输入到 E12 单元格中，其中 E3:E10 为需要查找最小值的单元格区域地址。如果需要找出每门课程以及总成绩、平均成绩的最低分，只需要将 E12 单元格中的计算公式填充到 F12:I12 单元格区域即可。最低分的计算结果如图 7-12 所示。

	A	B	C	D	E	F	G	H	I	J	K	L
1										学生人数：	8	
2	学号	姓名	性别	出生日期	计算机基础	高等数学	英语	总成绩	平均成绩	名次	交费	检查标志
3	202007010108	郑南	女	2003/10/17	91	90	89	270	90			
4	202007010107	邓加	男	2003/7/17	90	93	88	271	90.33			
5	202007010104	朱凯	女	2002/5/10	87	64	85	236	78.67			
6		王鹏	男	2003/3/12	54	45	58	157	52.33			
7	202007010106		女	2003/8/1	73	72	99	244	81.33			
8		陈小东	男	2003/11/3	60	83	76	219	73			
9	202007010102	沈云	女	2003/12/1	83	85	90	258	86			
10	202007010101	张红	女	2003/2/1	96	95	88	279	93			
11		最高分			96	95	99	279	93			
12		最低分			54	45	58	157	52.33			
13		70分以下人数			2	2	1					
14		女生总成绩			430	406	451					

图 7-12　最低分的计算结果

6．RANK 函数

语法格式：RANK(number,ref,order)

函数功能：返回一个数字在数字列表中的排位。

参数说明：参数 number 为需要进行排位的数字；参数 ref 为数字列表或对数字列表的引用，即排位的范围，ref 中的非数值型参数将被忽略；参数 order 为一数字，指明排位的方式，即按何种方式排位。如果 order 为 0（零）或省略，Excel 对数字的排位是基于 ref 为按照降序排列的列表；否则是基于 ref 为按照升序排列的列表。

应用示例：使用图 7-12 所示表格中数据，按平均成绩确定郑南的排名。

计算公式：=RANK(I3,I$3:I$10,0)

将计算公式输入到 J3 单元格中，其中 I3 为需要排位的数字，I$3:I$10 为排位的范围，第 3 个参数 0 表示排位按降序排列。如果需要对每名学生进行排名，只需将 J3 单元格中的计算公式填充到 J4:J10 单元格区域即可。按平均成绩排名的计算结果如图 7-13 所示。

	A	B	C	D	E	F	G	H	I	J	K	L
1										学生人数：	8	
2	学号	姓名	性别	出生日期	计算机基础	高等数学	英语	总成绩	平均成绩	名次	交费	检查标志
3	202007010108	郑南	女	2003/10/17	91	90	89	270	90	3		
4	202007010107	邓加	男	2003/7/17	90	93	88	271	90.33	2		
5	202007010104	朱凯	女	2002/5/10	87	64	85	236	78.67	6		
6		王鹏	男	2003/3/12	54	45	58	157	52.33	8		
7	202007010106		女	2003/8/1	73	72	99	244	81.33	5		
8		陈小东	男	2003/11/3	60	83	76	219	73	7		
9	202007010102	沈云	女	2003/12/1	83	85	90	258	86	4		
10	202007010101	张红	女	2003/2/1	96	95	88	279	93	1		
11		最高分			96	95	99	279	93			
12		最低分			54	45	58	157	52.33			
13		70分以下人数			2	2	1					
14		女生总成绩			430	406	451					

图 7-13　按平均成绩排名的计算结果

对每名学生来说，排位基于的列表范围是不允许改变的。因此，第 2 个参数应使用混合引用（I$3:I$10）来限制该范围内行号的变化。

7.3.3　日期与时间函数

与日期或时间有关的处理可以使用日期与时间函数。下面简单介绍几种常用的日期与时间函数。

1．DATE 函数

语法格式：DATE(year,month,day)

函数功能：生成指定的日期。

参数说明：参数 year 可以为 1～4 位数字，代表年份。如果 year 为 0（零）～1899（包含）的数字，则 Excel 会将该值加上 1900，再计算年份；如果 year 为 1900～9999（包含）的数字，则 Excel 将使用该数值作为年份。参数 month 代表该年中月份的数字。如果输入的月份大于 12，则将从指定年份的 1 月份开始往上累加。参数 day 代表在该月份中第几天的数字。如果 day 大于该月份的最大天数，则将从指定月份的第 1 天开始往上累加。

应用示例：=DATE(108,8,8)返回代表"2008 年 8 月 8 日"的日期，显示值为"2008-8-8"

=DATE(2008,8,8)返回代表"2008 年 8 月 8 日"的日期，显示值为"2008-8-8"

=DATE(2007,20,8)返回代表"2008 年 8 月 8 日"的日期，显示值为"2008-8-8"

=DATE(2008,7,39)返回代表"2008 年 8 月 8 日"的日期，显示值为"2008-8-8"

2．MONTH 函数

语法格式：MONTH(serial_number)

函数功能：返回指定日期对应的月份。返回值是 1～12 的整数。

参数说明：参数 serial_number 表示一个日期值，其中包含要查找的月份。如果日期以文本形式输入，则会出现问题。

应用示例：计算图 7-13 所示表格中郑南同学出生的月份。

计算公式：=MONTH(D3)

计算结果：10

3．NOW 函数

语法格式：NOW ()

函数功能：返回计算机的系统日期和时间。

参数说明：该函数没有参数。

应用示例：假设当前系统日期为"2021-6-1"，时间为"10:36 AM"，则 NOW()函数的返回值为"2021-6-1 10:36"。

4．TODAY 函数

语法格式：TODAY()

函数功能：返回计算机的系统日期。

参数说明：该函数没有参数。

应用示例：假设当前系统日期为"2021-6-1"，则 TODAY()函数的返回值为"2021-6-1"。

5．YEAR 函数

语法格式：YEAR(serial_number)

函数功能：返回指定日期对应的年份。返回值是 1900～9999 的整数。

参数说明：参数 serial_number 为一个日期值，其中包含要查找年份的日期。如果日期以文本形式输入，则会出现问题。

应用示例：计算图 7-13 所示表格中郑南同学出生的年份。

计算公式：=YEAR(D3)

计算结果：2003

对于 MONTH 函数和 YEAR 函数，如果 serial_number 为一个具体日期，则应使用 DATE 函数输入该日期。例如，YEAR(DATE(2008,8,8))是正确的表示方式。

利用上述介绍的日期函数，可以计算并显示出本月末的日期。

计算公式为：=DATE(YEAR(NOW()),MONTH(NOW())+1,0)

例如，当前计算机系统日期为"2021-6-1"，使用该公式计算结果为"2021-6-30"。

7.3.4 逻辑函数

Excel 提供了多种逻辑函数，如与（AND）、或（OR）、非（NOT）、真（TRUE）、假（FALSE）和条件判断（IF）等等。真和假这 2 个逻辑函数没有参数，与、或、非逻辑函数的参数均为逻辑值，条件判断函数的第 1 个参数为逻辑值。当需要进行条件判断时，可以使用此类函数。下面简单介绍 2 种逻辑函数。

1. AND 函数

语法格式：AND(logical1,logical2,...)

函数功能：所有参数的逻辑值为真时，返回 TRUE；有一个参数的逻辑值为假时，返回 FALSE。

参数说明：AND 函数最多允许包含 255 个参数。每个参数必须是逻辑值 TRUE 或 FALSE，或者包含逻辑值的数组或引用。如果数组或引用参数中包含文本或空单元格，则这些值将被忽略；如果指定的单元格区域内包含非逻辑值，则 AND 函数将返回错误值 #VALUE!。

应用示例：判断图 7-13 所示表格中郑南同学是否为女生。

计算公式：=AND(C3="女")

计算结果：TRUE

2. IF 函数

语法格式：IF(logical_test,value_if_true,value_if_false)

函数功能：执行真假值判断，根据计算的真假值，返回不同结果。

参数说明：参数 logical_test 为逻辑判断条件。参数 value_if_true 是条件为真时返回的结果，参数 value_if_false 是条件为假时返回的结果。

7-3 IF 函数

应用示例 1：根据学生的平均成绩，确定图 7-13 所示表格中每名学生的交费情况，如果平均成绩小于 60，则在"交费"列显示"交费"，否则显示"免费"。

计算公式：=IF(I3<60,"交费","免费")

在 K3 单元格中输入计算公式，然后将其填充到 K4:K10 单元格区域中。交费情况的计算结果如图 7-14 所示。

学号	姓名	性别	出生日期	计算机基础	高等数学	英语	总成绩	平均成绩	名次	交费	检查标志
								学生人数：	8		
202007010108	郑南	女	2003/10/17	91	90	89	270	90	3	免费	
202007010107	巫加	男	2003/7/17	90	93	88	271	90.33	2	免费	
202007010104	朱凯	女	2002/5/10	87	64	85	236	78.67	6	免费	
	汪明	男	2003/3/12	54	45	58	157	52.33	8	交费	
202007010106		女	2003/8/1	73	72	99	244	81.33	5	免费	
	陈小东	男	2003/11/3	60	83	76	219	73	7	免费	
202007010102	沈云	女	2003/12/1	83	85	90	258	86	4	免费	
202007010101	张红	女	2003/2/1	96	95	88	279	93	1	免费	
最高分				96	95	99	279	93			
最低分				54	45	58	157	52.33			
70分以下人数				2	2	1					
女生总成绩				430	406	451					

图 7-14 交费情况的计算结果

应用示例 2：检查图 7-14 所示表格中，输入的原始数据是否有遗漏。

计算公式：=IF(COUNTA(A3:G3)=7,"完毕","")

在 L3 单元格中输入计算公式，然后将其填充到 L4:L10 单元格区域中。数据输入的检查结果如图 7-15 所示。

学号	姓名	性别	出生日期	计算机基础	高等数学	英语	总成绩	平均成绩	名次	交费	检查标志
										学生人数:	8
202007010108	郑南	女	2003/10/17	91	90	89	270	90	3	免费	完毕
202007010107	邓加	男	2003/7/17	90	93	88	271	90.33	2	免费	完毕
202007010104	朱凯	女	2002/5/10	87	64	85	236	78.67	6	免费	完毕
	王鹂	男	2003/3/12	54	45	58	157	52.33	8	交费	
202007010106		女	2003/8/1	73	72	99	244	81.33	5	免费	
	陈小东	男	2003/11/3	60	83	76	219	73	7	免费	
202007010102	沈云	女	2003/12/1	83	85	90	258	86	4	免费	完毕
202007010101	张红	女	2003/2/1	96	95	88	279	93	1	免费	完毕
最高分				96	95	99	279	93			
最低分				54	45	58	157	52.33			
70分以下人数				2	2	1					
女生总成绩				430	406	451					

图 7-15　数据输入的检查结果

7.3.5　文本函数

与文本有关的处理可以使用文本函数。例如，计算文本的长度、从文本中提取子字符串、大小写字母转换、数字与文本的转换等。下面简单介绍几种常用的文本函数。

1. FIND 函数

语法格式：FIND(find_text,within_text,start_num)

函数功能：查找指定字符在一个文本字符串中第一次出现的位置。

参数说明：参数 find_text 为需要查找的字符；参数 within_text 为包含要查找字符的文本字符串；参数 start_num 为开始查找的位置，默认为 1。使用时，FIND 函数从 start_num 开始，查找 find_text 在 within_text 中第 1 次出现的位置。

应用示例：假设 A1="Microsoft Excel"，若查找字符"c"在 A1 中第 1 次出现的位置。

计算公式：=FIND("c",A1)

计算结果：3

 FIND 函数用于查找字符在指定的文本字符串中是否存在，如果存在，返回具体位置；否则返回#VALUE!错误。无论被查找字符是数值还是文本，该函数都将其视为文本进行查找。

2. LEN 函数

语法格式：LEN(text)

函数功能：返回文本字符串中字符的个数。

参数说明：参数 text 为需要计算字符数的文本字符串。空格将作为字符进行计数。

应用示例：假设 A1="Microsoft Excel"，计算 A1 中字符的个数。

计算公式：=LEN(A1)

计算结果：15

3. REPLACE 函数

语法格式：REPLACE(old_text,start_num,num_chars,new_text)

函数功能：对指定字符串的部分内容进行替换。

参数说明：该函数有 4 个参数。old_text 为被替换的文本字符串，start_num 为开始替换位置，num_chars 为替换的字符个数，new_text 为用于替换的字符。

应用示例：假设 A1="Microsoft Excel"，将 A1 中第 3、4 个字符替换为"cr"。

计算公式：=REPLACE(A1,3,2,"cr")

计算结果：Microsoft Excel

巧用 REPLACE 函数，可以在字符串的指定位置插入字符。例如，A1 单元格的内容为 "Excel"，若要在 E 前面插入 "Microsoft"，则计算公式为：=REPLACE (A1,1,,"Microsoft ")，计算结果为 Microsoft Excel。

4. REPT 函数

语法格式：REPT(text,number_times)

函数功能：按给定的次数重复文本。

参数说明：该函数有 2 个参数。text 为需要重复显示的文本，number_times 为重复的次数。如果 number_times 为 0，则 REPT 函数返回空文本（""）；如果 number_times 不是整数，则将被截尾取整（取整时不进行四舍五入）。REPT 函数的结果不能大于 32767 个字符，否则 REPT 函数将返回错误值#VALUE!。

应用示例：假设 A1="Excel"，将 A1 单元格中的文本重复 2 次。

计算公式：=REPT(A1,2)

计算结果：ExcelExcel

5. RIGHT 函数

语法格式：RIGHT(text,num_chars)

函数功能：从指定字符串中截取最后 1 个或多个字符。

参数说明：该函数有 2 个参数。text 为需要截取的文本字符串；num_chars 为需要截取的字符数，且必须大于或等于 0。如果 num_chars 大于文本长度，则 RIGHT 函数返回所有文本；如果忽略 num_chars，则假定其为 1。

应用示例：假设 A1="Microsoft Excel"，截取 A1 单元格中最后 5 个字符。

计算公式：=RIGHT(A1,5)

计算结果：Excel

与 RIGHT 函数功能类似的函数还有 MID 函数和 LEFT 函数。前者是从指定的位置开始截取指定个数的字符，后者是从第 1 位开始截取指定个数的字符。

如果希望将工作表中 A 列数据的所有数字转换为 10 位数的编码，原位数不足的在前面补 0，可以使用 RIGHT 函数和 REPT 函数，其计算公式为：= RIGHT (REPT(0,10) A1,10)。

7.3.6　查找与引用函数

HLOOKUP 函数、MATCH 函数、VLOOKUP 函数、INDIRECT 函数和 ROW 函数都属于查找与引用函数，是在查找数据时使用频率非常高的函数。通常可以满足简单的查询需求。例如，根据学号查询学生考试的总成绩，根据产品名称查询产品价格等。下面将重点介绍这 5 个函数的功能及用法。

1. HLOOKUP 函数

语法格式：HLOOKUP(lookup_value,table_array,row_index_num,range_lookup)

函数功能：在指定单元格区域的首行查找满足条件的数值，并按指定的行号返回查找区域中的值。

参数说明：该函数有 4 个参数。lookup_value 为需要在指定单元格区域中第 1 行查找的数值，可以为数值、引用或文本字符串。table_array 为指定的需要查找数据的单元格区域。

row_index_num 为 table_array 中待返回的匹配值的行号。range_lookup 为一个逻辑值,它决定 HLOOKUP 函数的查找方式。如果为 0 或 FALSE,函数进行精确查找;如果为 1、TRUE 或省略,函数进行模糊查找。当找不到时会返回小于 lookup_value 的最大值。但是,这种查找方式要求数据表必须按第 1 行升序排列。

应用示例:在图 7-16(a)中,D2:H7 单元格区域显示的是某公司年度员工加班情况表,查询"邱月清"第 4 季度的加班情况,并将查询结果显示在 B4 单元格中。

计算公式:=HLOOKUP(B3,$D$2:$H$7,5)

将公式输入到 B4 单元格中。其中,B3 为需要在指定单元格区域中第 1 行查找的数值。查询结果如图 7-16(b)所示。

(a)　　　　　　　　　　　　　　　(b)

图 7-16　查询结果

也就是说,当在 B3 单元格输入季度值时,这个计算会将查找到的数值显示在 B4 单元格中。

2. MATCH 函数

语法格式:MATCH(lookup_value,lookup_array,match_type)

函数功能:确定查找值在查找范围中的位置序号。

参数说明:该函数有 3 个参数。lookup_value 为需要查找的数值,可以是数字、文本或逻辑值,或对数字、文本或逻辑值的单元格引用。lookup_array 为指定的需要查找数据的单元格区域。match_type 为-1、0 或 1,它决定怎样在 lookup_array 中查找 lookup_value。如果值为 1,则查找小于或等于 lookup_value 的最大数值;如果值为 0,则查找等于 lookup_value 的第 1 个数值;如果值为-1,则查找大于或等于 lookup_value 的最小数值;如果省略,则假设为 1。

应用示例:图 7-17 展示了某公司年度员工加班情况表,确定每季度加班最多的员工在表中的位置。

计算公式:=MATCH(MAX(B2:B6),B2:B6,0)

在 B7 单元格中输入公式,然后将其填充到 C7:E7 单元格区域。计算结果如图 7-18 所示。

A	B	C	D	E
季度	1	2	3	4
林晓彤	2	1	3	1
江雨薇	1	2	1	2
郝思嘉	3	4	1	2
邱月清	3	1	2	3
曾云儿	2	4	1	2
加班次数最多的天数位置				

图 7-17　某公司年度员工加班情况表

A	B	C	D	E
季度	1	2	3	4
林晓彤	2	1	3	1
江雨薇	1	2	1	2
郝思嘉	3	4	1	2
邱月清	3	1	2	3
曾云儿	2	4	1	2
加班次数最多的天数位置	3	3	1	4

图 7-18　计算结果

3. VLOOKUP 函数

语法格式:VLOOKUP(lookup_value,table_array,col_index_num,range_lookup)

函数功能:在指定的单元格区域的首列查找满足条件的数值,并按指定的列号返回查找区域中的值。

7-4　VLOOKUP 函数

参数说明:该函数有 4 个参数。lookup_value 为需要在指定单元格区域中第 1 列查找的数值,可以为数值、引用或文本字符串。table_array 为指定的需要查找数据的单元格区域。col_index_num 为 table_array 中待返回的匹配值的列号。range_lookup 为一逻辑值，它决定 VLOOKUP 函数的查找方式。如果为 0 或 FALSE，函数进行精确查找；如果为 1 或 TRUE，函数进行模糊查找。当找不到时会返回小于 lookup_value 的最大值。但是，这种查找方式要求数据表必须按第 1 列升序排列。

应用示例：在图 7-19 中，D2:I6 单元格区域显示的是某公司年度员工加班情况表，查询"邱月清"第 4 季度的加班情况。

计算公式：=VLOOKUP(B3,$D$2:$I$6,5)

将公式输入到 B4 单元格中。其中，B3 为需要在指定单元格区域中第 1 列查找的值。查询结果如图 7-19 所示。

	A	B	C	D	E	F	G	H	I
1	查询邱月清加班次数								
2				季度	林晓彤	江雨薇	郝思嘉	邱月清	曾云儿
3	季度	4		1	2	1	3	3	2
4	邱月清	3		2	1	2	4	1	4
5	查询结果			3	3	1	1	2	1
6				4	1	2	2	3	2

图 7-19 查询结果

HLOOKUP 函数和 VLOOKUP 函数的语法格式非常相似，用法基本相同，区别在于 HLOOKUP 函数按列查询，VLOOKUP 函数按行查询。使用这 2 个函数时应注意，函数的第 3 个参数中的行（列）号，不能理解为数据表中实际的行（列）号，而应该是需要返回的数据在查找区域中的第几行（列）。

4. INDIRECT 函数

语法格式：INDIRECT(ref_text,a1)

函数功能：返回文本字符串指定的引用，相当于间接地址引用。

参数说明：该函数有 2 个参数。ref_text 是单元格引用地址，通常该单元格中存放的是另一个单元格或单元格区域的地址。a1 为逻辑值，用以指定第 1 个参数的单元格引用方式，如果为 TRUE 或省略，则解释为 A1 方式的引用；如果为 FALSE，则解释为 R1C1 方式的引用。当需要更改公式中单元格的引用，而不更改公式本身时经常使用该函数。

应用示例：假设 A3 单元格的值为"B3"，B3 单元格的值为 45。找出 A3 单元格的引用值。

计算公式：=INDIRECT($A$3)

计算结果：45

5. ROW 函数

语法格式：ROW(reference)

函数功能：返回引用的行号。

参数说明：该函数有 1 个参数。reference 为需要得到其行号的单元格或单元格区域。该参数是 1 个可选项，如果省略了 reference，则假定是对 ROW 函数所在单元格的引用。如果 reference 为 1 个单元格区域，并且 ROW 函数作为垂直数组输入，则 ROW 函数将以垂直数组的形式返回 reference 的行号。

应用示例：在 A 列输入 1、2、3、…、10000 的序列号。

计算公式：=ROW(A1)

具体操作步骤如下。

步骤 1 输入公式。在 A1 单元格中输入公式=ROW(A1)，并按【Enter】键。

步骤 2 选定填充范围。在名称框中输入 A1:A10000，并按【Enter】键。

步骤3　填充序列号。按【Ctrl】+【D】组合键。

7.3.7　财务函数

财务函数专门用于财务计算，使用这些函数可以直接得到结果。下面介绍几种常用的财务函数。

1. FV 函数

语法格式：FV(rate,nper,pmt,pv,type)

函数功能：基于固定利率及等额分期付款方式，返回某项投资的未来值。

参数说明：该函数有 5 个参数。rate 为各期利率。nper 为总投资期，即该项投资的付款期总数。pmt 为各期应支付的金额。pv 为现值，即从该项投资开始计算时已经入账的款项，或一系列未来付款的当前值的累积和，也称为本金。type 为各期付款时间，如果是 0 或省略，则付款时间为期末；如果为 1，则付款时间为期初。在所有参数中，支出的款项，如银行存款，表示为负数；收入的款项，如股息收入，表示为正数。

应用示例：假如某人将 10000 元存入银行账户，以后 12 个月每月月初存入 2000 元，年利率为 1.9%，按每月复利率计算，则一年后该账户的存款额如图 7-20 所示。

图 7-20　一年后账户的存款额

2. NPER 函数

语法格式：NPER(rate,pmt,pv,fv,type)

函数功能：基于固定利率及等额分期付款方式，返回某项投资的总期数。

参数说明：该函数有 5 个参数。rate 为各期利率。pmt 为各期应支付的金额。pv 为现值，即从该项投资开始计算时已经入账的款项，或一系列未来付款的当前值的累积和，也称为本金。fv 为未来值，或在最后 1 次付款后希望得到的现余额。type 为各期付款时间，如果为 0 或省略，则付款时间为期末；如果为 1，则付款时间为期初。

应用示例：某人贷款 120 万元，以后每月偿还 8000 元，现在的年利率为 4.5%，则将贷款还清的年限如图 7-21 所示。

图 7-21　将贷款还清的年限

3. NPV 函数

语法格式：NPV(rate,value1,value2,...)

函数功能：通过使用贴现率以及一系列未来支出（负值）和收入（正值），返回一项投资的净现值。

参数说明：参数 rate 为某一期间的贴现率。value1,value2,…,value254 为 1～254 个参数，代表支出及收入，可以是单元格、逻辑值或数字的文本表达式。如果参数是错误值或不能转化为数值的文本，则被忽略；如果参数是一个数组或引用，则只计算其中的数字，数组或引用中的空单元格、逻辑值、文字及错误值将被忽略。

应用示例：某公司一年前投资 100 万元，现在年贴现率为 10%，从第一年开始，每年的收益分别为 300000 元、420000 元、680000 元，则该投资的净现值如图 7-22 所示。

4．PMT 函数

语法格式：PMT(rate,nper,pv,fv,type)

函数功能：基于固定利率及等额分期付款方式，返回贷款的分期付款额。

参数说明：该函数有 5 个参数。rate 为各期利率。nper 为该项贷款的付款期总数。pv 为现值，即从该项贷款开始计算时已经入账的款项，或一系列未来付款的当前值的累积和，也称为本金。fv 为未来值，或在最后一次付款后希望得到的现金余额。type 为各期的付款时间，如果为 0 或省略，则付款时间为期末；如果为 1，则付款时间为期初。

应用示例：假设某公司要贷款 1000 万元，年限为 10 年，现在的年利率为 3.86%，分月偿还，则每月的偿还额如图 7-23 所示。

图 7-22　投资的净现值　　　　　　　　图 7-23　每月的偿还额

7.4　应用实例——计算工资项

在第 6 章的应用实例中，已经通过公式计算出"工资计算"表中的部分工资项，但还有些算法相对复杂的工资项并没有计算出来，需要使用函数。为了便于读者学习，以下按计算公式难易程度的顺序介绍来计算工资项的计算方法。

7.4.1　计算洗理费和书报费

假设该公司规定，洗理费标准按男员工每人每月 30 元，女员工每人每月 50 元发放。也就是说"工资计算"工作表中某名员工的"洗理费"数据项的计算，需要根据该员工的性别来决定，可以使用 IF 函数进行处理。计算洗理费的操作步骤如下。

步骤 1　选定第 1 名员工"洗理费"所在的单元格 I2。

步骤 2　打开"插入函数"对话框。

步骤 3　选择"IF"函数。一般情况下，可以在常用函数列表中找到"IF"函数。如果常用函数列表中没有列出，可以在"或选择类别"的列表框中选择"逻辑"，然后在下面的"选择函数"列表框中选择"IF"。单击"确定"按钮，这时将弹出 IF 函数的"函数参数"对话框。

步骤 4　设置函数参数。将光标定位到 IF 函数的第 1 个参数框"Logical_test"中。选择该员工在"人员清单"工作表中对应的"性别"单元格 C2，接着输入="男"。

在公式中输入的单元格、运算符、分隔符等必须使用半角字符。例如，本例中的"人员清单!C2="男""。

在"Value_if_true"和"Value_if_false"框中分别输入 30 和 50。输入完成的"函数参数"对话框如图 7-24 所示。单击"确定"按钮。

图 7-24　输入完成的"函数参数"对话框

从图 7-24 所示的编辑栏中可以看到输入的完整公式为：=IF(人员清单!C2="男",30,50)。该公式的含义是：如果"人员清单"工作表 C2 单元格的值等于"男"，则函数返回值为 30，否则返回值为 50。

步骤5　将 I2 单元格的公式填充到 I3:I64 单元格区域。洗理费的计算结果如图 7-25 所示。

图 7-25　洗理费的计算结果

假设该公司"书报费"与"洗理费"的计算方法相似，标准是，高级职称每人每月 60 元，其他职称每人每月 40 元。计算公式应为："=IF(LEFT(人员清单!F2,2)="高级",60,40)"。计算的操作步骤与"洗理费"相同，这里不再赘述。书报费的计算结果如图 7-26 所示。

J2　　　　　fx　=IF(LEFT(人员清单!F2,2)="高级",60,40)

序号	姓名	基本工资	职务工资	岗位津贴	工龄补贴	交通补贴	物价补贴	洗理费	书报费	奖金	应发工资	公积金	医疗险	养老险	失业险	专项附加扣除	应纳税所得额	所得税	实发工资
G007	魏光符	4940	2119	1100		300	150	50	40	2060	10759	847.1	141.2	564.7	35.30	668	3502.725		9170.73
G008	赵希明	4940	2154	1100		300	150	50	40	2400	11134	851.3	141.9	567.5	35.47	500	4037.850		9537.85
G009	戴家宏	4380	2204	1200		300	150	50	40	2680	10984	790.1	131.7	526.7	32.92	666	3836.600		9502.60
G010	黄和中	8685	2384	1345		300	150	50	60	3300	16254	1328	221.4	885.5	55.35	1000	7763.475		13763.48
G011	程光凡	4940	2154	1200		300	150	50	40	2800	11694	851.3	141.9	567.5	35.47	546	4551.850		10097.85
G012	俞丽	4940	2154	1200		300	150	50	40	2920	11754	851.3	141.9	567.5	35.47	1000	4157.850		10157.85
G013	李历宁	4940	2119	1100		300	150	50	40	2200	10879	847.1	141.2	564.7	35.30	456	3834.725		9290.73
G014	孙燕	8685	2269	1100		300	150	50	60	2380	14994	1314	219.1	876.3	54.77	668	6861.350		12529.35
G015	刘利	4940	2234	1245		300	150	50	40	3300	12259	860.9	143.5	573.9	35.87	1000	4644.850		10644.85
G016	李红	4940	2154	1200		300	150	50	40	2520	11254	851.3	141.9	567.5	35.47	546	4111.850		9657.85
G017	李丹	4940	2154	1200		300	150	50	40	2800	11614	851.3	141.9	567.5	35.47	1000	4017.850		10017.85
G018	郝放	4940	2154	1100		300	150	50	40	2420	11134	851.3	141.9	567.5	35.47	456	4081.850		9537.85

图 7-26　书报费的计算结果

7.4.2　计算工龄补贴

一般单位的工资构成都包括工龄补贴。假设该公司工龄补贴的计算方法是每满一年增加 10 元，但是最高不超过 300 元。工龄工资的计算比较复杂，需要用到多个函数，而且函数需要嵌套使用。原因是"人员清单"工作表中只有"参加工作日期"数据，而没有现成的工龄数据，因此需要先计算出员工参加工作年份到计算工资年份的工龄。这里可以利用 YEAR 函数和 TODAY 函数进行计算。

例如，员工黄振华"参加工作日期"的数据存放在"人员清单"工作表的 G2 单元格，则其工龄的计算公式为：=YEAR(TODAY())-YEAR(人员清单!G2)，即用计算机的系统日期中的年份减去黄振华参加工作日期的年份即可得到工龄。

工龄补贴的计算公式是"工龄×10"。则工龄补贴的计算公式为：=(YEAR(TODAY())-YEAR (人员清单!G2))*10。

由于工龄补贴的上限为"300"，所以最后工龄补贴数应该是上述计算结果和"300"两个数中的较小者。这里可以用 MIN 函数实现。

最后完整的计算工龄补贴的计算公式为"=MIN(300,(YEAR(TODAY())-YEAR(人员清单!G2))*10)"。在工作表中建立上述公式的具体操作步骤如下。

步骤1　选定第 1 名员工"工龄补贴"所在的单元格 F2。

步骤2　打开"插入函数"对话框。

步骤3　选择 MIN 函数。一般情况下，可以在常用函数列表中找到"MIN"函数。如果常用函数列表中没有列出，可以在"或选择类别"的列表框中选择"统计"，然后在下面的"选择函数"列表框中选择"MIN"。单击"确定"按钮，这时将弹出 MIN 的"函数参数"对话框。

使用 MIN 函数，也可以单击"开始"选项卡"编辑"命令组中的"自动求和"按钮右侧下拉箭头，然后直接选择下拉列表中的"最小值"。

步骤4　输入 MIN 函数的第 1 个参数。在"Number1"框中输入工龄补贴的上限 300。

步骤5　输入 MIN 函数的第 2 个参数。将光标移至"Number2"框，公式中 MIN 函数的第 2 个参数是一个嵌套的函数计算式，由于这时需要用到其他函数，因此要单击编辑栏左端的函数下拉箭头，显示出函数下拉列表，如图 7-27 所示。

从函数下拉列表中选择"YEAR"函数，如果下拉列表中没有"YEAR"函数，则单击"其他函数"，然后在弹出的"插入函数"对话框中的"日期与时间"类别中选择"YEAR"函数。这时"MIN"的"函数参数"对话框变为"YEAR"函数的"函数参数"对话框，如图 7-28 所示。

图 7-27 显示函数下拉列表

图 7-28 YEAR 函数的 "函数参数" 对话框

按照类似的方法输入"Serial_number"参数：单击编辑栏左端的函数下拉箭头，选择"TODAY"函数。这时"YEAR"的"函数参数"对话框变为"TODAY"的"函数参数"对话框。该函数不需要参数，单击"确定"按钮，输入结果如图 7-29 所示。

F2		✕ ✓ f_x	=MIN(300,YEAR(TODAY()))		
▲	A	B	C	D	E	F	G
1	序号	姓名	基本工资	职务工资	岗位津贴	工龄补贴	交通补贴
2	A001	黄振华	12185	3852	1200	300	300
3	A002	尹洪群	8685	2384	1400		300
4	A003	扬灵	8090	2234	1200		300

图 7-29 输入结果

在编辑栏最后一个右括号的前面输入-。单击编辑栏左端的函数下拉箭头，再次选择"YEAR"。选择"YEAR"的"函数参数"对话框中的"Serial_number"框，然后选择该员工在"人员清单"工作表中对应的"参加工作时间"单元格 G2，单击编辑栏上的"输入"按钮。输入 MIN 函数第 2 个参数嵌套函数的结果如图 7-30 所示。

F2		✕ ✓ f_x	=MIN(300,YEAR(TODAY())-YEAR(人员清单!G2))							
▲	A	B	C	D	E	F	G	H	I	J	K	L
1	序号	姓名	基本工资	职务工资	岗位津贴	工龄补贴	交通补贴	物价补贴	洗理费	书报费	奖金	应发工资
2	A001	黄振华	12185	3852	1200	34	300	150	30	60	3900	21711
3	A002	尹洪群	8685	2384	1400		300	150	30	60	3180	16189
4	A003	扬灵	8090	2234	1200		300	150	30	40	3060	15104

图 7-30 输入 MIN 函数第 2 个参数嵌套函数的结果

最后再将计算出的工龄数乘以 10 即可。将编辑栏中 MIN 函数的第 2 个参数表达式加上括号并乘以 10。输入完成的计算公式如图 7-31 所示。

图 7-31 输入完成的计算公式

步骤 6 将 F2 单元格的公式填充到 F3:F64 单元格区域。

7.4.3 计算所得税

计算个人所得税是工资管理中不可缺少的一项工作。按照我国现行税收制度，不同收入水平的纳税人其纳税税率不同。个人所得税计算方法为：应纳税所得额×税率−速算扣除数。税率及速算扣除数如表 7-1 所示。

表 7-1　　　　　　　　　　　　　　税率及速算扣除数

级　数	应纳税所得额	免　征　额	税　　率	速算扣除数
0	1～5000	5000	0	0
1	5001～8000	5000	3%	0
2	8001～17000	5000	10%	210
3	17001～无限	5000	20%	1410

所得税的计算也需要使用 IF 函数，但是比计算洗理费要复杂得多，需要多个 IF 函数嵌套使用。为便于写出计算公式，将计算所得税的公式抽象成下述分段函数：

$$r(x)=\begin{cases} 0 & x<5000 \\ x\times0.03 & 5000\leqslant x<8000 \\ x\times0.10-210 & 8000\leqslant x<17000 \\ x\times0.20-1410 & x\geqslant17000 \end{cases}$$

其中 x 为应发工资值，$r(x)$ 是相应的应缴所得税值。计算公式为：
=IF(R2<5000,0,IF(R2<8000,R2*0.03,IF(R2<17000,R2*0.1-210,R2*0.2-1410)))
计算所得税的具体操作步骤如下。

步骤 1 选定第 1 名员工"所得税"所在的单元格 S2。

步骤 2 输入计算公式。在 S2 单元格中输入计算公式：
=IF(R2<5000,0,IF(R2<8000,R2*0.03,IF(R2<17000,R2*0.1-210,R2*0.2-1410)))

步骤 3 结束计算。单击编辑栏上的"输入"按钮，计算结果填入 S2 单元格中，如图 7-32 所示。

图 7-32　第 1 名员工的"所得税"计算结果

步骤 4 将 S2 单元格的公式填充到 S3:S64 单元格区域。

至此，完成了"工资计算"表的所有工资项的计算。

7.5 应用实例——计算销售业绩奖金

在第 6 章的应用实例中，已经通过公式计算出"2 月业绩奖金表"中的总奖金和累计销售额 2 项数据，而其他算法相对复杂的数据项没有计算出来，需要使用函数。本节将根据"1 月业绩奖金表""销售情况表"和"奖金标准"3 张工作表计算 2 月业务员的销售业绩奖金。

7.5.1 销售业绩奖金计算方法简介

业务员的销售业绩奖金一般是根据奖金发放标准计算出来的。不同的企业，奖金发放标准有所不同。有些是按照业绩金额中的固定比例计算奖金，有些是根据业绩金额按照不同比例计算奖金，还有些是从业务金额中抽取固定金额作为奖金。假设该公司奖金由基本奖金和奖励奖金构成。奖金计算方法如下。

1．基本奖金标准及算法

每月基本奖金按不同百分比计算，销售业绩越高，奖金比例也越高。图 7-33 所示为基本奖金标准，该工作表名为"奖金标准"。

	A	B	C	D	E	F
1	基本奖金标准表					
2		19999以下	20000~24999	25000~29999	30000~34999	35000以上
3	销售业绩对照	0	20000	25000	30000	40000
4	奖金比例	5%	10%	15%	20%	25%

图 7-33　基本奖金标准

例如，由图 6-16 可知，业务员张涛 1 月销售业绩为 61617 元，对照图 7-33 所示的基本奖金标准，张涛的基本奖金计算比例应为 25%，奖金额为：61617×25%=15404.25。

2．奖励奖金标准及算法

业务员除了可以得到基本奖金外，还可以获得奖励奖金。奖励奖金是根据累计销售业绩计算的。当累计销售业绩达到 5 万元时，将发放 1000 元奖励奖金。为了不重复发放奖金，公司规定奖励奖金发放后，需从累计销售业绩中扣除 5 万元，剩余金额累积到下一个月的累计销售业绩中。例如，张涛 1 月累计销售业绩为 13330 元，1 月的销售业绩为 61617 元，则：

2 月累计销售业绩：13330+61617=74947　　达到了奖励奖金的发放标准

扣除后累计销售业绩：74947-50000=24947　　将此金额作为下月的累计销售业绩

张涛 1 月的总奖金：(61617×25%)+1000=16404.25

7.5.2 计算累计销售业绩

累计销售业绩需要根据上一个月奖励奖金进行计算，具体方法如下。

$$累计销售业绩\begin{cases}上月累计销售业绩+上月销售业绩 & 上月奖励奖金=0\\上月累计销售业绩+上月销售业绩-50000 & 上月奖励奖金\neq0\end{cases}$$

累计销售业绩计算比较复杂，需要用到 2 个函数，而且函数要嵌套使用。首先需要知道业务员在 1 月得到的奖励奖金数额，可以利用 VLOOKUP 函数根据业务员姓名来查找。例如，张涛的数据存放在"1 月业绩奖金表"的第 3 行，那么查找张涛奖励奖金的计算公式为：=VLOOKUP(B3,'1 月业绩奖金表'!$B$3:$H$37,5,0)。其中，第 1 个参数为姓名，第 2 个参数为查找的单元格区域地址，第 3 个参数为返回值的列号。由于奖励奖金位于查找区域的第 5 列，因此第 3 个参数值为 5。接下来需要判断奖励奖金是否为 0，并根据判断结果按上述计算方法计算累计销售业绩，这里需要使用 IF 函数。计算公式为：

=IF(VLOOKUP(B3,'1 月业绩奖金表'!$B$3:$H$37,5,0)=0,'1 月业绩奖金表'!C3+'1 月业绩奖金表'!E3,'1 月业绩奖金表'!C3+'1 月业绩奖金表'!E3-50000)

计算每名业务员"累计销售业绩"的操作步骤如下。

步骤 1　选定第 1 名业务员的"累计销售业绩"单元格。单击"2 月业绩奖金表"工作表标签，单击 C3 单元格。

步骤 2　输入计算公式。在 C3 单元格中输入计算公式=IF(VLOOKUP(B3,'1 月业绩奖金表'!$B$3:$H$37,5,0)=0,'1 月业绩奖金表'!C3+'1 月业绩奖金表'!E3,'1 月业绩奖金表'!C3+'1 月业绩奖金表'!E3-50000)。

公式中第 1 个参数 VLOOKUP(B3,'1 月业绩奖金表'!$B$3:$H$37,5,0)=0 是判断第 1 名业务员 1 月奖励奖金的值是否为 0。由于上月奖励奖金值存储在"1 月业绩奖金表"中，因此在判断区域地址的引用前应标明工作表名；第 2 个参数、第 3 个参数同理。

步骤 3　执行计算操作。单击编辑栏上的"输入"按钮，计算结果填入 C3 单元格中，第 1 名业务员的"累计销售业绩"计算结果如图 7-34 所示。

图 7-34　第 1 名业务员的"累计销售业绩"计算结果

步骤 4　将 C3 单元格的公式填充到 C4:C37 单元格区域。

7.5.3　计算本月销售业绩

每名业务员的销售业绩记录在"销售情况表"中。2 月的销售业绩位于该表的第 21～第 32 行，其中业务员姓名存放在 B 列，"销售额"存放在 I 列。计算第 1 名业务员"本月销售业绩"可以使用 SUMIF 函数，计算公式为：

=SUMIF(销售情况表!$B$21:$B$32,B3,销售情况表!$I$21:$I$32)

计算每名业务员"本月销售业绩"的操作步骤如下。

步骤 1　选定第 1 名业务员的"本月销售业绩"单元格 E3。

步骤 2　输入计算公式。在 E3 单元格中输入计算公式=SUMIF(销售情况表!$B$21:$B$32,B3,销售情况表!$I$21:$I$32)。

步骤 3　执行计算操作。单击编辑栏上的"输入"按钮，计算结果填入 E3 单元格中，如图 7-35 所示。

图 7-35　第 1 名业务员的"本月销售业绩"计算结果

步骤 4　将 E3 单元格的公式填充到 E4:E37 单元格区域。

7.5.4　计算奖金比例

计算出每名业务员本月销售业绩后，即可根据"奖金标准"表和"2 月业绩奖金表"中的本月销售业绩，确定每名业务员的奖金比例。例如，张涛 2 月销售业绩为 18500 元，对照奖金标准可知，张涛的奖金比例为 5%。具体的确定方法是用"2 月业绩奖金表"中的本月销售业绩与"奖金标准"表进行比对，然后将相应的比例值取出。由于这个操作需要返回同一列中指定行的数值，因此可以使用 HLOOKUP 函数来实现。

计算第 1 名业务员"奖金百分比"的公式为：

=HLOOKUP(E3,奖金标准!$A$3:$F$4,2)

计算每名业务员"奖金百分比"的操作步骤如下。

步骤 1　选定第 1 名业务员的"奖金百分比"单元格 D3。

步骤 2　输入计算公式。在 D3 单元格中输入计算公式=HLOOKUP(E3,奖金标准!$A$3:$F$4,2)。

步骤 3　执行计算操作。单击编辑栏上的"输入"按钮，计算结果填入 D3 单元格中，如图 7-36 所示。

D3				f_x	=HLOOKUP(E3,奖金标准!$A$3:$F$4,2)			
	A	B	C	D	E	F	G	H
1	2月业务员业绩奖金表							
2	序号	姓名	累计销售业绩	奖金百分比	本月销售业绩	奖励奖金	总奖金	累计销售额
3	F001	张涛	24947	5%	18500		925	95160
4	F002	沈核	8060		21000		0	71515
5	F003	王利华	44900		46000		0	90012
6	F004	靳晋复	18432		19425		0	87857

图 7-36　第 1 名业务员的"奖金百分比"计算结果

如果"奖金百分比"未按"%"方式显示，可以使用"设置单元格格式"对话框，将数字显示方式设置为"百分比"。

步骤 4　将 D3 单元格的公式填充到 D4:D37 单元格区域。

使用这种方法确定的奖金百分比，当"本月销售业绩"发生变化时，奖金百分比也会随之改变，无须重新计算。

7.5.5　计算奖励奖金

按照奖励奖金发放标准，当"累计销售业绩"与"本月销售业绩"合计数超过 50000 元时，发放 1000 元奖励奖金，此时可以使用 IF 函数计算每名业务员的奖励奖金。计算第 1 名业务员"奖励奖金"的公式为：

=IF((C3+E3)>=50000,1000,0)

计算每名业务员"奖励奖金"的操作步骤如下。

步骤 1　选定第 1 名业务员的"奖励奖金"单元格 F3。

步骤 2　输入计算公式。在 F3 单元格中输入计算公式=IF((C3+E3)>=50000,1000,0)。

步骤 3　执行计算操作。单击编辑栏上的"输入"按钮，计算结果填入 F3 单元格中，如图 7-37 所示。

F3			× ✓ f_x	=IF((C3+E3)>=50000,1000,0)			
▲	A	B	C	D	E	F	G	H
1				2月业务员业绩奖金表				
2	序号	姓名	累计销售业绩	奖金百分比	本月销售业绩	奖励奖金	总奖金	累计销售额
3	F001	张涛	24947	5%	18500	0	925	95160
4	F002	沈核	8060	10%	21000		2100	71515
5	F003	王利华	44900	25%	46000		11500	90012
6	F004	靳晋复	18432	5%	19425		971.25	87857

图 7-37 第 1 名业务员的"奖励奖金"计算结果

步骤 4 将 F3 单元格中的公式填充到 F4:F37 单元格区域。

至此完成了"2 月业绩奖金表"的全部计算，计算结果如图 7-38 所示。

▲	A	B	C	D	E	F	G	H
1				2月业务员业绩奖金表				
2	序号	姓名	累计销售业绩	奖金百分比	本月销售业绩	奖励奖金	总奖金	累计销售额
3	F001	张涛	24947	5%	18500	0	925	95160
4	F002	沈核	8060	10%	21000	0	2100	71515
5	F003	王利华	44900	25%	46000	1000	12500	90012
6	F004	靳晋复	18432	5%	19425	0	971.25	87857
7	F005	苑平	28830	20%	37860	1000	8572	55793
8	F006	李燕	48111	25%	40658	1000	11164.5	78769
9	F007	郝海为	1310	15%	28750	0	4312.5	59171
10	F008	盛代国	12252	15%	27060	0	4059	89312
11	F009	宋维昆	46223	5%	13800	1000	1690	50023

图 7-38 "2 月业绩奖金表"的计算结果

在上述 2 个实例中使用了 IF、YEAR、TODAY、MIN、VLOOKUP、SUMIF、HLOOKUP 等多种函数，这些函数应用比较广泛。理解这些函数的功能和参数含义，可以更好、更轻松地解决实际问题。

习 题

一、选择题

1．以下不属于日期函数的是（ ）。

　　A．MID 函数 　　　B．MONTH 函数 　　C．DAY 函数 　　　　D．TODAY 函数

2．在工作表 B2:F2 单元格区域中存放了某学生 5 门课程的考试成绩，若计算 5 门课程的最高成绩并存入 G2 单元格中，则在 G2 单元格中输入的公式是（ ）。

　　A．=MAX(B2:F2) 　　B．=MIN(B2:F2) 　　C．=MAX(B2...F2) 　D．=MIN(B2...F2)

3．在 A1 单元格中有公式=AVERAGE(10,−3)−PI()，则该单元格显示的值（ ）。

　　A．大于 0 　　　　　B．小于 0 　　　　C．等于 0 　　　　　D．不确定

4．已知 A1 和 A2 单元格的值分别为 3 和 6，则 IF(A1=A2,A1+1,A2-1)函数的返回值是（ ）。

　　A．3 　　　　　　B．4 　　　　　C．5 　　　　　　D．6

5．如果单元格 A5 的值是单元格 A1、A2、A3、A4 的平均值，则以下公式中，错误的是（ ）。

　　A．=AVERAGE(A1:A4) 　　　　　　B．=AVERAGE(A1,A2,A3,A4)

　　C．=(A1+A2+A3+A4)/4 　　　　　D．=AVERAGE(A1+A2+A3+A4)

6．假设 B1 单元格的值为文本"100"，B2 单元格的值为数字"3"，则 COUNT(B1:B2)计算

得到的值是（　　　）。

  A．103   B．100   C．3   D．1

7．直接打开"插入函数"对话框的组合键是（　　　）。

  A．【Shift】+【F8】 B．【Shift】+【F3】 C．【Shift】+【F5】 D．【Ctrl】+【D】

8．在 AND 函数中，如果指定的单元格区域内包括有非逻辑值，则 AND 函数将返回的错误值是（　　　）。

  A．#REF!   B．#NAME?   C．#VALUE!   D．#NUM!

9．在 A1 单元格中有公式=SUM(B2:B6)，在 C3 单元格中操作插入 1 列，再在 C3 单元格中操作删除 1 行，则 A1 中的公式变为（　　　）。

  A．=SUM(B2:B4) B．=SUM(B2:B5) C．=SUM(B2:B6) D．=SUM(B2:B3)

10．在 Excel 中，设 E 列单元格存放工资总额，F 列单元格存放实发工资。其中，当工资总额>4500 时，实发工资=工资−（工资总额−4500）*税率；当工资总额<=4500 时，实发工资=工资总额。设税率=0.1，则 F2 单元格中的公式应为（　　　）。

  A．=IF(E2>4500,E2−(E2−4500)*0.1,E2) B．=IF("E2>4500",E2−(E2−4500)*0.1,E2)

  C．=IF(E2>4500,E2,E2−(E2−4500)*0.1) D．=IF("E2>4500",E2,E2−(E2−4500)*0.1)

二、填空题

1．在 Excel 中，VLOOKUP 函数第 4 个参数省略时，表示查找方式是_____匹配。

2．在 Excel 中，假设 B2:B50 单元格区域存放了高等数学的考试成绩，若要统计成绩为优秀（大于等于 90）的人数，应使用_____函数。

3．在 Excel 中，函数公式=SUM(B1:B20)的功能是计算单元格区域 B1:B20 的_____。

4．图 7-39 所示为包含有出生日期和年龄 2 列数据的工作表，若年龄由出生日期计算得到，则其计算公式应为_____。

5．FIND 函数用于查找字符在指定的文本字符串中是否存在。如果存在，返回具体位置；否则返回错误值_____。

三、问答题

1．什么是函数？函数的作用是什么？

2．在输入函数时，如果不了解函数参数的含义及用法，应该如何做？

3．不允许在图 7-40 所示的报销清单表中输入相同的姓名，应该如何做？请简单说明操作思路。

4．假设每年年末存入银行 30000 元，存款的年利率为 1.98%，按年计算复利，到第 5 年年末时全部存款的本利和是多少？

5．某企业年贷款 1000 万元，贷款年利率为 6%，从一年后开始分 5 年还清，问平均每年还款额应该是多少？

图 7-39　"出生日期和年龄"工作表

图 7-40　报销清单表

实　　训

1．对第 6 章实训中所建"工资"表的相关工资项，按照以下规则完成计算。

（1）岗位津贴：销售部为 800 元，其他部门为 1000 元。

（2）代扣个税：假设以 3000 元作为个人收入所得税起征点。代扣个税的计算方法为"应纳税所得额×税率−速算扣除数"。其中，税率及速算扣除数如表 7-2 所示。

表 7-2　　　　　　　　　　　　　　　　　税率及速算扣除数

级　　数	应纳税所得额	税　　率	速算扣除数
0	1～3000	3%	0
1	3001～12000	10%	210
2	12001～25000	20%	1410
3	25001～无限	25%	2660

2．某公司"效绩奖金"表如图 7-41 所示。请在此基础上，按照以下要求完成计算。

图 7-41　"绩效奖金"表

（1）计算评分、评定结果、系数和绩效奖金，并将计算结果填入相应单元格中。其中：
评分=上级评分+浮动分。
评定结果和系数的计算方法如表 7-3 所示。

表 7-3　　　　　　　　　　　　　　　　评定结果和系数的计算方法

评　　分	评 定 结 果	系　　数
≥90	优秀	1.5
80～89	良好	1
70～79	较好	0.8
60～69	合格	0.5
<60	需要改进	0

绩效奖金的计算方法是，如果系数不为 0，绩效奖金=（基本工资+行政工资）×系数；否则绩效奖金为 100。

（2）计算总奖金、平均奖金和最高奖金，并将计算结果填入工作表的相应单元格中。

（3）计算每类评定结果的人数及占总人数的比率，并将计算结果填入工作表的相应单元格中。

第 8 章　利用图表显示数据

内容提要

本章主要介绍通过图表展示数据特征的基本操作，包括图表的组成及种类、图表的创建及编辑、图表的美化及应用等。重点是通过使用多种图表显示销售业绩及产品销售情况，掌握利用 Excel 图表显示数据的方法。

主要知识点

- 图表的组成和种类
- 创建图表
- 编辑图表
- 修饰图表
- 应用图表

在日常工作中，人们常常使用图表来展示数据。事实上，一个设计严谨、制作精美的图表，能够使表格中枯燥的数字变得直观。Excel 提供了丰富、实用的图表功能，可以快速地创建各种图表，利用这些图表可以对数据的变化情况、变化周期、变化幅度和发展趋势有一个形象、直观的了解。

8.1　认识图表

图表是 Excel 的重要组成部分，一般由点、线、面等多种图形组合而成。使用工作簿中的数据绘制出来的图表，描述了数据与数据之间的关系，一般依然存放于工作簿中。

8.1.1　图表的组成

图表一般由图表区、绘图区、坐标轴、标题、数据系列、图例、网格线等部分组合而成，如图 8-1 所示。认识图表的各个组成部分，有助于正确地选择和设置图表中的各类元素。

1．图表区

图表区是指图表的全部背景区域，包括所有的数据信息以及图表辅助的说明信息。例如，图表标题、图例、数据系列、坐标轴等。选定图表区时，将显示图表元素的边框，以及用于调整图表大小的 8 个控制点。

图 8-1　图表的组成

2．绘图区

绘图区是指图表区内图形包含的区域，即以 2 个坐标轴为边的矩形区域。选定绘图区时，将显示绘图区的边框，以及用于调整绘图区大小的 8 个控制点。

3．坐标轴

在 Excel 2016 图表中，坐标轴按位置分为 2 类，即横坐标轴和纵坐标轴。横坐标轴又可以分为文本、日期 2 种，主要用来显示数据系列中每个数据点对应的分类标签，显示在图表的底部；纵坐标轴用来显示每类的数值，显示在图表的左侧。

4．标题

标题是对图表、坐标轴等进行说明的文字。标题包括图表标题和坐标轴标题，即图表名称和坐标轴名称。图表标题一般显示在绘图区的上方，用来说明图表的主题；横坐标轴（分类轴）标题一般显示在横坐标轴下方；纵坐标轴（数值轴）标题一般显示在纵坐标轴的左侧。图表标题只有 1 个，而坐标轴标题最多允许有 4 个。

5．数据系列

数据系列是由数据点构成的，每个数据点对应工作表中的一个单元格内的数据。每个数据系列对应工作表中的一行或一列数据。数据系列在绘图区中表现为彩色的点、线、面等图形。

6．图例

图例用来表示图表中各数据系列的名称，它由图例项和图例项标示组成。

7．网格线

网格线是坐标轴上刻度线的延伸，它穿过绘图区。添加网格线的目的是便于查看和计算数据。

8.1.2　图表的种类

Excel 2016 提供了柱形图、折线图、饼图、条形图、面积图、XY 散点图、股价图、曲面图、雷达图、树状图、旭日图、直方图、箱形图、瀑布图、漏斗图和组合图等 16 种不同类型的图表。每种图表还有多种不同的具体形式可供选择。

1．柱形图

柱形图是 Excel 最常用的图表类型，它主要表现数据之间的差异。柱形图在垂直方向进行比较，用矩形的长短来描述数据的大小。一般将分类项标在横坐标轴上，将数据的大小标在纵坐标轴上，这样可以强调数据是随分类项（如时间）变化的。

2．折线图

折线图也是常见的图表类型，它是将同一数据系列的数据点在图上用直线连接起来，以等间隔的形式显示数据的变化趋势。常用来分析数据随时间变化的趋势，也用来分析多组数据随时间变化的相互作用和相互影响。一般横坐标轴代表时间的变化且间隔相等，纵坐标轴代表各时刻的数据大小。

3．饼图

饼图一般用一组数据系列作为数据源。将一个圆面划分为若干个扇形面，每个扇形面代表一项数据值，其大小用来表示相应数据项占该数据系列总和的比例值，一般用来描述比例、构成等信息。如果数据系列多于一个，Excel 先对同一簇的数据求和，然后再生成相应的饼图。

4．条形图

条形图使用水平横条的长度来表示数据值的大小，描述了各个数据项之间的差别情况。一般将分类项放在纵坐标轴上，将数据的大小放在横坐标轴上。这样可以突出数据间的比较。

5．面积图

面积图使用折线和横坐标轴组成的面积以及两条折线之间的面积来显示数据系列的值。面积图不但强调幅度随时间的变化趋势，还可以通过显示数据的面积来分析部分与整体的关系。

6．XY 散点图

XY 散点图除了可以显示数据的变化趋势，更多地用来描述数据之间的关系。它不仅可以用线段，而且可以用一系列的点来描述数据。在组织数据时，一般将 X 值置于一行或一列中，将 Y 值置于相邻的行或列中。XY 散点图可以按不等间隔来表示数据。

7．股价图

股价图是一类专用图形，通常需要特定的几组数据，主要用来表示股票或期货市场的行情，描述一段时间内股票或期货的价格变化情况。

8．曲面图

曲面图是折线图和面积图的另一种形式，它在原始数据的基础上，通过跨二维的趋势线描述数据的变化趋势，而且通过拖放图形的坐标轴，方便地变换观察数据的角度。当需要寻找 2 组数据之间的最佳组合时，曲面图是很有用的。曲面图中的颜色和图案用来表示在同一取值范围内的区域。

9．雷达图

雷达图是由一个中心向四周辐射出多条数值坐标轴，每个分类都拥有自己的数值坐标轴，将同一数据系列的值用折线连接起来而形成的。雷达图主要用来比较若干数据系列的总体水平值。例如，为了表示企业的经营情况，通常使用雷达图将该企业的各项经营指标（如资金增长率、销售收入增长率、总利润增长率、固定资产比率、固定资产周转率、流动资金周转率、销售利润率等）与同行业的平均标准值进行比较，可以判断企业的经营状况。

10．树状图

树状图全称为矩形式树状结构图，是可以实现层次结构可视化的图表结构，以便用户轻松地发现不同系列之间、不同数据之间的大小关系。树状图按颜色来显示不同类的数据。

11．旭日图

树状图在显示超过 2 个层级的数据时，基本没有太大的优势，这时就可以使用旭日图。旭日图主要用于显示数据之间的层级和占比关系，它的功能有些像旧版 Excel 中的复合环形图，即将几个圆环套在一起，每个圆环表示一个数据值在相应数据系列中所占的比例。

12．直方图

直方图是用于描绘测量值与平均值变化程度的一种图形。用矩形的面积表示频率，图表中的每一列称为箱。

13．箱形图

箱形图又称为盒须图、盒式图或箱线图，是一种用来显示一组数据分散情况的统计图。

14．瀑布图

瀑布图采用绝对值与相对值结合的方式，用于表达多个特定数值之间的数量变化关系。

15．漏斗图

漏斗图用于表示工作流程中多个阶段的值。例如，显示销售过程的各个阶段的值。一般情况下，值逐渐减小，从而使条形图呈现出漏斗形状。

16．组合图

组合图是在一个图表中应用多种图表类型的元素来同时显示多组数据的图表类型。组合图可以使图表类型更加丰富，还可以更好地区别不同的数据，并强调不同数据关注的侧重点。

8.2　创建图表

图表是基于工作表中的数据生成的，主要有迷你图、嵌入式图表、图表工作表等。

8.2.1　创建迷你图

迷你图是绘制在单元格中的一个微型图表。使用迷你图可以直观地反映数据系列的变化趋势。打印工作表时，单元格中的迷你图会与数据一起进行打印。创建迷你图时，可以在一个单元格中创建，也可以在一组连续的单元格中创建。

1．在一个单元格中创建

具体操作步骤如下。

步骤 1　选定存放迷你图的单元格。

步骤 2　打开"创建迷你图"对话框。在"插入"选项卡的"迷你图"命令组中，单击所需迷你图类型对应的命令，系统弹出"创建迷你图"对话框。

步骤 3　指定数据范围。在"数据范围"文本框中输入数据所在的单元格区域；也可以单击右侧的"折叠"按钮，然后使用鼠标选择所需的单元格区域。

步骤 4　关闭"创建迷你图"对话框。单击"确定"按钮，关闭"创建迷你图"对话框，同时将在当前单元格中创建出迷你图。

2．在一组连续的单元格中创建

有时候可能需要在一组连续的单元格中，如一列中创建迷你图，即希望创建一组迷你图。例如，图 8-2 所示为某公司业务员 6 个月的销售业绩情况表，如果希望了解每名业务员的销售趋势，可以在 H 列的相应单元格中创建对应的迷你图。

	A	B	C	D	E	F	G	H
1	姓名	1月	2月	3月	4月	5月	6月	销售趋势
2	郝海为	176950	28750	370000	539000	448500	370000	
3	靳晋复	665000	19425	703000	443200	583500	416000	
4	李燕	185000	40658	329400	407000	367500	195500	
5	沈核	572000	21000	35150	731000	129500	610250	
6	盛代国	157200	27060	556500	92000	450000	1215300	
7	宋维昆	483000	13800	157250	425500	766500	370000	
8	王利华	503800	46000	907000	87500	189000	517000	
9	苑平	828000	37860	76000	74000	315000	274000	
10	张涛	538000	18500	1001000	242300	208250	540500	

图 8-2　销售业绩情况表

创建一组迷你图的具体操作步骤如下。

步骤1 选定存放迷你图的单元格区域。此处希望创建反映每名业务员销售趋势的迷你图，因此选定 H2:H10 单元格区域。

步骤2 打开"创建迷你图"对话框。在"插入"选项卡的"迷你图"命令组中，单击"折线图"命令，系统弹出"创建迷你图"对话框。

步骤3 指定数据范围。在"数据范围"文本框中输入数据所在的单元格区域，本例输入 B2:G10；也可以单击右侧的"折叠"按钮，然后使用鼠标选择所需的单元格区域，如图 8-3 所示。

步骤4 关闭"创建迷你图"对话框。单击"确定"按钮，关闭"创建迷你图"对话框。同时将在 H2:H10 单元格区域中创建一组折线迷你图，如图 8-4 所示。

图 8-3 指定数据范围

	A	B	C	D	E	F	G	H
1	姓名	1月	2月	3月	4月	5月	6月	销售趋势
2	郝海为	176950	28750	370000	539000	448500	370000	
3	靳晋复	665000	19425	703000	443200	583500	416000	
4	李燕	185000	40658	329400	407000	367500	195500	
5	沈核	572000	21000	35150	731000	129500	610250	
6	盛代国	157200	27060	556500	92000	450000	1215300	
7	宋维昆	483000	13800	157250	425500	766500	370000	
8	王利华	503800	46000	907000	87500	189000	517000	
9	范平	828000	37860	76000	74000	315000	274000	
10	张涛	538000	18500	1001000	242300	208250	540500	

图 8-4 折线迷你图的创建结果

还可以在 H2 单元格中先创建一个迷你图，然后使用填充的方法将迷你图填充到 H3:H10 单元格区域中，与填充公式的操作方法一样。

在 Excel 2016 中，仅提供 3 种形式的迷你图，分别是"折线迷你图""柱形迷你图"和"盈亏迷你图"，且不能制作 2 种以上图表类型的组合图。

8.2.2 创建嵌入式图表

嵌入式图表是 Excel 应用中运用最多的图表，其特点是将图表直接绘制在原始数据所在的工作表中。图表的数据源为对应工作表中的数据，可以实现数据表格与数据的混排。

1. 使用功能区中的命令直接创建

具体操作步骤如下。

步骤1 选定数据。选定创建图表所需数据的单元格区域。

选定数据时，应同时选定数据标志（标题行或标题列）。如果选定用于图表的数据单元格不在一个连续的区域内，应先选定第一组包含所需数据的单元格区域，再按住【Ctrl】键选定其他单元格区域。

步骤2 选择图表类型。在"插入"选项卡的"图表"命令组中，单击所需的一种图表类型（如柱形图）的命令，从弹出的下拉菜单中选择一种子图表类型；如果"图表"命令组中没有所需的图表类型，单击"图表"命令组右下角的"查看所有图表"按钮，打开"插入图表"对话框，从中选择所需的图表。

完成上述操作后，Excel 将在当前工作表中创建所选图表类型的图表。

2．使用推荐的图表创建

在创建图表时，如果无法确定使用哪种图表，可以使用 Excel 2016 提供的"推荐的图表"命令，Excel 将分析数据并提出建议。使用"推荐的图表"命令创建图表的操作步骤如下。

步骤1　选定数据。选定创建图表所需数据的单元格区域。

步骤2　打开"插入图表"对话框。在"插入"选项卡的"图表"命令组中，单击"推荐的图表"命令，打开"插入图表"对话框。在"推荐的图表"选项卡上，可以看到 Excel 推荐的图表列表，如图 8-5 所示。

图 8-5　Excel 推荐的图表列表

步骤3　选择所需的图表。

3．使用对话框创建

具体操作步骤如下。

步骤1　选定数据。选定创建图表所需数据的单元格区域。

步骤2　打开"插入图表"对话框。单击"图表"命令组右下角的"查看所有图表"按钮，打开"插入图表"对话框。

步骤3　选择图表类型。在该对话框中单击"所有图表"选项卡，然后在对话框左侧选定一种图表类型，在对话框右侧选定一种对应的子图表类型。

步骤4　创建图表。单击"确定"按钮，关闭"插入图表"对话框。此时 Excel 将在当前工作表中创建所选图表类型的图表。

8.2.3　创建图表工作表

图表工作表的特点是 1 张工作表即 1 张图表。也就是说，将图表绘制成 1 张独立的工作表，图表的数据源为工作表中的数据，图表的大小由 Excel 自动设置。

创建图表工作表的操作步骤如下。

步骤1　选定数据。选定创建图表所需数据的单元格区域。

步骤2　执行创建图表操作。按【F11】快捷键，Excel 自动插入一个新的图表工作表，并创建一个以所选单元格区域为数据源的柱形图。

使用【F11】快捷键创建的图表工作表，默认的工作表名为"Chart1"，默认的图表类型为柱形图。如果需要创建其他类型的图表，可以在创建完成后将其更改为其他图表类型。

8.3　编辑图表

对图表进行编辑是指对图表的各个组成部分进行一些必要的修改。例如，更改图表的类型、更改图表的数据源、设置图表的位置、添加数据系列、调整图表元素的大小等。

在对图表工作表进行编辑操作时，首先要选定图表工作表标签使其变成当前工作表，然后单击该工作表中的某个元素，即可对其进行编辑操作。若对嵌入式图表进行编辑操作，只需要用鼠标单击图表区域，该图表的周围会出现黑色的细线矩形框，并在 4 个角上和每条边的中间出现黑色小方块的控制柄，此时可以对图表进行移动、放大、缩小、复制和删除等操作。单击图表的某个元素可以对其进行编辑。在选定图表后，功能区会自动出现"图表工具"上下文选项卡，其中包含"设计"和"格式"2 个子卡。

若对迷你图进行编辑操作，应先选定迷你图，然后可以更改其数据源、图表类型等。在选定迷你图后，功能区会自动出现"迷你图工具"上下文选项卡，其中包含"设计"子卡。

8.3.1　更改图表类型

如果创建的图表不能直观地表达数据，可以更改图表类型。

1．更改迷你图的图表类型

其操作步骤如下。

步骤1　选定需要更改图表类型的迷你图所在单元格。

步骤2　更改图表类型。在"迷你图工具"上下文选项卡"设计"子卡的"类型"命令组中，单击所需图表类型的相应命令。

2．更改嵌入式图表和图表工作表的图表类型

更改嵌入式图表和图表工作表的图表类型，方法相似。其操作步骤如下。

步骤1　选定需要更改图表类型的图表。

步骤2　打开"更改图表类型"对话框。在"图表工具"上下文选项卡"设计"子卡的"类型"命令组中，单击"更改图表类型"命令；或者用右键单击选定的图表，从弹出的快捷菜单中选择"更改图表类型"命令，系统弹出"更改图表类型"对话框。

步骤3　设置图表类型。在该对话框中选择"所有图表"选项卡，在对话框左侧选择所需的图表类型，在对话框右侧选择所需的子图表类型，然后单击"确定"按钮。

8.3.2　设置图表位置

嵌入式图表和图表工作表可以互相转换位置。具体操作步骤如下。

步骤1　选择要调整位置的图表。

步骤2　打开"移动图表"对话框。在"图表工具"上下文选项卡"设计"子卡的"位置"命令组中，单击"移动图表"命令，系统弹出"移动图表"对话框。

步骤3　选择放置图表的位置。如果要将嵌入式图表转换为图表工作表，则选择"新工作表"单选按钮，在右侧文本框中输入新工作表名；如果要将图表工作表转换为嵌入式图表，则选择"对象位于"单选按钮，同时需要在其右侧下拉列表中选择要放置图表的工作表名称。

步骤 4 完成设置。单击"确定"按钮。

8.3.3 编辑数据系列

数据系列是在绘图区中由一系列点、线或平面的图形构成的图表对象。创建图表后，仍可以通过向图表中加入更多的数据系列来更新图表，也可以改变图表中引用的数据系列，还可以删除不需要的数据系列。

1. 交换行列数据

创建图表后，如果需要，可以交换行列数据，操作步骤如下。

步骤 1 选定图表。

步骤 2 执行交换操作。在"图表工具"上下文选项卡"设计"子卡的"数据"命令组中，单击"切换行/列"命令。

2. 更改数据系列

更改数据系列的具体操作步骤如下。

步骤 1 选定图表。

8-1 更改数据系列

步骤 2 打开"选择数据源"对话框。在"图表工具"上下文选项卡"设计"子卡的"数据"命令组中，单击"选择数据"命令；或者右键单击选定的图表，从弹出的快捷菜单中选择"选择数据"命令，系统弹出"选择数据源"对话框。

步骤 3 选择需要修改的数据系列。在"图例项（系列）"列表框中选择需要更改的图例项，如图 8-6 所示。

图 8-6　选择需要修改的数据系列

步骤 4 打开"编辑数据系列"对话框。单击"编辑"按钮，系统弹出"编辑数据系列"对话框。

步骤 5 设置更新的数据系列。在"系列名称"文本框中输入更改后的数据系列名称，在"系列值"文本框中设置引用数据的单元格区域，如图 8-7 所示。

图 8-7　设置更新的数据系列

步骤 6 完成更改。单击"确定"按钮，回到"选择数据源"对话框，然后单击"确定"按钮。

除上述更改数据系列的方法外，还可以使用直接拖放的方法快速更改数据系列。例如，将图表中的"总奖金"改为"累计销售额"。其操作步骤如下。

步骤 1 选定图表。选定图表，此时在工作表的引用单元格区域显示 3 个矩形框，紫色为横坐标轴标签，红色为数据系列名称，蓝色为数据系列，如图 8-8 所示。

图 8-8　选定图表

步骤 2 更改数据系列。将鼠标放到蓝色矩形框线上，框线变粗，当鼠标指针变为十字形状时，按住鼠标左键，拖动蓝色矩形框线到"累计销售额"列 H3:H11 单元格区域，此时红色矩形框线也同时移动到 H2 单元格，松开鼠标左键完成更改操作，如图 8-9 所示。

图 8-9　更改数据系列

3. 添加数据系列

添加数据系列的操作步骤如下。

步骤 1 选定图表。

步骤 2 打开"选择数据源"对话框。

步骤 3 打开"编辑数据系列"对话框。在"选择数据源"对话框中，单击"添加"按钮，系统弹出"编辑数据系列"对话框。

8-2　添加数据系列

步骤 4 设置要添加的数据系列。在"系列名称"文本框中输入要添加的数据系列名称，在"系列值"文本框中设置引用数据的单元格区域。

步骤 5 完成添加。单击"确定"按钮，回到"选择数据源"对话框，然后单击"确定"按钮。

除上述添加数据系列的方法外，还可以使用复制、粘贴方法或鼠标拖放方法，将数据系列快速添加到图表中。例如，将"2 月业绩奖金表"工作表中的"累计销售业绩"添加到图表中。

（1）使用复制、粘贴方法的操作步骤如下。

步骤 1 选定数据系列。选定需要添加的单元格区域 C2:C11。

步骤 2 向图表中添加数据系列。按【Ctrl】+【C】组合键复制要添加的数据系列，再选定图表，然后按【Ctrl】+【V】组合键将数据系列添加到图表中，结果如图 8-10 所示。

图 8-10　向图表中添加数据系列结果

（2）使用鼠标拖放方法的具体操作方法是：选定图表后，将鼠标定位到蓝色边框线的右下角，当鼠标指针变为双向箭头形状时，拖动蓝色框线到需要的列，然后松开鼠标左键，这时在图表中自动添加选定的数据系列。鼠标拖放方法适用于连续的数据区域。

4．删除数据系列

如果某一数据系列需要从图表中删除，操作步骤如下。

步骤1　选定要删除的数据系列。在图表中，单击要删除的数据系列。

步骤2　执行删除操作。直接按【Delete】键；或者右键单击选定的数据系列，从弹出的快捷菜单中选择"删除"命令。

在对图表进行编辑操作时，一般需要先选定图表。选定图表后，图表右侧会出现 3 个图标，功能分别为：添加、删除或更改图表元素（ ＋ ），设置图表元素的样式和颜色（ 🖌 ），按数值或名称对数据进行筛选（ ▼ ）。可以根据需要来选择并进行相应的操作。

8.4　修饰图表

创建图表后，可以对其进行美化和修饰，使其看起来更加美观、清晰，同时便于理解。

8.4.1　设置图表元素格式

可以按需要对图表中每个组成部分进行修饰。

1．设置图表区格式

图表区是指图表的全部背景区域。设置图表区格式主要包括设置图表区的填充与线条、效果和大小与属性等。其中，"填充与线条"主要用来设置图表内部区域的背景颜色及图案效果、线条的样式及颜色；"效果"主要用来设置图表的阴影、发光、柔化边缘和三维格式等；"大小与属性"主要用来设置大小、属性和可选文字等。其操作步骤如下。

步骤1　选定图表区。

步骤2　打开"设置图表区格式"窗格。在"图表工具"上下文选项卡的"格式"子卡中，单击"形状样式"或"大小"命令组右下角的对话框启动按钮；或者右键单击图表区，从弹出的快捷菜单中选择"设置图表区域格式"命令；或者双击图表区；或者在"当前所选内容"命令组中，单击"设置所选内容格式"命令。系统弹出"设置图表区格式"窗格。

步骤3　设置图表区格式。在"设置图表区格式"窗格中设置图表区的填充与线条、效果、大小与属性。

在"设置图表区格式"窗格上方选定"填充与线条"，在下方"填充"区域内选定"图片或纹理填充"单选按钮，然后单击"插入图片来自"区域中的相应按钮，可以将图片文件、剪贴板或联机等作为图片的来源进行选择。

2．设置绘图区格式

绘图区是图表区中由坐标轴围成的部分。设置绘图区格式与设置图表区格式类似，主要设置填充与线条和效果等。其操作步骤如下。

步骤1　选定绘图区。

步骤2　打开"设置绘图区格式"窗格。在"图表工具"上下文选项卡的"格式"子卡中，单击"形状样式"或"大小"命令组右下角的对话框启动按钮；或者右键单击绘图区，从弹出的快捷菜单中选择"设置绘图区格式"命令；或者双击绘图区；或者在"当前所选内容"命令组中，单击"设置所选内容格式"命令。系统弹出"设置绘图区格式"窗格。

步骤3　设置选项。在该窗格中设置绘图区的填充颜色及图案，是否加边框，以及边框的样式、颜色等。

3．设置数据系列格式

数据系列是在绘图区中由一系列点、线或平面的图形构成的图表对象。设置数据系列格式主要包括填充与线条、效果和系列选项等。其中，"系列选项"中的"系列重叠"主要用来设置数据点重叠比例，"分类间距"主要用来设置数据点间距，"系列绘制在"主要用来选择数据系列绘制在主坐标轴或次坐标轴。其他选项设置与前述相似。

　不同图表类型，其数据系列格式的设置内容不同。

设置数据系列格式的操作步骤如下。

步骤1　选定某一数据系列。

步骤2　打开"设置数据系列格式"窗格。在"图表工具"上下文选项卡的"格式"子卡中，单击"形状样式"或"大小"命令组右下角的对话框启动按钮；或者右键单击所选数据系列，从弹出的快捷菜单中选择"设置数据系列格式"命令；或者双击所选数据系列；或者在"当前所选内容"命令组中，单击"设置所选内容格式"命令。系统弹出"设置数据系列格式"窗格。

步骤3　设置选项。在"设置数据系列格式"窗格上方选择某一项，在下方按需求设置其中具体的选项内容。例如，在窗格上方选择"系列选项"，在下方拖动"分类间距"右侧的滑块向左侧滑动；或者在微调框中直接输入间距比例，如图 8-11 所示。这时 Excel 会自动将图形之间的距离变小，图形变宽，设置选项的结果如图 8-12 所示。

图 8-11　设置数据系列图形的间距

图 8-12　设置选项的结果

4．设置坐标轴格式

坐标轴是图表中作为数据点参考的两条相交直线，包括坐标轴标题、坐标轴线、刻度线、坐标轴标签等图表元素。Excel 一般默认有 2 个坐标轴，即横坐标轴和纵坐标轴。绘图区下方的直线为横坐标轴，绘图区左侧的直线为纵坐标轴。设置坐标轴格式主要包括填充与线条、效果、大小与属性和坐标轴选项等。其中"坐标轴选项"中的"坐标轴选项"用来设置坐标轴的类型、坐标轴的位置等；"刻度线"用来设置标记间隔和类型；"标签"用来设置标签间隔、与坐标轴的距离和标签位置等；"数字"用来设置数字类别和格式等。

设置坐标轴格式的操作步骤如下。

步骤1 选定坐标轴。

步骤2 打开"设置坐标轴格式"窗格。在"图表工具"上下文选项卡的"格式"子卡中，单击"形状样式"或"大小"命令组右下角的对话框启动按钮；或者用右键单击坐标轴，在弹出的快捷菜单中选择"设置坐标轴格式"命令；或者双击所选坐标轴；或者在"当前所选内容"命令组中，单击"设置所选内容格式"命令。系统弹出"设置坐标轴格式"窗格。

步骤3 设置选项。在"设置坐标轴格式"窗格上方选定某一项，在下方按需求设置其中具体的选项内容。

Excel 图表中，默认的坐标轴为直线形式，如果希望将图表中的坐标轴以箭头形式显示，可以按如下操作步骤进行设置。

步骤1 选定要添加箭头的坐标轴。

步骤2 打开"设置坐标轴格式"窗格。

步骤3 设置坐标轴箭头线。在该窗格上方选定"填充与线条"，在下方"线条"项中，单击"箭头末端类型"右侧下拉箭头，从弹出的列表中选择其中一种箭头样式。设置结果如图 8-13 所示。

图 8-13　坐标轴箭头线的设置结果

5．设置网格线格式

图表中的网络线，按坐标轴刻度分为主要网格线和次要网格线。坐标轴主要刻度线对应的是主要网格线，坐标轴次要刻度线对应的是次要网格线。设置网格线格式包括填充与线条和效果。其中，"填充与线条"主要用来设置网格线的颜色、线条的样式和粗细等；"效果"主要用来设置阴影、发光和柔化边缘等。其设置方法与前述方法相同。

在创建图表时，Excel 默认设置的网格线是纵坐标轴（y 轴）上的主要网格线，如果只希望分隔数据系列，不需要了解每个图形纵坐标轴上的具体数字，可以按如下操作步骤进行设置。

步骤1 选定图表。

步骤2 取消"主轴主要水平网格线"。在"图表工具"上下文选项卡"设计"子卡的"图表布局"命令组中，单击"添加图表元素"→"网格线"→"主轴主要水平网格线"命令。

步骤3 添加"主轴主要垂直网格线"。在"图表工具"上下文选项卡"设计"子卡的"图表布局"命令组中，单击"添加图表元素"→"网格线"→"主轴主要垂直网格线"命令，结果如图 8-14 所示。

图 8-14　主轴主要垂直网格线的设置结果

6．设置图例格式

图例包含图例项和图例项标示两部分。图例项与数据系列一一对应，如果图表中有 2 个数据系列，则图例包含 2 个图例项。图例项的文字与数据系列的名称一一对应，如果没有指定数据系列的名称，则图例项自动显示为"系列 1、系列 2、……"。设置图例格式包括填充与线条、效果和图例选项。其中，"填充与线条"用来设置图例的背景颜色或图案、图例边框颜色、图例边框线的类型等；"效果"用来设置阴影、发光和柔化边缘等；"图例选项"用来设置图例的位置。其设置方法也与前述方法相同。

7．设置标题格式

标题包括图表标题和坐标轴标题，坐标轴标题又可分为横坐标轴标题和纵坐标轴标题。设置标题格式主要包括填充与线条、效果和大小与属性等。各项的设置内容及含义与前述基本相同，设置方法也与前述方法相同。

对图表中各元素字体格式的设置，可以右键单击图表元素，并从弹出的快捷菜单中选择"字体"命令，在打开的"字体"对话框中设置所需的字体、字形和字号等。

8．设置数据标签

虽然在图表中可以直观地查看数据，但无法直观地看到数据的精确值。如果需要在图表中显示出数据的精确值，则应添加数据标签。例如，在图 8-12 所示图表中添加数据标签，并将数据标签显示在数据系列图形中。具体操作步骤如下。

8-3　设置数据标签

步骤1 选定数据系列。

步骤2 设置数据标签位置。在"图表工具"上下文选项卡"设计"子卡的"图表布局"命令组中，单击"添加图表元素"→"数据标签"→"数据标签内"命令。设置结果如图 8-15 所示。

图 8-15　数据标签位置的设置结果

8.4.2 快速布局图表

在 Excel 2016 中，用户除了可以通过上述介绍的方法来对图表中的各元素进行格式设置和布局，还可以通过快速布局的操作来美化图表。Excel 提供了多种布局模板来方便用户快速完成布局。快速布局图表的操作步骤如下。

步骤1 选定图表。

步骤2 打开快速布局命令列表。在"图表工具"上下文选项卡"设计"子卡的"图表布局"命令组中，单击"快速布局"命令，系统弹出快速布局命令列表，如图 8-16 所示。

图 8-16 快速布局命令列表

步骤3 快速布局图表。从列表中选择所需布局。

8.4.3 美化三维图表

与平面图表相比，Excel 在柱形图和条形图这 2 种类型的图表中提供了三维图表，使图表更具有立体感。但默认情况下创建的三维图表往往不够美观，如图 8-17 所示的三维柱形图。此时可以通过调整参数来进一步美化图表。

图 8-17 三维柱形图

1. 设置三维图表的高度和角度

设置三维图表的高度和角度，具体操作步骤如下。

步骤1 打开"设置绘图区格式"窗格。

步骤2 设置高度及角度。在"设置绘图区格式"窗格上方选择"效果"，在下方展开"三维旋转"区域，勾选"直角坐标轴"复选框，并且单击"X 旋转"文本框右侧增减按钮使其值变为"10°"，单击"Y 旋转"文本框右侧增减按钮使其值改为"10°"，如图 8-18 所示。单击"关闭"按钮，高度和角度的设置结果如图 8-19 所示。

图 8-18 设置高度和角度

图 8-19 高度和角度的设置结果

2. 设置三维图表的深度和宽度

设置三维图表的深度和宽度，具体操作步骤如下。

步骤1 打开"设置数据系列格式"窗格。

步骤2 设置深度和宽度。在该窗格上方选择"系列选项"，在下方修改"系列间距"和"分类间距"的值，如图 8-20 所示。深度和宽度的设置结果如图 8-21 所示。

图 8-20 设置三维图表的深度和宽度

图 8-21 深度和宽度的设置结果

3．设置三维图表的图形形状

除了可以进行上述设置，还可以改变数据系列的图形形状，具体操作步骤如下。

步骤1 打开"设置数据系列格式"窗格。

步骤2 设置图形形状。在该窗格上方选择"系列选项"，在下方"柱体形状"区选择某一图形对应的单选按钮。例如，选择"完整圆锥"，如图 8-22 所示。如果需要改变另一数据系列柱形图的图形形状，可以使用上述方法再次选择。略微调整图表的宽度，三维图表的最终设置结果如图 8-23 所示。

图 8-22 选择"完整圆锥"

图 8-23 三维图表的最终设置结果

8.4.4 添加趋势线

趋势线以图表的方式显示了数据的变化趋势，同时还可以用来进行预测分析，也称回归分析。利用回归分析，可以在图表中延伸趋势线。该线可以根据实际数据向前或向后模拟数据的走势；还可以生成移动平均，消除数据的波动，以便更清晰地显示图案和趋势；Excel允许在条形图、柱形图、折线图、股价图和 XY 散点图中为数据系列添加趋势线，但不能在三维图表、堆积型图表、雷达图、饼图或旭日图中添加趋势线。对于那些包含与数据系列相关的趋势线的图表，如果将它们的图表类型改变成不能添加趋势线的图表（如将图表类型修改为饼图），则原有的趋势线将丢失。

1．添加趋势线

添加趋势线的具体操作步骤如下。

步骤1 选定图表。

步骤2 添加趋势线。在"图表工具"上下文选项卡"设计"子卡的"图表布局"命令组中，单击"添加图表元素"→"趋势线"命令，再从弹出的级联菜单中选择所需的趋势线命令，如选择"线性预测"。

2．设置趋势线格式

在创建的图表中添加趋势线辅助分析数据后，可以对趋势线进行格式设置，使其突出显示，包括更改趋势线的线型、颜色等。

（1）设置趋势线颜色的具体操作步骤如下。

步骤 1 选定图表中的趋势线。

步骤 2 设置颜色。在"图表工具"上下文选项卡"格式"子卡的"形状样式"组中，单击"形状轮廓"命令，并从弹出的下拉菜单中选择所需颜色。

（2）设置趋势线线型的操作步骤如下。

步骤 1 选定图表中的趋势线。

步骤 2 设置线型。在"图表工具"上下文选项卡"格式"子卡的"形状样式"组中，单击"形状轮廓"→"虚线"命令，并在弹出的级联菜单中选择所需的线型。

8.5 应用实例——显示销售业绩

在销售管理中，虽然以表格方式显示数据能够精确地反映公司的销售情况，能够显示业务员的销售业绩及奖励奖金。但是表格不能直观地表达多组数据之间的关系，不能从中获取更多的信息。图表是展示数据最直观、有效的手段，一组数据的各种特征、变化趋势或者多组数据之间的相互关系都可以通过图表一目了然地反映出来。本节将通过使用"销售管理"工作簿中已有的数据创建图表，来进一步说明 Excel 图表的作用和应用范围、图表操作的方法和技巧。

8.5.1 比较业务员销售业绩

假设公司管理者希望能够更加清晰地了解每名业务员 2 月的销售业绩和累计销售额。创建一个图表，使用柱形图显示每名业务员的 2 月销售业绩，使用饼图显示每名业务员的累计销售额占总销售额的百分比。

1. 创建业务员销售业绩比较图

具体操作步骤如下。

步骤 1 选定数据源。在"销售管理"工作簿中，单击"2 月业绩奖金表"工作表标签，按下【Ctrl】键，分别选定 B2:A10、E2:E10 和 H2:H10 这 3 个单元格区域。

步骤 2 选择图表类型。在"插入"选项卡的"图表"命令组中，单击"柱形图"→"簇状柱形图"命令，创建结果如图 8-24 所示。

2. 设置图表标题和数据标签

具体操作步骤如下。

步骤 1 设置图表标题。选定"图表标题"文本框，输入业务员销售业绩比较。

步骤 2 设置数据标签。选定图表，在"图表工具"上下文选项卡"设计"子卡的"图表布局"命令组中，单击"添加图表元素"→"数据标签"→"数据标签外"命令，结果如图 8-25 所示。

图 8-24　创建图表的结果

图 8-25　图表标题和数据标签的设置结果

3．美化图表

对图表中的标题、图例等图表元素进一步美化，使图表更加美观、清晰。操作步骤如下。

（1）设置图表文字大小。右键单击图表区，在弹出的快捷菜单中选择"字体"命令，在打开的"字体"对话框中，将"大小"改为"8"，然后单击"确定"按钮。

（2）设置图表标题字体。右键单击图表标题，在弹出的快捷菜单中选择"字体"命令，在打开的"字体"对话框中，设置"中文字体"为"幼圆"，"大小"为"12"，然后单击"确定"按钮。

（3）设置图例字体。右键单击图例，在弹出的快捷菜单中选择"字体"命令，在打开的"字体"对话框中，将"中文字体"改为"楷体"，然后单击"确定"按钮。美化图表后的结果如图 8-26 所示。

图 8-26 美化图表后的结果

图 8-26 所示的柱形图可以清晰、直观地反映出每名业务员的 2 月销售业绩差异。

4．创建组合图

如前所述，组合图可以在一个图表中应用多种图表类型元素来同时显示多组数据，也就是说，可以根据需要为每个数据系列选择不同类型的图表。例如，将图 8-26 所示图表中的"累计销售额"数据系列用饼图来显示，这样既可以比较业务员的本月销售业绩，又可以显示业务员累计销售额的分布情况。创建组合图的操作步骤如下。

步骤1 打开"更改图表类型"对话框。右键单击图表，从弹出的快捷菜单中选择"更改图表类型"命令，系统弹出"更改图表类型"对话框。

步骤2 选择图表类型。在该对话框左侧，单击"所有图表"选项卡，并选择"组合"，在右侧"累计销售额"下拉列表中选择"饼图"，选择结果如图 8-27 所示。然后单击"确定"按钮。

图 8-27 选择图表类型

也可以使用鼠标右键单击"累计销售额"数据系列中的任意一个数据值，然后从弹出的快捷菜单中选择"更改系列图表类型"命令，在弹出的"更改图表类型"对话框右侧"累计销售额"下拉列表中选择"饼图"，然后单击"确定"按钮。

步骤3 设置数据标志。将饼图数据标志改为"百分比"，方法是首先右键单击饼图，从弹出的快捷菜单中选择"设置数据标签格式"命令，打开"设置数据标签格式"窗格；然后在该窗格上方选择"标签选项"，在下方"标签包括"区中勾选"百分比"复选框，取消"值"复选框的勾选，在"标签位置"区选择"数据标签内"单选按钮；最后选择柱形图数据标志，按【Delete】键删除柱形图数据标志。

步骤4 更改图例位置。选定图表，在"图表工具"上下文选项卡"设计"子卡的"图表布局"命令组中，单击"添加图表元素"→"图例"→"右侧"命令。

步骤5 调整横坐标轴标题文字的大小。将横坐标轴文本大小调整为"6"。创建结果如图 8-28 所示。

图 8-28　业务员销售业绩比较图创建结果

图 8-28 所示的饼图可以清晰、直观地反映出每名业务员的累计销售额占总销售额的百分比。

8.5.2　显示超级业务员

累计销售额一般能够反映业务员的销售能力，而管理者也常常需要了解销售能力最强的业务员的销售情况。如果使用图表来显示销售能力最强的业务员的累计销售额，可以将累计销售额最大值突出显示出来。创建这种图表的基本思路为：使用辅助列存放最大值数据情况，然后以此列作为数据源创建图表，再对图表进行修改。具体操作步骤如下。

步骤1 计算最大值。判断每名业务员"累计销售额"是否为所有累计销售额中的最大值，如果是，则将该值存入指定列对应的单元格中；如果不是，则在该单元格中存入一个错误值"#N/A"，该错误值对应的函数为"NA()"。此处使用 I 列存放最大值，单击"2月业绩奖金表"工作表标签，在 I2 单元格中输入最大值。在 I3 单元格中输入公式=IF(H3=MAX($H$3:$H$11),H3,NA())。将 I3 单元格中的公式填充到 I4:I11 单元格区域，结果如图 8-29 所示。

I3		▼	×	✓	fx	=IF(H3=MAX($H$3:$H$11),H3,NA())			
	A	B	C	D	E	F	G	H	I
1					2月业务员业绩奖金表				
2	序号	姓名	累计销售业绩	奖金百分比	本月销售业绩	奖励奖金	总奖金	累计销售额	最大值
3	F001	张涛	24947	5%	18500	0	925	95160	95160
4	F002	沈核	8060	10%	21000	0	2100	71515	#N/A
5	F003	王利华	44900	25%	46000	1000	12500	90012	#N/A
6	F004	靳晋复	18432	5%	19425	0	971.25	87857	#N/A
7	F005	范平	28830	20%	37860	1000	8572	55793	#N/A
8	F006	李燕	48111	25%	40658	1000	11164.5	78769	#N/A
9	F007	郝海为	1310	15%	28750	0	4312.5	59171	#N/A
10	F008	盛代国	12252	15%	27060	0	4059	89312	#N/A
11	F009	宋维昆	46223	5%	13800	1000	1690	50023	#N/A

图 8-29　计算最大值结果

步骤2 创建折线图。使用本章所述方法，以 B2:B11 和 H2:I11 这 2 个单元格区域为数据源创建折线图，其中子图表类型选择"带数据标记的折线图"。创建结果如图 8-30 所示。

由于 I 列中只有 I3 为有效数据，因此以 I 列数据为数据系列的折线图只有一个数据点，这个点即为最大值。该数据点恰好与以 I 列数据为数据系列的折线图中的最大值的数据点重合，只需要将该数据点的数据标志显示出来，即可标出该数据点的数值。

步骤 3　标识最大值。选定最大值折线图上的数据点（只有 1 个），在"图表工具"上下文选项卡"设计"子卡的"图表布局"命令组中，单击"添加图表元素"→"数据标签"→"上方"命令，结果如图 8-31 所示。

图 8-30　创建折线图　　　　　　　图 8-31　标识最大值

步骤 4　修改图表。修改内容包括以下方面。

（1）删除图例。选定图例，按【Delete】键将其删除。

（2）删除图表标题。选定图表标题，按【Delete】键将其删除。

（3）调整绘图区大小。

（4）设置网格线。双击网格线，在弹出的"设置主要网格线格式"窗格的上方选定"填充与线条"，在下方将"短划线类型"设置为"方点"，结果如图 8-32 所示。

（5）将折线图改为柱形图。使用柱形图能够更加直观地比较数据值的大小，因此可以将折线图改为柱形图。修改方法为：用鼠标右键单击折线图，从弹出的快捷菜单中选择"更改系列图表类型"命令，在打开的"更改图表类型"对话框右侧"累计销售额"下拉列表中选择"簇状柱形图"，然后单击"确定"按钮，结果如图 8-33 所示。

图 8-32　设置网格线　　　　　　　图 8-33　将折线图改为柱形图

8.5.3　显示产品销售情况

为了更加全面地掌握公司销售情况，公司管理者不仅需要比较每名业务员的销售业绩，还需要通过更加直观的方式了解公司每种产品的销售情况。假设在"销售管理.xlsx"工作簿文件中已经建立了名为"产品销售汇总表"的工作表，如图 8-34 所示。如果希望在显示产品销售汇总情况的同时，还可以深入、直观地了解每种产品的销售完成情况是否高出平均销售额，可以在图中增加一条平均销售额的线条。

	A	B	C	D	E	F	G	H	I	J	K	L	M	N
1	产品品牌	1月	2月	3月	4月	5月	6月	7月	8月	9月	10月	11月	12月	总销售额
2	佳能牌	144300		35150	637000	462500	564000	286650			539000	1076000	563500	4308100
3	金达牌	1683950	67235	157250	1156800	1983750	2091750	2077500	2437000	1956500	1311500	1008000	2685250	18616485
4	三工牌	92000	47200	1668500	583000		1161000		1702450	960000	689500	681500	1055000	8640150
5	三一牌	643000	55760	796000		504000		1761000	990000	420000	1178000	1269000	741000	8357760
6	雪莲牌	1545700	82858	1478400	664700		691800	1034800	1154400	1154000	718200	483000	969500	10126548

图 8-34　产品销售汇总表

1．创建条形图

用户可以使用条形图来显示全年所有产品的总销售额。条形图的创建方法与上述相同，其中图表类型选择"条形图"，子图表类型选择"簇状条形图"，结果如图 8-35 所示。

图 8-35　用条形图显示全年所有产品的总销售额

2．修改数据系列图形

对于创建后的图表，还可以使用更为形象的图形来表达数据的含义。例如，将"总销售额"数据系列图形改为箭头。其具体操作步骤如下。

步骤 1　绘制箭头图形。在"插入"选项卡的"插图"命令组中，单击"形状"→"右箭头"命令；在工作表中任意位置绘制一个箭头图形。

步骤 2　更换数据系列图形。选定所绘的箭头图形，按【Ctrl】+【C】组合键；单击"总销售额"数据系列，然后按【Ctrl】+【V】组合键，结果如图 8-36 所示。

3．为图表添加纵向参考线

有时用户需要快速判断出高于全年平均销售额的产品。一般情况下，即使是添加了数据标签，也不能很清晰地分辨出哪个产品的销售额高于全年的平均销售额。有效的方法是增加一条参考线，可以使结果一目了然。此处将利用散点图增加一条平均销售额参考线，具体操作步骤如下。

步骤 1　准备辅助数据。在 P1:Q3 单元格区域中添加辅助数据，用于绘制辅助的散点图，如图 8-37 所示。辅助数据中 P 列为全年平均销售额，可以通过函数计算得出；Q 列为总销售额的最小值和最大值。

图 8-36　更换数据系列图形

图 8-37　散点图辅助数据

步骤 2　添加"平均销售额"数据系列。选定 P1:Q3 单元格区域，按【Ctrl】+【C】组合键复制单元格区域，然后选定图表，并在"开始"选项卡的"剪贴板"命令组中，单击"粘贴"→"选择性粘贴"命令，打开"选择性粘贴"对话框。在该对话框中分别选择"新建系列"和"列"单选按钮，勾选"首行为系列名称"和"首列中的类别(X 标签)"复选框，如图 8-38 所示。单击"确定"按钮关闭对话框，这时在原图表中新增"平均销售额"数据系列，如图 8-39 所示。

图 8-38　设置粘贴参数

图 8-39　添加"平均销售额"数据系列

步骤3 更改"平均销售额"数据系列图表类型。右键单击"平均销售额"数据系列，从弹出的快捷菜单中选择"更改系列图表类型"命令，打开"更改图表类型"对话框。在对话框右侧"平均销售额"下拉列表中选择"带直线的散点图"，如图 8-40 所示。单击"确定"按钮关闭对话框，结果如图 8-41 所示。

图 8-40 选择"带直线的散点图"　　图 8-41 更改"平均销售额"数据系列图表类型的结果

步骤4 设置坐标轴。右键单击"次坐标轴 垂直（值）轴"（图表右侧的坐标轴），从弹出的快捷菜单中选择"设置坐标轴格式"命令，打开"设置坐标轴格式"窗格。在窗格上方选择"坐标轴选项"，在下方将"最小值"设置为数值 0，将"最大值"设置为数值 18616485，如图 8-42 所示。单击"关闭"按钮关闭对话框，结果如图 8-43 所示。

图 8-42 设置坐标轴选项值　　　　图 8-43 设置坐标轴结果

步骤5 删除"次坐标轴 垂直（值）轴"。选定"次坐标轴 垂直（值）轴"，然后按【Delete】键。最终结果如图 8-44 所示。

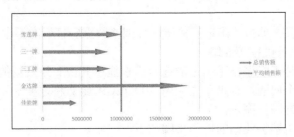

图 8-44 最终结果

8.5.4　显示某业务员的销售业绩

在销售管理中，公司管理者往往可以通过查看业务员销售业绩和销售趋势的图表，来全面掌握公司销售情况、比较和分析业务员的销售能力，但也需要随时了解某名业务员的销售业绩。这时可以通过制作带有动态查询功能的图表，来满足管理者的需求。例如，根据输入的业务员姓名，显示该业务员的姓名、月份以及销售业绩，如图 8-45 所示。

图 8-45　根据输入的业务员姓名显示该业务员销售业绩信息的动态图

假设"销售管理"工作簿中已经建立了"全年业务员销售业绩汇总"工作表，如图 8-46 所示。

	A	B	C	D	E	F	G	H	I	J	K	L	M	N
1	姓名	1月	2月	3月	4月	5月	6月	7月	8月	9月	10月	11月	12月	累计销售额
2	郝海为	176950	28750	370000	539000	448500	370000	596500	495000	897000	795000	76000	538000	5330700
3	靳晋复	665000	19425	703000	443200	583500	416000	674150	39690	407000	777500	517000	618950	5864415
4	李燕	185000	40658	329400	407000	367500	195500	462000	896300	407000	260500	92500	361000	4004358
5	沈核	572000	21000	35150	731000	129500	610250	399000	1000000	388500	645000	828500	948500	6308400
6	盛代国	157200	27060	556500	92000	450000	1215300	407000	1297650	733000	350000	1147000	943300	7376010
7	宋维昆	483000	13800	157250	425500	766500	370000	915800	732000	674400	92000	525000	722500	5877750
8	王利华	503800	46000	907000	87500	189000	517000	88000	599000	351000	380000	544500	517000	4729800
9	宛平	828000	37860	76000	74000	315000	250000	1247500	477000	495000	418000	407000	874000	5523360
10	张涛	538000	18500	1001000	242300	208250	540500	370000	388500	138000	718200	380000	491000	5034250

图 8-46　"全年业务员销售业绩汇总"工作表

1．创建业务员姓名数据输入列表

为了确保输入的姓名均在公司有销售业绩的业务员名单中，可以使用数据验证功能，创建姓名输入列表。操作步骤如下。

步骤1　选定接收业务员姓名的单元格。选定"全年业务员销售业绩汇总"工作表标签，选定 A12 单元格。

步骤2　设置数据验证参数。在"数据"选项卡的"数据工具"命令组中，单击"数据验证"→"数据验证"命令，打开"数据验证"对话框。在"允许"下拉列表框中选择"序列"，单击"来源"文本框，输入 A2:A10，或单击右侧的"折叠"按钮，然后选定 A2:A10 单元格区域。

步骤3　完成设置。单击"确定"按钮，关闭"数据验证"对话框。

2．查找并显示业务员销售业绩

一般制作的图表是不能根据不确定的选择需求显示其中一组数据的，可以将图表与函数结合在一起来解决这个问题。这里首先应用 VOOLUP 函数将需要显示的业务员查找出来，然后根据筛选出的数据制作图表。

查找并显示业务员销售业绩的操作步骤如下。

步骤1　输入计算公式。如果在 A12 单元格中未输入姓名，那么 B12 单元格不应显示任

何信息，否则显示该业务员对应的相关信息。因此查找该业务员销售业绩的计算公式为：
=IF($A12="","",VLOOKUP($A12,$A:$M,COLUMN(),))。选定 B12 单元格，输入查找公式
=IF($A12="","",VLOOKUP($A12,$A:$M,COLUMN(),))，并确认输入。

步骤2　填充公式。将鼠标放在 B12 单元格的填充柄上，然后拖曳鼠标至 M12 单元格，将 B12 单元格公式填充至 C12:M12 单元格区域。此时，当在 A12 单元格中选定某一业务员姓名时，在 B12:M12 单元格区域即可显示该业务员的销售业绩信息，如图 8-47 所示。

	A	B	C	D	E	F	G	H	I	J	K	L	M
1	姓名	1月	2月	3月	4月	5月	6月	7月	8月	9月	10月	11月	12月
2	郝海为	176950	28750	370000	539000	448500	370000	596500	495000	897000	795000	76000	538000
3	靳晋复	665000	19425	703000	443200	583500	416000	674150	39690	407000	777500	517000	618950
4	李燕	185000	40658	329400	407000	367500	195500	462000	896300	407000	260500	92500	361000
5	沈核	572000	21000	35150	731000	129500	610250	399000	1000000	388500	645000	828500	948500
6	盛代国	157200	27060	556500	92000	450000	1215300	407000	1297650	733000	350000	1147000	943300
7	宋维昆	483000	13800	157250	425500	766500	370000	915800	732000	674400	92000	525000	722500
8	王利华	503800	46000	907000	87500	189000	517000	88000	599000	351000	380000	544500	517000
9	苑平	828000	37860	76000	74000	315000	274000	1247500	477000	495000	418000	407000	874000
10	张海	538000	18500	1001000	242300	208250	540500	370000	388500	138000	718200	380000	491000
11													
12	沈核	572000	21000	35150	731000	129500	610250	399000	1000000	388500	645000	828500	948500
13													

图 8-47　查找并显示某一业务员销售业绩信息

3. 创建销售业绩动态图

操作步骤如下。

步骤1　选定数据源。按住【Ctrl】键，选定 A1:M1 和 A12:M12 两个单元格区域。

步骤2　创建柱形图。在"插入"选项卡的"图表"命令组中，单击"柱形图"→"簇状柱形图"命令。此时，当在 A12 单元格中选定某一业务员姓名时，即可显示该业务员的销售业绩动态图，如图 8-48 所示。

图 8-48　显示某一业务员销售业绩的动态图

4. 编辑并美化销售业绩动态图

操作步骤如下。

步骤1　调整图表标题位置。选定图表，在"图表工具"上下文选项卡"设计"子卡的"图表布局"命令组中，单击"添加图表元素"→"图表标题"→"居中覆盖"命令，用鼠标将图表标题移至右上角，结果如图 8-49 所示。

步骤2　调整网格线。选定图表，在"图表工具"上下文选项卡"设计"子卡的"图表布局"命令组中，单击"添加图表元素"→"网格线"→"主

图 8-49　调整图表标题位置结果

轴主要水平网格线"命令，取消主轴主要水平网格线；单击"添加图表元素"→"网格线"→"主轴主要垂直网格线"命令，添加主轴主要垂直网格线，结果如图 8-50 所示。

步骤3　更改数据系列显示宽度。打开"设置数据系列格式"窗格，在窗格上方选定"系列选项"，将下方"分类间距"的滑块移到 50% 位置，设置结果如图 8-51 所示。数据系列显示宽度更改结果如图 8-52 所示。

步骤4　为绘图区添加背景和边框。打开"设置绘图区格式"窗格，将背景色设置为"白色，背景 1，深色 5%"；将边框设置为实线，颜色为"白色，背景 1，深色 50%"。绘图区格式设置结果如图 8-53 所示。

图 8-50　调整网格线结果

图 8-51　"分类间距"设置结果

图 8-52　数据系列显示宽度更改结果

图 8-53　绘图区格式设置结果

步骤 5　为图表标题添加背景和边框。打开"设置图表标题格式"窗格，将背景色设置为"白色，背景 1，深色 35%"；将边框的"边框颜色"设置为"白色，背景 1，深色 50%"、"宽度"设置为"1.5 磅"、"复合类型"设置为"由粗到细"；将"字体"设置为"幼圆"、"大小"设置为 14、"字体样式"设置为"加粗"。

根据输入的业务员姓名来显示该业务员销售业绩的动态图的最终结果如图 8-45 所示。

通过上述介绍，可以清楚地看出，Excel 提供的图表功能具有直观、形象等特点，可以方便地查看和比较数据的差异、比例以及变化趋势。将图表与趋势线结合使用，可以更好地分析数据；将图表与图形或图片结合使用，可以更形象地展示数据；将图表与函数结合使用，可以动态地查找和显示数据。

习　　题

一、选择题

1. Excel 提供的图表有迷你图、嵌入式图表和（　　）。
   A．图表工作表　　　B．柱形图图表　　　C．条形图图表　　　D．折线图图表
2. 以下关于创建图表的叙述中，错误的是（　　）。
   A．嵌入式图表是将图表与数据同时置于 1 个工作表中
   B．图表工作表是将图表与数据分别放在 2 个工作表中
   C．除可以创建嵌入式图表和图表工作表，还可以手工绘制
   D．图表生成之后，可以对图表类型、图表元素等进行编辑
3. 在 Excel 中创建图表后，可以编辑的元素是（　　）。
   A．图表标题　　　　B．图例　　　　　　C．坐标轴　　　　　D．以上都可以

4. 以下关于图例的叙述中，正确的是（　　　）。

　　A. 可以改变大小但是不可以改变位置　　　B. 可以改变位置但是不可以改变大小

　　C. 既可以改变位置也可以改变大小　　　　D. 不可以改变位置也不可以改变大小

5. 以下关于图表位置的叙述中，错误的是（　　　）。

　　A. 可以在嵌入的工作表中任意移动　　　　B. 可以由嵌入式图表改为图表工作表

　　C. 可以由图表工作表改为嵌入式图表　　　D. 创建后不能改变位置

6. 以下关于嵌入式图表的叙述中，错误的是（　　　）。

　　A. 对图表进行编辑时要先选定图表

　　B. 创建图表后，不能改变图表类型

　　C. 修改数据源后，图表中的数据会随之变化

　　D. 创建图表后，可以向图表中添加新的数据

7. 在 Excel 中，若删除某个数据系列的柱形图，则（　　　）。

　　A. 工作表中相应的数据将会消失

　　B. 工作表中相应的数据不会改变

　　C. 若事先选定了与被删柱形图对应的数据区域，则该区域数据消失

　　D. 若事先选定了与被删柱形图对应的数据区域，则该区域数据不变

8. 在 Excel 中，对于已经创建的图表，以下叙述中正确的是（　　　）。

　　A. 工作表中的数据源发生变化，图表也相应更新

　　B. 对于已经创建的图表，不可以再增加数据项目

　　C. 工作表中的数据源发生变化，图表不更新，只能重新创建

　　D. 对于已经创建好的图表，不可以改变图表中字体的大小等

9. 在 Excel 中创建图表后，可以对图表进行改进。在图表上不能进行的改进是（　　　）。

　　A. 显示或隐藏横坐标轴或纵坐标轴的轴线

　　B. 为图表或坐标轴加添加标题

　　C. 为图表添加边框和背景图

　　D. 改变图表各部分比例以引起工作表数据改变

10. 在 Excel 中，若删除工作表中作为图表数据源的数据，那么图表（　　　）。

　　A. 将会被删除　　　　　　　　　　　　B. 会自动删除相应的数据点

　　C. 不发生变化　　　　　　　　　　　　D. 通过编辑删除相应数据点

二、填空题

1. Excel 图表是基于工作表中的数据生成的，主要有迷你图、_____、图表工作表等。

2. 在 Excel 中，当选定某一个图表后，功能区会自动出现"图表工具"上下文选项卡，其中包含"设计"和"_____"2 个子选项卡。

3. 在 Excel 中，数据系列是由数据点构成的，每个数据点对应工作表中的一个_____的数据。每个数据系列对应工作表中的一行或一列数据。

4. 在 Excel 中，图例用来表示图表中各数据系列的名称，它由_____和图例项标示组成。

5. 在 Excel 中，趋势线以图表的方式显示了数据的_____，同时还可以用来进行预测分析。

三、问答题

1. 嵌入式图表与图表工作表的区别是什么？

2. 总结图表及各组成部分格式的设置要点。

3．假设有一个学生成绩表，其中包含每名学生的各科成绩以及总成绩，若希望了解学生成绩的波动情况，应选择哪种图表类型？为什么？

4．趋势线的作用是什么？如何添加趋势线？

5．假设某公司已经制作了"满意度调查"表，如图 8-54 所示。简单说明根据图 8-54 所示表格制作图 8-55 所示图表的基本思路。

图 8-54　满意度调查表

图 8-55　条形图

实　训

1．根据第 7 章实训中完成的"工资"表工作表数据，制作图 8-56 所示的工资表动态图，可根据输入的员工姓名，显示该员工的基本工资、岗位津贴、行政工资和实发工资。

2．根据第 7 章实训中完成的"绩效奖金"工作表数据，制作图 8-57 所示的绩效奖金比较图。图表内容包括每名员工的绩效奖金和所有员工的平均绩效奖金。

图 8-56　工资表动态图

图 8-57　绩效奖金比较图

第三篇　数据分析篇

第 **9** 章　管理数据

内容提要

本章主要介绍 Excel 应用于管理数据方面的操作。重点是通过人事档案数据的管理，全面了解和掌握 Excel 关于排序、筛选和分类汇总数据的方法。管理数据是 Excel 应用的重要方面，它可以实现数据库软件的一些基本功能，同时又比一般的数据库软件操作更方便，结果更直观。

主要知识点

- 简单排序
- 多重排序
- 自定义排序
- 自动筛选
- 高级筛选
- 分类汇总

Excel 除了可以方便、高效地完成各种复杂的数据计算，同时可以实现一般数据库软件所具备的数据管理功能。了解和掌握这些功能，可以将 Excel 广泛地应用于各行各业的信息管理工作中，显著提高计算机的应用水平。

应用数据管理功能时，有关的工作表要求具有一定的规范性。符合一定规范的工作表称为数据清单或表单、列表。通常约定每一列作为一个字段，存放相同类型的数据；每一行作为一条记录，存放相关的一组数据；数据的最上方一行作为字段名，存放各字段的名称信息；特别是要求数据中间应避免出现空行或空列，否则会影响数据管理的操作。例如，图 9-1 所示的"人事档案"工作表就是一个较为规范的工作表。

	A	B	C	D	E	F	G	H	I	J	K	L	M	N
1	序号	部门	姓名	性别	出生日期	职务	职称	学历	参加工作日期	婚姻状况	籍贯	联系电话	身份证号码	基本工资
2	A001	经理室	黄振华	男	1966/4/10	董事长	高级经济师	大专	1987/11/23	已婚	北京	13512341234	110102196604100138	12005
3	A002	经理室	尹洪群	男	1968/9/18	总经理	高级工程师	大本	1989/4/18	已婚	山东	13512341235	110102196809180010	8505
4	A003	经理室	扬灵	男	1973/3/19	副总经理	经济师	博士	2000/12/4	已婚	北京	13512341236	110101197303191117	7910
5	A004	经理室	沈宁	女	1977/10/2	秘书	工程师	大本	1999/10/23	未婚	北京	13512341237	110101197710021836	4760
6	B001	人事部	赵文	女	1967/12/30	部门主管	经济师	大本	1991/1/18	已婚	北京	13512341238	110102196712031800	4760
7	B002	人事部	胡方	男	1966/4/8	业务员	高级经济师	大本	1987/12/24	已婚	四川	13512341239	110101196604082100	8505
8	B003	人事部	郭新	女	1964/3/26	业务员	经济师	大专	1983/12/12	已婚	北京	13512341240	110101196403262430	4760
9	B004	人事部	周晓明	女	1969/6/20	业务员	经济师	大专	1989/3/6	已婚	北京	13512341241	110101196906203131	4760
10	B005	人事部	张淑纺	女	1968/11/9	统计	助理统计师	大专	2001/3/6	已婚	安徽	13512341242	110101196811092306	4200
11	C001	财务部	李忠旅	男	1965/2/10	财务总监	高级会计师	大本	1987/1/1	已婚	北京	13512341243	110101196502103339	10080

图 9-1　"人事档案"工作表

9.1　排序

通过排序可以更方便地浏览和检索数据。例如，要在图 9-1 所示的"人事档案"工作表中按姓名查找某个员工的信息，只能逐行查找。如果要查找参加工作最早的员工就更困难了。通过对该工作表按照指定字段排序，上述需求就能方便实现。Excel 的排序操作大致可以分为简单排序、多重排序和自定义排序。

9.1.1　简单排序

所谓简单排序即将工作表的数据按照指定字段重新排列。例如，"人事档案"工作表原始信息是按照序号排列的，可以通过简单排序操作使其按姓名或是参加工作日期重新排列。简单排序操作一般可以通过"数据"选项卡中"排序和筛选"命令组的"升序" 和"降序" 命令实现，二者分别可以实现按递增方式和递减方式对数据进行排序。此外，"开始"选项卡的"编辑"命令组中也有"排序和筛选"命令。本章主要介绍数据管理应用，有关操作一般在"数据"选项卡下完成更为方便，因此介绍相应操作步骤也主要通过"数据"选项卡进行。

简单排序的操作步骤如下。

步骤 1　指定排序依据。单击排序依据的字段名或其所在列的任意单元格。

步骤 2　执行排序操作。在"数据"选项卡的"排序和筛选"命令组中，单击"升序"（或"降序"）命令。

在排序时，应先指定排序的字段名或其所在列的任意单元格，而不要选择相应字段所在的列标，否则 Excel 会弹出"排序提醒"对话框，如图 9-2 所示。如果选择"以当前选定区域排序"单选按钮，则只对指定的列排序，而不是将整个数据区域排序。

图 9-2　"排序提醒"对话框

9.1.2　多重排序

使用"升序"或"降序"命令排序方便、快捷，但是每次只能按一个字段排序。如果需要按多个字段进行排序，如对于"人事档案"工作表，需要对员工按"部门"排序，同一部门的按"职称"排序，相同职称的按"工资"排序，可以通过 Excel 的排序命令实现。应用排序命令对数据进行多重排序的操作步骤如下。

步骤 1　选定数据区域内的任意单元格。

步骤 2　打开"排序"对话框。在"数据"选项卡的"排序和筛选"命令组中，单击"排序"命令，系统弹出"排序"对话框，如图 9-3 所示。

步骤 3　指定排序关键字、排序依据和次序。根据需要在"主要关键字"下拉列表框中选定排序主要关键字的字段名，在"排序依据"下拉列表框中选择按"数值""单元格颜色""字体颜色"或"单元格图标"作为排序依据，在"次序"下拉列表框中选择"升序""降序"

或"自定义序列"。然后单击"添加条件"按钮，设置其他排序关键字。单击"确定"按钮，即可完成多重排序操作。

除了可以按关键字升序和降序排序，"排序"对话框还可以实现具有中国特色的按汉字笔画排序，这在按姓名等字段排序时经常用到。其具体操作方法是在打开的"排序"对话框中单击"选项"命令按钮，这时系统将弹出"排序选项"对话框，如图 9-4 所示。选择"笔划排序"单选按钮即可实现按关键字的笔画排序。

图 9-3 "排序"对话框　　　　　　图 9-4 "排序选项"对话框

"排序选项"对话框中的设置对所有关键字都有效。换言之，在 Excel 中不可能指定某个关键字按字母排序，而另一个关键字按笔画排序。

9.1.3　自定义排序

对于某些字段，可能无论是按字母排序还是按笔画排序都不符合要求，如学历、职务、职称等字段，对此 Excel 还可以按用户自定义序列排序。其具体操作步骤如下。

9-1　自定义排序

步骤1　输入自定义序列。具体操作见 2.4.1 节中的自动填充数据。
步骤2　打开"排序"对话框。
步骤3　指定排序关键字。在"主要关键字"下拉列表框中选择相应的字段名。
步骤4　指定排序次序。在"次序"下拉列表框中选择"自定义序列"，这时会出现"自定义序列"对话框。
步骤5　选择自定义序列。在"自定义序列"列表框中选定所需的自定义序列。然后单击"确定"按钮。所选择的关键字将按照指定的序列排序。

当选定了"自定义序列"选项后，只要不重新选定，这以后对该字段的排序操作都将按指定的自定义序列排序，包括使用"数据"选项卡"排序和筛选"命令组的"升序"和"降序"命令。

9.2　筛选

在进行数据管理时经常需要从众多的数据中挑选出一部分满足某种条件的数据进行处理。例如，人事档案管理中需要筛选出年满 60 岁、将要退休的人员；又如，学生管理中，在评选奖学金、推选保送生等环节，需要筛选出符合条件的学生。Excel 提供了自动筛选和高级筛选 2 种筛选方法。自动筛选可以满足日常需要的绝大多数筛选需求，高级筛选可以根据用户指定的较为特殊或复杂的筛选条件筛选出自动筛选无法筛选的数据。

9.2.1 自动筛选

执行自动筛选操作时，单击"数据"选项卡"排序和筛选"命令组的"筛选"命令。这时工作表的每个字段名上都会出现一个筛选箭头。单击任意一个筛选箭头，将会根据该字段数据的不同类型出现不同形式的设置筛选条件选项，图 9-5 所示为在筛选状态下，单击"职称"字段的筛选箭头，并选择"文本筛选"时出现的有关界面。图 9-6 和图 9-7 分别是数值数据和日期数据筛选的选项。

图 9-5　文本数据筛选界面

图 9-6　数值数据筛选选项　　　　　图 9-7　日期数据筛选选项

可以看出，在列表框中列出了该字段的各记录值供用户选择，可以选择其中一个、多个或全部。根据字段数据类型的不同还可以设置更为灵活的筛选条件。例如，对文本型数据可以设置筛选出"开头是"或"结尾是"某些特定文本的记录，也可以设置"包含"或"不包含"某些特定文本的记录，还可以自定义更复杂的文本筛选条件。Excel 将自动筛选出满足所设条件的记录并显示出来。可以分别在多个字段设置筛选条件，这时只有同时满足各筛选条件的记录才会显示出来。例如，图 9-8 所示是部门为"项目二部"，职称为"经济师"的人员记录。从图 9-8 中可以看出，设置了筛选条件的部门、职称字段上的筛选箭头上有一个漏斗样的筛选标志，满足筛选条件并显示出来的是第 50、53、58 行数据。

	A	B	C	D	E	F	G	H	I	J	K	L	M	N
1	序号	部门	姓名	性别	出生日期	职务	职称	学历	参加工作日	婚姻状	籍贯	联系电话	身份证号码	基本工
50	G004	项目二部	陆元	男	1969/2/17	业务员	经济师	大本	1990/11/4	已婚	北京	13512341282	110103196902172533	4760
53	G007	项目二部	魏光符	女	1972/2/17	业务员	经济师	大本	1994/6/16	已婚	北京	13512341285	110101197209293236	4760
58	G012	项目二部	俞丽	女	1972/7/30	业务员	经济师	大本	1996/4/16	已婚	天津	13512341290	110103197207303956	4760

图 9-8　筛选结果示例

如果要进行更复杂的筛选，如对于数值型数据的"基本工资"字段，要筛选出基本工资在 7000～8000 的人员，这时直接从列表框的记录值中选择比较麻烦，可以通过"数字筛选"选项中选择"介于"或"自定义筛选"。这时系统弹出"自定义自动筛选方式"对话框，如图9-9所示。

图 9-9　"自定义自动筛选方式"对话框

该对话框允许用户选择由关系运算符组成的条件表达式作为筛选条件，其中左侧的下拉框为关系运算符，包括"等于""不等于""大于""大于或等于""小于""小于或等于"等常用关系运算符，以及"开头是""开头不是""结尾是""结尾不是""包含"和"不包含"等特殊关系运算符；用户可以从右侧的下拉文本框的下拉列表中选择数据，也可以直接输入数据。每个自定义筛选条件可以设置 1 个或 2 个条件表达式。如果设置了 2 个条件表达式，还需要指定 2 个条件表达式的关系是"与"还是"或"。

使用自定义筛选条件，且设置了 2 个条件表达式时，要注意根据实际问题正确地选择 2 个条件表达式的"与""或"关系。

在根据文本型数据进行筛选时，可以使用通配符"?"和"*"，其中"?"可以匹配任意一个字符，而"*"可以匹配任意字符序列。

如果要取消某个字段的筛选条件，单击相应字段的筛选箭头，然后在弹出的选项中选择"从**中清除筛选"，其中"**"为相应的字段名。如果要取消所有字段的筛选条件，单击"数据"选项卡"排序和筛选"命令组的"清除"命令；也可以单击"数据"选项卡"排序和筛选"命令组的"筛选"命令，这样将退出筛选状态，筛选箭头消失。

9.2.2　高级筛选

有些更复杂的筛选，使用"自定义自动筛选方式"对话框也无法实现，这时就需要使用高级筛选。例如，要从"人事档案"工作表中筛选出到指定日期应该退休的人员，其条件是性别为"男"且年龄满 60 岁，或者是性别为"女"且年龄满 55 岁。该条件显然无法使用自动筛选完成。

9-2　高级筛选

使用高级筛选命令时，需要先在某个单元格区域（称作条件区域）设置筛选条件。其格式是第一行为字段名，以下各行为相应的条件值。同一行条件的关系为"与"，不同行条件的关系为"或"。设置好筛选条件后，即可进行高级筛选操作。其具体操作步骤如下。

步骤1　打开"高级筛选"对话框。在"数据"选项卡的"排序和筛选"命令组中，单击"高级"命令，系统将弹出"高级筛选"对话框，如图 9-10 所示。

步骤 2　输入高级筛选参数。首先在"列表区域"框中输入筛选数据所在的单元格区域（如果当前单元格在筛选数据所在的单元格区域内，系统通常会自动填上该项），然后在"条件区域"框中输入条件区域所在的单元格区域，最后根据需要在"方式"选项中选择"在原有区域显示筛选结果"或"将筛选结果复制到其他位置"单选按钮。如果选择了"将筛选结果复制到其他位置"单选按钮，则还需要在"复制到"框中指定复制到其他位置的单元格地址。本例选择的是"在原有区域显示筛选结果"。有关条件区域和相应的筛选结果如图 9-11 所示。

图 9-10　"高级筛选"对话框

	A	B	C	D	E	F	G	H	I	J	K	L	M	N
1	序号	部门	姓名	性别	出生日期	职务	职称	学历	参加工作日期	婚姻状况	籍贯	联系电话	身份证号码	基本工资
8	B003	人事部	郭新	女	1964/3/26	业务员	经济师	大本	1983/12/12	已婚	北京	13512341240	110101196403262430	4760
35	F006	项目一部	李燕	女	1966/3/26	业务员	经济师	大专	1987/12/12	已婚	北京	13512341267	110101196603269194	4760
40	F011	项目一部	邵林	女	1965/10/26	业务员	工程师	大本	1988/7/13	已婚	四川	13512341272	110101196510269396	4760
54	G008	项目二部	赵希明	女	1965/10/26	业务员	工程师	大本	1987/7/14	已婚	北京	13512341286	110101196510263458	4760
59	G013	项目二部	李历宁	男	1960/7/30	业务员	工程师	大本	1997/4/16	已婚	北京	13512341291	110101197207304257	4760
62	G016	项目二部	李红	女	1965/1/29	业务员	工程师	硕士	2000/10/15	已婚	黑龙江	13512341294	110102197501293702	4760
65														
66				性别	出生日期									
67				男	<1961/12/31									
68				女	<1966/12/31									

图 9-11　条件区域和相应的筛选结果

当选择"在原有区域显示筛选结果"单选按钮时，通常将条件区域设置在列表区域的下方，以便筛选后能够完整显示筛选条件。

9.2.3　删除重复记录

删除重复数据是数据管理工作中经常要做，但是比较费时费力的一项工作。对于有重复记录的数据，利用高级筛选功能可以方便地剔除，只需要在"高级筛选"对话框中勾选"选择不重复的记录"复选框即可。这时的筛选结果除了只显示满足筛选条件的记录外，将满足条件但是重复的记录也剔除了。

当筛选结果使用完毕，需要显示全部数据时，可以单击"数据"选项卡"排序和筛选"命令组的"清除"命令。

Excel 还提供了一种更方便快捷的"删除重复项"命令。当需要删除重复记录时，可以直接单击"数据"选项卡"数据工具"命令组的"删除重复项"命令，这时将出现"删除重复项"对话框。可以根据需要选择一个、多个或全部包含重复值的列，Excel 将删除指定列数据重复的记录。

9.3　分类汇总

将有关数据按照某个字段或某几个字段进行分类汇总也是日常管理数据经常需要完成的工作。这项工作虽然可以使用 Excel 的有关函数或公式解决，但是直接使用 Excel 提供的分类汇总命令更为方便、快捷和规范。

9.3.1 创建分类汇总

9-3 创建分类汇总

创建分类汇总前，首先应该按照分类汇总依据的字段排序，一般可以通过简单排序实现。假设要对"人事档案"工作表的数据按"部门"汇总基本工资，则执行分类汇总的具体操作步骤如下。

步骤1 打开"分类汇总"对话框。在"数据"选项卡的"分级显示"命令组中，单击"分类汇总"命令，系统弹出"分类汇总"对话框。

步骤2 指定"分类字段"。在"分类字段"下拉列表框中选择分类汇总依据的字段名。本例选择"部门"。

步骤3 指定"汇总方式"。根据需要在"汇总方式"下拉列表框中选择合适的计算方式。本例选择"求和"。

步骤4 指定"汇总项"。"分类汇总"对话框的"选定汇总项"列表框中将自动列出数据区域中所有的数值字段名称，根据需要勾选一个或多个需要汇总的字段。本例勾选"基本工资"项。

步骤5 设置其他汇总选项。本例按默认方式，勾选"替换当前分类汇总"和"汇总结果显示在数据下方"复选框，最终设置结果如图 9-12 所示，单击"确定"按钮。分类汇总的结果如图 9-13 所示。

图 9-12 最终设置结果

	序号	部门	姓名	性别	出生日期	职务	职称	学历	参加工作日期	婚姻状况	籍贯	联系电话	身份证号码	基本工资
2	A001	经理室	黄振华	男	1986/4/10	董事长	高级经济师	大专	1987/11/23	已婚	北京	13512341234	110102196604100138	12005
3	A002	经理室	尹洪群	男	1968/9/18	总经理	高级工程师	大本	1989/4/18	已婚	山东	13512341235	110102196809180010	8505
4	A003	经理室	杨灵	男	1973/3/19	副总经理	经济师	博士	2000/12/4	已婚	北京	13512341236	110101197303191117	7910
5	A004	经理室	沈宁	男	1977/10/2	秘书	工程师	大本	1999/10/23	未婚	北京	13512341237	110101197710021836	4760
6		经理室 汇总												33180
7	B001	人事部	赵文	女	1967/12/30	部门主管	经济师	大本	1991/1/18	已婚	北京	13512341238	110102196712031800	4760
8	B002	人事部	胡方	男	1986/4/8	业务员	高级经济师	大本	1987/12/24	已婚	四川	13512341239	110101196604082100	8505
9	B003	人事部	郭新	女	1964/3/26	业务员	经济师	大本	1983/12/12	已婚	北京	13512341240	110101196403262430	4760
10	B004	人事部	周晓明	女	1969/6/20	业务员	经济师	大专	1989/3/6	已婚	北京	13512341241	110101196906203131	4760
11	B005	人事部	张淑珩	女	1968/11/9	统计	助理统计师	大专	2001/3/6	已婚	安徽	13512341242	110101196811092306	4200
12		人事部 汇总												26985

图 9-13 分类汇总结果

注意 如果在执行分类汇总命令前，没有按相应字段排序，则分类汇总结果可能会出现相同类别的数据没有全部汇总到一起的情况。

9.3.2 分级显示数据

分类汇总完成后，可以根据需要选择分类汇总表的显示层级。从图 9-13 可以看出，在显示分类汇总结果的同时，分类汇总表的左侧出现了分级显示符号 1 2 3 和分级标识线，可以根据需要分级显示数据。单击某个显示符号，可以将其他的数据隐藏起来，只显示某层级的汇总结果。

例如，单击 1 级分级显示符号 1 只显示总的汇总结果，即总计数据；单击 2 级分级显示符号 2 则显示各部门的汇总结果和总计结果；单击 3 级分级显示符号 3 则显示全部数据。图 9-14 所示为单击 2 级分级显示符号 2 的显示结果。

	序号	部门	姓名	性别	出生日期	职务	职称	学历	参加工作日期	婚姻状况	籍贯	联系电话	身份证号码	基本工资
6		经理室 汇总												33180
12		人事部 汇总												26985
19		财务部 汇总												37065
26		行政部 汇总												26880
34		公关部 汇总												36505
52		项目一部 汇总												94780
71		项目二部 汇总												99155
72		总计												354550

图 9-14 单击 2 级分级显示符号的显示结果

如果需要显示或隐藏某一部门的详细数据，可以单击分级标识线上的"+"号 + 或"-"号 - ，以展开或是折叠其详细数据。图9-15所示为展开的"公关部"详细数据的"人事档案"工作表。可以看到"公关部"左侧分级标识线上的"+"号变成了"-"号，再次单击它，可以重新折叠其详细数据。

序号	部门	姓名	性别	出生日期	职务	职称	学历	参加工作日期	婚姻状况	籍贯	联系电话	身份证号码	基本工资
	经理室 汇总												33180
	人事部 汇总												26985
	财务部 汇总												37065
	行政部 汇总												26880
E001	公关部	安晋文	男	1971/3/31	部门主管	高级经济师	大专	1995/2/28	已婚	陕西	13512341255	110101197103316241	8505
E002	公关部	刘润杰	男	1973/8/31	外勤	经济师	大本	1998/1/16	未婚	河南	13512341256	110101197308317171	4760
E003	公关部	胡大冈	男	1975/5/19	外勤	经济师	高中	1995/5/10	已婚	北京	13512341257	110101197505197474	4760
E004	公关部	高俊	男	1975/3/26	外勤	经济师	大本	1997/12/12	已婚	山东	13512341258	110101197503267268	4760
E005	公关部	张乐	男	1969/8/11	外勤	工程师	大本	1989/4/29	已婚	四川	13512341259	110101196908118197	4760
E006	公关部	李小东	女	1974/10/28	业务员	助理经济师	大本	1996/7/15	已婚	湖北	13512341260	110101197410288394	4200
E007	公关部	王霞	女	1983/3/20	业务员	经济师	硕士	2006/12/5	未婚	安徽	13512341261	110101198303208499	4760
	公关部 汇总												36505
	项目一部 汇总												94780
	项目二部 汇总												99155
	总计												354550

图9-15 展开的"公关部"详细数据的"人事档案"工作表

9.3.3 复制分类汇总

9-4 复制分类汇总

如果需要将分类汇总的结果复制到其他位置或其他工作表，则不能采用直接复制、粘贴的方法。因为直接复制、粘贴会将包含汇总数据和隐藏的明细数据的整个数据区域一并复制，而复制分类汇总数据，不需要有关的明细数据，所以需要借助其他方法实现。假设要复制图9-14所示的分类汇总结果，具体操作步骤如下。

步骤1 选定要复制的单元格区域。这里选定A1:N72单元格区域。

步骤2 打开"定位条件"对话框。在"开始"选项卡的"编辑"命令组中，单击"查找和选择"→"定位条件"，系统弹出"定位条件"对话框。

步骤3 选定"可见单元格"。在"定位条件"对话框中选定"可见单元格"单选按钮，如图9-16所示。然后单击"确定"按钮。

步骤4 执行复制/粘贴操作。按【Ctrl】+【C】组合键，将选定单元格区域的内容复制到剪贴板，这时不会复制那些隐藏的明细数据。然后选定另一个工作表的A1单元格，按【Ctrl】+【V】组合键粘贴。复制分类汇总的结果如图9-17所示。

图9-16 选定"可见单元格"

序号	部门	姓名	性别	出生日期	职务	职称	学历	参加工作日期	婚姻状况	籍贯	联系电话	身份证号码	基本工资
	经理室 汇总												33180
	人事部 汇总												26985
	财务部 汇总												37065
	行政部 汇总												26880
	公关部 汇总												36505
	项目一部 汇总												94780
	项目二部 汇总												99155
	总计												354550

图9-17 复制分类汇总的结果

9.3.4 清除分类汇总

当需要将分类汇总结果删除，将工作表还原成原始状态时，操作步骤如下。

步骤 1　打开"分类汇总"对话框。在"数据"选项卡的"分级显示"命令组中，单击"分类汇总"命令，系统弹出"分类汇总"对话框。

步骤 2　清除分类汇总。单击"分类汇总"对话框中的"全部删除"按钮，然后单击"确定"按钮，即可清除工作表中的分类汇总数据。

9.4　应用实例——人事档案管理

人事档案管理是典型的数据管理工作，数据相对稳定，计算简单，但是不同需求的排序、查询以及分类汇总等处理十分频繁。本节将通过人事档案管理的应用，进一步介绍 Excel 有关数据管理操作的方法和技巧。

9.4.1　排序人事档案

为了满足不同应用的需求，经常需要将人事档案按照不同的字段排序。如果只是简单按照某个字段排序，可以直接单击"数据"选项卡"排序和筛选"命令组的"升序"和"降序"命令实现。其他更复杂的排序要求则需要通过"排序"命令来实现。

1．按姓氏笔画排序

当需要对"人事档案"工作表按员工的姓氏笔画排序时，具体操作步骤如下。

步骤 1　打开"排序"对话框。在"数据"选项卡的"排序和筛选"命令组中，单击"排序"命令，系统弹出"排序"对话框。

步骤 2　指定排序关键字。在"排序"对话框中的"主要关键字"下拉列表框中选择"姓名"。

步骤 3　设置按"笔划排序"选项。单击"选项"按钮，这时系统将弹出"排序选项"对话框，如图 9-4 所示。选择"笔划排序"单选按钮，然后单击"确定"按钮，关闭"排序选项"对话框。再单击"确定"按钮，执行排序操作。按姓氏笔画排序结果如图 9-18 所示。

	A	B	C	D	E	F	G	H	I	J	K	L	M	N
1	序号	部门	姓名	性别	出生日期	职务	职称	学历	参加工作日期	婚姻状况	籍贯	联系电话	身份证号码	基本工资
2	G005	项目二部	王进	男	1988/3/26	业务员	工程师	大专	2011/12/11	已婚	北京	13512341283	110103198803262733	4760
3	F003	项目一部	王利华	女	1979/7/20	项目监察	高级工程师	大专	2000/4/6	已婚	四川	13512341264	110101197907208894	8505
4	E007	公关部	王霞	女	1983/3/20	业务员	经济师	硕士	2006/12/5	未婚	安徽	13512341261	110101198303208499	4760
5	A002	经理室	尹洪群	男	1968/9/18	总经理	高级工程师	大本	1989/4/18	已婚	山东	13512341235	110102196809180010	8505
6	A003	经理室	扬灵	男	1973/3/19	副总经理	经济师	博士	2000/12/4	已婚	北京	13512341236	110101197303191117	7910
7	C006	财务部	任萍	女	1979/10/5	出纳	助理会计师	大本	2004/1/31	未婚	北京	13512341248	110101197910054777	4760
8	G015	项目二部	刘利	女	1971/6/11	业务员	工程师	博士	1999/2/26	已婚	山西	13512341293	110101197106114676	4760
9	E002	公关部	刘润杰	男	1973/8/31	外勤	经济师	大本	1998/1/16	未婚	河南	13512341256	110101197308317171	4760
10	E001	公关部	安晋文	男	1971/3/31	项目主管	高级经济师	大专	1995/2/28	已婚	陕西	13512341265	110101197103316241	8505
11	G014	项目二部	孙燕	女	1976/2/16	项目监察	高级工程师	大本	1999/1/16	已婚	湖北	13512341292	110101197602164672	8505
12	G006	项目二部	李大德	男	1980/9/11	业务员	工程师	大本	2002/5/30	已婚	重庆	13512341284	110101198009113235	4760
13	G003	项目二部	李小平	男	1979/2/17	业务员	工程师	大专	2000/11/4	已婚	山东	13512341281	110105197902171319	7560
14	E006	公关部	李小东	女	1974/10/28	业务员	助理经济师	大本	1996/7/15	已婚	湖北	13512341260	110101197410288394	4200

图 9-18　按姓氏笔画排序结果

2．按部门、性别和婚姻状况排序

假设需要将"人事档案"工作表按"部门"排序，相同部门的员工按"性别"排序（女员工在前），相同部门、相同性别的员工按"婚姻状况"（未婚在前）排序。这是按多个字段排序，应使用排序命令实现。具体操作步骤如下。

步骤 1　选定数据区域内的任意单元格。

步骤 2　打开"排序"对话框。

步骤 3　设置排序参数。在"主要关键字"下拉列表框中选择"部门"，"排序依据"和"次序"保留默认选项；单击"添加条件"按钮，出现"次要关键字"行，在"次要关键字"

下拉列表框中选择"性别"，因为要求女员工在前，所以在"次序"下拉列表框中选择"降序"；再次单击"添加条件"按钮，设置下一个"次要关键字"选项。设置完排序参数的"排序"对话框如图 9-19 所示。单击"确定"按钮，即可完成多重排序操作。

图 9-19　设置完排序参数的"排序"对话框

按部门、性别和婚姻状况多重排序的结果如图 9-20 所示。

	A	B	C	D	E	F	G	H	I	J	K	L	M	N
1	序号	部门	姓名	性别	出生日期	职务	职称	学历	参加工作日期	婚姻状况	籍贯	联系电话	身份证号码	基本工资
2	C006	财务部	任萍	女	1979/10/5	出纳	助理会计师	大本	2004/1/31	未婚	北京	13512341248	110101197910054777	4760
3	C004	财务部	傅华	女	1972/11/29	会计	会计师	大专	1997/9/19	已婚	北京	13512341246	110101197211294051	4760
4	C002	财务部	焦戈	女	1970/2/26	成本主管	高级会计师	大专	1989/11/1	已婚	北京	13512341244	110101197002263452	8505
5	C001	财务部	李忠旗	男	1965/2/10	财务总监	高级会计师	大本	1987/1/1	已婚	北京	13512341243	110101196502103339	10080
6	C005	财务部	杨阳	男	1973/3/19	会计	经济师	硕士	1998/12/5	已婚	湖北	13512341247	110101197303194151	4760
7	C003	财务部	张进明	男	1974/10/27	会计	助理会计师	大本	1996/7/14	已婚	北京	13512341245	110103197410273859	4200
8	E007	公关部	王霞	女	1983/3/20	业务员	经济师	硕士	2006/12/5	未婚	安徽	13512341261	110101198303208499	4760
9	E006	公关部	李小东	女	1974/10/28	业务员	助理经济师	大本	1996/7/15	已婚	湖北	13512341260	110101197410288394	4200
10	E005	公关部	张乐	女	1969/8/11	外勤	工程师	大本	1989/4/29	已婚	四川	13512341259	110101196908118197	4760
11	E002	公关部	刘润杰	男	1973/8/31	外勤	经济师	大本	1998/1/16	未婚	河南	13512341256	110101197308317171	4760

图 9-20　按部门、性别和婚姻状况多重排序的结果

3．按学历排序

当需要按"学历"从高到低排序时，系统本身是不知道学历高低的，所以需要先定义有关的自定义序列，然后指定按照该序列排序。具体操作步骤如下。

步骤 1　输入自定义序列。具体操作见 2.4.1 节中的填充自定义序列。

步骤 2　打开"排序"对话框。

步骤 3　指定排序关键字。在"排序"对话框的"主要关键字"下拉列表框中选择"学历"。

步骤 4　指定排序次序。在"次序"下拉列表框中选定"自定义序列"，系统弹出"自定义序列"对话框。

步骤 5　选择所需的自定义序列。在"自定义序列"下拉列表框中选择预先输入的有关学历的自定义序列，如图 9-21 所示。然后单击"确定"按钮。

图 9-21　选择所需的自定义序列

"人事档案"工作表将按照指定的学历序列排序，排序结果如图 9-22 所示。

	A	B	C	D	E	F	G	H	I	J	K	L	M	N
1	序号	部门	姓名	性别	出生日期	职务	职称	学历	参加工作日期	婚姻状况	籍贯	联系电话	身份证号码	基本工资
2	F010	项目一部	谭文广	男	1969/1/1	项目监察	高级工程师	初中	1987/9/3	已婚	四川	13512341271	110101196901019393	8505
3	F009	项目一部	宋维昆	男	1967/9/7	业务员	工程师	中专	1987/5/27	已婚	湖北	13512341270	110101196709079391	4760
4	E003	公关部	胡大闪	男	1975/5/19	外勤	经济师	高中	1995/5/10	已婚	北京	13512341277	110101197505197474	4760
5	G009	项目二部	戴家宏	男	1968/3/1	业务员	助理工程师	高中	1988/5/25	已婚	山东	13512341287	110102196803013657	4200
6	C004	财务部	傅华	女	1972/11/29	会计	会计师	大专	1997/9/19	已婚	北京	13512341246	110101197211294051	4760
7	C002	财务部	焦戈	女	1970/2/26	成本主管	高级会计师	大专	1989/11/1	已婚	北京	13512341244	110101197002263452	8505

图 9-22　按学历序列排序结果

由图 9-22 可以看出，关于学历的自定义序列是从低到高排序的，而应用案例要求是按学历从高到低排序，这时可以选定"学历"列任意单元格，然后单击"数据"选项卡"排序和筛选"命令组的"降序"命令按降序重新排序，这时系统会默认按已经设置的自定义序列排序。最终排序结果如图 9-23 所示。

	A	B	C	D	E	F	G	H	I	J	K	L	M	N
1	序号	部门	姓名	性别	出生日期	职务	职称	学历	参加工作日期	婚姻状况	籍贯	联系电话	身份证号码	基本工资
2	A003	经理室	扬灵	男	1973/3/19	副总经理	经济师	博士	2000/12/4	已婚	北京	13512341236	110101197303191117	7910
3	G015	项目二部	刘利	女	1971/6/11	业务员	工程师	博士	1999/2/26	已婚	山西	13512341293	110101197106114676	4760
4	G017	项目二部	李丹	男	1973/3/19	业务员	工程师	博士	2000/10/24	未婚	北京	13512341295	110104197303194925	4760
5	F016	项目一部	李进	男	1975/1/29	业务员	工程师	博士	2002/10/16	已婚	湖北	13512341277	110101197501298901	4760
6	C005	财务部	杨阳	男	1973/3/19	会计	经济师	硕士	1998/12/5	已婚	湖北	13512341247	110101197303194151	4760
7	E007	公关部	王霞	女	1983/3/20	业务员	经济师	硕士	2006/12/5	未婚	安徽	13512341261	110101198303208499	4760
8	E011	公关部	李红	女	1965/1/29	业务员	工程师	硕士	2000/10/15	已婚	黑龙江	13512341292	110101197501293702	4760
9	G018	项目二部	郝放	男	1979/1/26	业务员	工程师	硕士	2005/12/29	未婚	四川	13512341296	110106197901264977	4760
10	D006	行政部	张玫	女	1984/8/4	业务员	助理经济师	硕士	2008/8/10	已婚	北京	13512341254	110101198408045975	4200
11	C006	财务部	任萍	女	1979/10/5	出纳	助理会计师	大本	2004/1/31	未婚	北京	13512341248	110101197910054777	4200
12	C001	财务部	李忠旗	男	1965/2/10	财务总监	高级会计师	大本	1987/1/1	已婚	北京	13512341243	110101196502103339	10080

图 9-23　最终排序结果

9.4.2　查询人事档案

人事档案的数据量通常都比较大，经常需要从中找出满足某些条件的人员或人员集合。一般的日常查询大多可通过自动筛选来实现，只有特殊复杂的查询才需要使用高级筛选。

1. 查询籍贯为四川的业务员

要查询籍贯为四川的业务员，实际查询条件为："籍贯"字段值为"四川"，而且"职务"字段值为"业务员"。这可以通过自动筛选实现。具体操作步骤如下。

步骤 1　进入自动筛选状态。单击"数据"选项卡"排序和筛选"命令组的"筛选"命令。这时工作表的每个字段名上都会出现一个筛选箭头。

步骤 2　设置"职务"字段的筛选条件。单击"职务"字段的筛选箭头，在下拉列表中取消"全选"复选框的勾选，勾选"业务员"复选框，单击"确定"按钮。

初步筛选结果如图 9-24 所示。

	A	B	C	D	E	F	G	H	I	J	K	L	M	N
1	序号	部门	姓名	性别	出生日期	职务	职称	学历	参加工作日	婚姻状	籍贯	联系电话	身份证号码	基本工
7	B002	人事部	胡方	男	1966/4/8	业务员	高级经济师	大本	1987/12/24	已婚	四川	13512341239	110101196604082100	8505
8	B003	人事部	郭新	女	1964/3/26	业务员	经济师	大本	1983/12/12	已婚	北京	13512341240	110101196403262430	4760
9	B004	人事部	周晓明	女	1969/6/20	业务员	经济师	大专	1989/3/6	已婚	北京	13512341241	110101196906203131	4760
18	D002	行政部	李龙吟	男	1973/2/24	业务员	助理经济师	大本	1992/11/1	未婚	吉林	13512341250	110104197302244070	4200
19	D003	行政部	张五丹	女	1971/6/11	业务员	经济师	大本	1993/2/25	已婚	北京	13512341251	110101197106115328	4760
20	D004	行政部	周金馨	女	1972/7/7	业务员	经济师	大本	1996/3/24	已婚	北京	13512341252	110101197207075470	4760
21	D005	行政部	周新联	男	1975/1/29	业务员	经济师	大本	1996/10/15	已婚	北京	13512341253	110101197501293775	4200
22	D006	行政部	张玫	女	1984/8/4	业务员	助理经济师	硕士	2008/8/10	已婚	北京	13512341254	110101198408045975	4200
28	E006	公关部	李小东	女	1974/10/28	业务员	助理经济师	大本	1996/7/15	已婚	湖北	13512341260	110101197410288394	4200
29	E007	公关部	王霞	女	1983/3/20	业务员	经济师	硕士	2006/12/5	未婚	安徽	13512341261	110101198303208499	4760
34	F005	项目一部	苑平	男	1978/6/19	业务员	经济师	大本	1998/3/7	已婚	北京	13512341266	110101197806199097	4760
35	F006	项目一部	李燕	女	1966/3/26	业务员	经济师	大专	1987/12/12	已婚	北京	13512341267	110101196603269194	4760
36	F007	项目一部	赵海为	男	1969/9/11	业务员	工程师	大专	1991/5/29	已婚	北京	13512341268	110101196909119195	4760
37	F008	项目一部	盛代国	男	1962/9/29	业务员	工程师	大本	1985/6/16	已婚	湖北	13512341269	110101196209299291	4760
38	F009	项目一部	宋维昆	男	1967/9/7	业务员	工程师	中专	1987/5/27	已婚	湖北	13512341270	110101196709079391	4760

图 9-24　初步筛选结果

步骤 3 设置"籍贯"字段的筛选条件。单击"籍贯"字段的筛选箭头，在下拉列表中取消"全选"复选框的勾选，勾选"四川"复选框，单击"确定"按钮。

最终筛选结果如图 9-25 所示。

	A	B	C	D	E	F	G	H	I	J	K	L	M	N
1	序号	部门	姓名	性别	出生日期	职务	职称	学历	参加工作日	婚姻状	籍贯	联系电话	身份证号码	基本工
7	B002	人事部	胡方	男	1966/4/8	业务员	高级经济师	大本	1987/12/24	已婚	四川	13512341239	110101196604082100	8505
40	F011	项目一部	邵林	女	1965/10/26	业务员	工程师	大本	1988/7/13	已婚	四川	13512341272	110101196510269396	4760
64	G018	项目二部	郝放	男	1979/1/26	业务员	工程师	硕士	2005/12/29	未婚	四川	13512341296	110106197901264977	4760

图 9-25　最终筛选结果

2．查询高级职称的员工

假设"人事档案"工作表中包含"高级工程师""高级会计师"和"高级经济师" 3 种高级职称的员工，当要筛选出所有高级职称的员工时，可以在记录值列表框中逐个勾选上述 3 项，也可以通过"自定义自动筛选方式"对话框来设置相应的筛选条件。具体操作步骤如下。

步骤 1 进入自动筛选状态。在"数据"选项卡的"排序和筛选"命令组中，单击"筛选"命令。

步骤 2 打开"自定义自动筛选方式"对话框。分析筛选条件可以看出，要筛选的职称都是以"高级"二字开头的，因此可以利用 Excel 的特殊关系运算符"开头是"设置自定义筛选条件。单击"职称"字段的筛选箭头→"文本筛选"→"开头是"，系统弹出"自定义自动筛选方式"对话框。

步骤 3 设置自定义筛选条件。在右侧下拉文本框中输入高级。然后单击"确定"按钮。

"人事档案"工作表中高级职称员工的筛选结果如图 9-26 所示。

	A	B	C	D	E	F	G	H	I	J	K	L	M	N
1	序号	部门	姓名	性别	出生日期	职务	职称	学历	参加工作日	婚姻状	籍贯	联系电话	身份证号码	基本工
2	A001	经理室	黄振华	男	1966/4/10	董事长	高级经济师	大专	1987/11/23	已婚	北京	13512341234	110102196604100138	12005
3	A002	经理室	尹洪群	男	1968/9/18	总经理	高级工程师	大本	1989/4/18	已婚	山东	13512341235	110102196809180010	8505
7	B002	人事部	胡方	男	1966/4/8	业务员	高级经济师	大本	1987/12/24	已婚	四川	13512341239	110101196604082100	8505
11	C001	财务部	李忠旗	男	1965/2/10	财务总监	高级会计师	大本	1987/1/1	已婚	北京	13512341243	110101196502103339	10080
12	C002	财务部	焦戈	女	1970/2/26	成本主管	高级会计师	大专	1989/11/1	已婚	北京	13512341244	110101197002263452	8505
23	E001	公关室	安普文	男	1971/3/31	部门主管	高级经济师	大专	1995/2/28	已婚	陕西	13512341255	110101197103316241	8505
31	F002	项目一部	沈栈	男	1967/7/21	项目监察	高级工程师	大专	1989/4/6	已婚	北京	13512341263	110101196707218691	8505
32	F003	项目一部	王利华	男	1979/7/20	项目监察	高级工程师	大专	2000/4/6	已婚	四川	13512341264	110101197907208894	8505
33	F004	项目一部	靳晋复	女	1969/2/17	项目监察	高级工程师	大本	1989/11/15	已婚	山东	13512341265	110101196902178766	8505
47	F010	项目一部	谭文广	男	1969/1/1	项目监察	高级工程师	初中	1987/9/3	已婚	四川	13512341271	110101196901019393	8505
48	G002	项目二部	张爽	男	1979/4/8	项目监察	高级工程师	大本	2000/12/25	已婚	北京	13512341280	110101197904081117	8505
56	G010	项目二部	黄和中	男	1968/6/19	项目监察	高级工程师	大专	1990/3/6	已婚	北京	13512341288	110101196806193751	8505
60	G014	项目二部	孙燕	女	1976/2/16	项目监察	高级工程师	大本	1999/1/16	已婚	湖北	13512341292	110101197602164672	8505

图 9-26　高级职称员工的筛选结果

筛选高级职称的条件也可以用通配符"*"实现，即设置条件左侧的关系运算符为"等于"，条件右侧的值为"高级*"。

请读者考虑：如何用另一种通配符"?"设置筛选中级职称的条件？假设中级职称包括"工程师""会计师"和"经济师" 3 种。但是显然不能用"止于""师"这样的条件，因为高级职称的最后一个字也是"师"；也不能用"并非起始于""高级"且"止于""师"这样的条件，因为如"助理会计师""助理统计师"等初级职称也符合这个条件。

3．查询基本工资最低的 5 位员工

要查询基本工资最低的 5 位员工，可以通过"数字筛选"的"自动筛选前 10 个"对话框来设置筛选条件。具体操作步骤如下。

步骤 1 进入自动筛选状态。

步骤 2 打开"自动筛选前 10 个"对话框。单击"基本工资"字段的筛选箭头→"数字

筛选"→"前 10 项"。系统弹出"自动筛选前 10 个"对话框。

步骤3 设置筛选条件。分析筛选条件可以看出，因为要筛选的是基本工资最低的，所以在左侧下拉列表中选择"最小"；因为要筛选出 5 个，所以在中间输入 5（也可以通过数字调节箭头调整为 5），右侧选项保持不变。设置完的"自动筛选前 10 个"对话框如图 9-27 所示。然后单击"确定"按钮。

"人事档案"工作表中基本工资最低的 5 名员工的筛选结果如图 9-28 所示。由于其中 9 名员工的基本工资相同且最低，所以最终显示的员工数超过了 5 个。

图 9-27 设置完的"自动筛选前 10 个"对话框

	A	B	C	D	E	F	G	H	I	J	K	L	M	N
1	序号	部门	姓名	性别	出生日期	职务	职称	学历	参加工作日	婚姻状	籍贯	联系电话	身份证号码	基本工
10	B005	人事部	张瀛纺	女	1968/11/9	统计	助理统计师	大本	2001/3/6	已婚	安徽	13512341242	1101011968110923 06	4200
13	C003	财务部	张进明	男	1974/10/27	会计	助理会计师	大本	1996/7/14	已婚	北京	13512341245	1101031974102738 59	4200
18	D002	行政部	李龙吟	男	1973/2/24	业务员	助理经济师	大专	1992/11/11	未婚	吉林	13512341250	1101041973022440 70	4200
21	D005	行政部	扈新联	男	1975/1/29	业务员	助理经济师	大本	1996/10/15	已婚	北京	13512341253	1101011975012957 75	4200
22	D006	行政部	张玫	女	1984/8/4	业务员	助理经济师	硕士	2008/8/10	未婚	北京	13512341254	1101011984080459 75	4200
28	E006	公关部	李小东	男	1974/10/28	业务员	助理经济师	大本	1996/7/15	已婚	湖北	13512341260	1101011974102883 94	4200
41	F012	项目一部	张山	男	1973/3/19	业务员	助理工程师	大专	1992/12/4	已婚	安徽	13512341273	1101011973031991 83	4200
46	F017	项目一部	曹明菲	女	1981/4/21	业务员	助理工程师	大专	2004/9/26	未婚	北京	13512341278	1101011981042199 02	4200
55	G009	项目二部	戴家宏	男	1968/3/1	业务员	助理工程师	高中	1988/5/25	已婚	山东	13512341287	1101021968030136 57	4200

图 9-28 基本工资最低的 5 名员工的筛选结果

4. 查询高级职称 2000 年及以后和初级职称 1990 年及以前参加工作的员工

要筛选出所有高级职称 2000 年及以后和初级职称 1990 年及以前参加工作的员工，实际查询条件是"职称"字段值前 2 位为"高级"而且"参加工作日期"字段值为大于等于"2000-1-1"和"职称"字段值前 2 位为"助理"而且"参加工作日期"字段值为小于"1990-1-1"。很显然这个查询条件比较复杂，即使使用"自定义筛选"也无法完成。该查询可以使用高级筛选来实现，具体操作步骤如下。

步骤1 输入筛选条件。在 D66:E68 单元格区域中输入筛选条件，结果如图 9-29 所示。

	A	B	C	D	E	F	G	H	I	J	K	L	M	N
1	序号	部门	姓名	性别	出生日期	职务	职称	学历	参加工作日期	婚姻状况	籍贯	联系电话	身份证号码	基本工资
62	G016	项目二部	李红	女	1975/1/29	业务员	工程师	硕士	2000/10/15	已婚	黑龙江	13512341294	1101021975012937 02	4760
63	G017	项目二部	李丹	男	1973/3/19	业务员	工程师	博士	2000/12/4	已婚	北京	13512341295	1101041973031949 25	4760
64	G018	项目二部	郝放	男	1979/1/29	业务员	工程师	硕士	2005/12/29	未婚	四川	13512341296	1101061979012649 77	4760
65														
66				职称	参加工作日期									
67				高级*	>=2000-1-1									
68				助理*	<1990-1-1									

图 9-29 输入筛选条件结果

步骤2 选定数据列表中的任一单元格。

步骤3 打开"高级筛选"对话框。在"数据"选项卡的"排序和筛选"命令组中，单击"高级"命令，系统弹出"高级筛选"对话框。

步骤4 输入高级筛选参数。由于当前单元格在筛选数据所在的单元格区域内，因此系统自动在"列表区域"框中填上了"$A$1:$Q$64"；单击"条件区域"框右侧的折叠按钮，选择条件所在的单元格区域"D66:E68"，再次单击折叠按钮。

步骤5 执行高级筛选操作。单击"确定"按钮，即可筛选出所要查询的数据。高级职称 2000 年及以后和初级职称 1990 年及以前参加工作的员工的筛选结果如图 9-30 所示。

	A	B	C	D	E	F	G	H	I	J	K	L	M	N
1	序号	部门	姓名	性别	出生日期	职务	职称	学历	参加工作日期	婚姻状况	籍贯	联系电话	身份证号码	基本工资
32	F003	项目一部	王利华	女	1979/7/20	项目监察	高级工程师	大专	2000/4/6	已婚	四川	13512341264	1101011979072088 94	8505
48	G002	项目二部	张夷	男	1979/4/8	项目监察	高级工程师	大本	2000/12/25	已婚	北京	13512341280	1101011979040811 17	8505
55	G009	项目二部	戴家宏	男	1968/3/1	业务员	助理工程师	高中	1988/5/25	已婚	山东	13512341287	1101021968030136 57	4200

图 9-30 高级职称 2000 年及以后和初级职称 1990 年及以前参加工作的员工的筛选结果

9.5 应用实例——分类汇总销售情况

销售管理中经常需要根据不同指标进行分类汇总，其中比较常用的主要有生产计划部门较为关心的不同产品销售情况，以及销售部门比较关心的业务员的销售业绩。本节通过销售管理中分类汇总销售情况等方面的应用，进一步说明 Excel 有关分类汇总操作的方法和技巧。

9.5.1 按产品分类汇总

1. 按产品品牌分类汇总

由于"销售情况"工作表已经包含"产品品牌"字段，所以按产品品牌分类汇总十分方便。具体操作步骤如下。

步骤 1 按"产品品牌"字段排序。选定"产品品牌"所在列任意单元格，在"数据"选项卡的"排序和筛选"命令组中，单击"升序"命令。

步骤 2 打开"分类汇总"对话框。在"数据"选项卡的"分级显示"命令组中，单击"分类汇总"命令，系统弹出"分类汇总"对话框。

步骤 3 指定"分类字段"。在"分类字段"下拉列表框中选定"产品品牌"。

步骤 4 指定"汇总方式"。在"汇总方式"下拉列表框中选择"求和"。

步骤 5 选定汇总项。在"选定汇总项"列表框中勾选"数量"和"销售额"2 个数据字段。

步骤 6 设置其他汇总选项。按默认方式设置，勾选"替换当前分类汇总"和"汇总结果显示在数据下方"复选框，单击"确定"按钮。

按产品品牌分类汇总，并按 2 级分级符号显示的结果如图 9-31 所示。

	订单序号	业务员	日期	产品代号	产品品牌	订货单位	单价	数量	销售额
18					佳能牌 汇总			19340	¥ 4,308,100
88					金达牌 汇总			96444	¥ 18,616,485
116					三工牌 汇总			35310	¥ 8,640,150
144					三一牌 汇总			40858	¥ 8,357,760
186					雪莲牌 汇总			52996	¥ 10,126,548
187					总计			244948	¥ 50,049,043

图 9-31　按产品品牌分类汇总，并按 2 级分级符号显示的结果

2. 按产品规格分类汇总

由于产品规格不是独立的字段，而是嵌入在"产品代号"中，因此首先用"分列"命令将其独立出来，然后再进行分类汇总。分列的具体操作步骤如下。

步骤 1 在"产品代号"字段右侧插入 1 列。选定 E 列，右键单击 E 列列标，在弹出的快捷菜单中选择"插入"。在新插入的 E1 单元格中输入新字段名产品规格。

步骤 2 选定要分列的数据。选定 D2:D181 单元格区域。

步骤 3 打开"分列"命令向导。在"数据"选项卡的"数据工具"命令组中，单击"分列"命令。系统弹出"文本分列向导 - 第 1 步，共 3 步"对话框。在"请选择最合适的文件类型"选项中选择"固定宽度"单选按钮。单击"下一步"按钮。系统弹出"文本分列向导 - 第 2 步，共 3 步"对话框。

步骤 4 设置分列字段宽度。在"文本分列向导 - 第 2 步，共 3 步"对话框中的分列线的适当位置单击，如图 9-32 所示。单击"下一步"按钮，系统弹出"文本分列向导 - 第 3 步，共 3 步"对话框。

步骤 5 设置分列单元格格式。在"文本分列向导-第 3 步，共 3 步"对话框中设置分列后的 2 列单元格格式为"文本"，如图 9-33 所示。

图 9-32 设置分列字段宽度   图 9-33 设置分列单元格格式

步骤6 执行分列操作。单击"完成"按钮，这时系统弹出 Excel 提示框，提示"此处已有数据，是否替换它？"。因为需要将分列后的一部分数据替换原来单元格的内容，所以选择"确定"即可。

分列后的数据如图 9-34 所示。这里需要注意的是，原来的"产品代号"列分成了 2 列，分别是原来"产品代号"的前 4 位和后 2 位。

按照前面所介绍的操作步骤，先按"产品规格"排序，然后按"产品规格"分类汇总即可。按产品规格分类汇总的结果如图 9-35 所示。

图 9-34 分列后的数据   图 9-35 按产品规格分类汇总的结果

9.5.2 按业务员分类汇总

对于销售部门来说，主要希望通过汇总不同业务员的情况来查看业务员的销售业绩，最常用的就是按业务员分类汇总。其具体操作步骤在此不再赘述，按业务员分类汇总的结果如图 9-36 所示。

图 9-36 按业务员分类汇总的结果

如果需要创建按业务员分类汇总的销售情况表，可以将汇总结果复制/粘贴到另一个工作表中。

 复制时应采用 9.3.3 节所介绍的方法，先按条件定位至可见单元格，再执行复制操作。

从图 9-36 中可以看出，业务员"盛代国"的销售业绩比较突出。如果要查看该业务员的销售明细，可以单击该业务员所在行对应的"+"号，显示结果如图 9-37 所示。

图 9-37 盛代国的销售明细显示结果

如果需要更进一步的详细分析，如分析不同业务员销售业绩和订货单位的关系、不同业务员在不同时期销售业绩的变化情况等，则使用第 10 章介绍的数据透视表更为方便。

习 题

一、选择题

1．如果想在一个包含"系别"字段的数据清单中只显示"金融系"学生的分数记录，应该使用命令是（　　）。

    A．排序　　　　　　　　B．筛选　　　　　　　　C．分类汇总　　　　　　D．分列

2．以下关于 Excel 筛选功能的叙述中，错误的是（　　）。

    A．可以对多个字段分别设置筛选条件

    B．对于某个字段设置不止 1 个筛选条件

    C．对 2 个字段设置的筛选条件既可以是"与"也可以是"或"的关系

    D．对某个字段设置的 2 个筛选条件既可以是"与"也可以是"或"的关系

3．以下关于 Excel 高级筛选功能的叙述中，正确的是（　　）。

    A．必须先设置条件区域　　　　　　　　B．条件区域中字段名不能重复

    C．条件区域修改后筛选结果自动更新　　D．条件区域中行数不能超过 5 行

4．在 Excel 中对某列进行升序排序后，该列上的空白单元格的行将（　　）。

    A．放置在排序的数据清单最后　　　　　B．不被排序

    C．放置在排序的数据清单最前　　　　　D．保持原始次序

5．以下关于 Excel 排序命令的叙述中，正确的是（　　）。

    A．可以对多个字段分别设置排序次序

    B．可以对多个字段分别设置排序选项

    C．既可以对多个字段分别设置排序次序，也可以对多个字段分别设置排序选项

    D．一次最多只能按 3 个字段进行多重排序

6．Excel 的排序命令的排序依据不能是（　　）。

    A．单元格的公式　　　　　　　　　　　B．单元格的数值

    C．单元格的颜色　　　　　　　　　　　D．单元格字体的颜色

7．以下关于 Excel 分类汇总命令的叙述中，正确的是（　　）。

    A．分类字段必须是文本类型　　　　　　B．分类字段必须是数值类型

    C．分类字段必须是逻辑类型　　　　　　D．分类字段必须有序

8. Excel 分类汇总的结果（　　）。

    A．只能显示在数据的下方

    B．只能显示在数据的上方

    C．既可以显示在数据的下方，也可以显示在数据的上方

    D．只能显示在所有数据的最后

9. Excel 分类汇总命令汇总方式不包含（　　）。

    A．平均　　　　　　　B．排名　　　　　　C．最大值　　　　　　D．最小值

10. 以下关于 Excel 分列命令的叙述中，正确的是（　　）。

    A．只能按指定的分隔符分列　　　　　　B．只能按 Excel 规定的分隔符分列

    C．只能按固定长度分列　　　　　　　　D．以上都不正确

二、填空题

1. Excel 的"排序和筛选"命令除了在"数据"选项卡以外，还在"＿＿＿＿＿"选项卡中。

2. Excel 的排序命令既可以按升序排序，也可以按降序排序，还可以按＿＿＿＿＿排序。

3. 高级筛选的条件区域中，相同行的条件之间是＿＿＿＿＿关系，不同行的条件之间是＿＿＿＿＿关系。

4. 执行分类汇总前，应对数据清单先按＿＿＿＿＿排序。

5. 如果需要删除重复记录，可以执行"数据"选项卡＿＿＿＿＿命令组的＿＿＿＿＿命令。

三、问答题

1. 数据清单的基本约定包括哪几部分？

2. 简单排序有几种排序方式？

3. 高级筛选的条件区域不同行列条件的关系为何？

4. 图 9-38 所示为公司绩效奖金表的部分数据。若在 K2 单元格中输入了公式 =I2<AVERAGE(I2：I25)，则该公式的含义是什么？是否可以使用该单元格作为条件区域中的单元格来进行高级筛选操作。

5. 分类汇总操作对工作表有什么要求？

图 9-38　公司绩效奖金表（部分）

实　训

现有"人事档案"工作表如图 9-1 所示，按以下要求完成操作。

1. 按照职称从高到低排序。

2. 按照部门、性别、学历顺序排序。

3. 筛选出所有学历为硕士和博士的员工。

4. 筛选出所有学历为大专或大本且为 20 世纪 80 年代出生的员工。

5. 计算出不同学历的平均基本工资。

6. 计算出不同职称的平均基本工资，并将计算结果复制/粘贴到另一个新工作表中。

第 **10** 章　透视数据

内容提要

本章主要介绍 Excel 数据透视表的特性，创建数据透视表的基本步骤，应用数据透视表和数据透视图进行数据分析的方法和技巧。重点是通过对销售情况的透视分析，掌握数据透视表和数据透视图工具的应用。数据透视表是 Excel 分析数据的利器，掌握和应用好数据透视表，可以有效地提高数据分析的效率和水平。

主要知识点

- 数据透视表的概念
- 数据透视表的创建
- 数据透视表的编辑
- 数据透视表的应用
- 数据透视图的应用

数据透视表是 Excel 提供的一种简单、实用的数据分析工具，它综合了前面介绍的数据排序、筛选和分类汇总等数据处理工具的优点，并具有上述工具无法比拟的灵活性，用它可以完成绝大多数日常的数据计算和分析工作。

10.1　创建数据透视表

要应用数据透视表分析数据，首先需要在原有数据的基础上创建数据透视表。Excel 可以根据需要，利用 Excel 数据列表、多重合并计算区域以及外部数据源创建数据透视表。

10.1.1　认识数据透视表

从外表看，数据透视表除了某些单元格的格式较为特殊外，与一般的工作表没有明显区别，也是二维电子表格，也可以定义单元格的格式，还可以对表格中的数据进行排序、筛选等操作，以及根据数据制作图表等，但实际上它们有着很重要的差异，差异如下。

- "透视"特性：数据透视表是具有第三维查询应用的表格。它通常是根据多个工作表或是一个较长的数据列表经过重新组织得到的。其中的基本数据可能都是根据某个工作表的一行或一列数据计算得出的，所以可以认为它是一个三维表格。同时，数据透视表可以方便地调整计算的方法和范围，因而可以从不同的角度更清楚地给出数据的各项特征，所以称为数据透视表。
- "只读"属性：数据透视表具有只读属性，即不可以直接在数据透视表中输入数据或修改数据。只有当存放原始数据的工作表中相应的数据变更，且执行了数据透视表操作中的有关刷新数据的命令后，数据透视表中的数据才会变动。

- "交互"属性：数据透视表还具有良好的交互性，应用十分灵活。当创建了数据透视表后，可以方便地组织和显示存在于多个工作表或工作簿中的数据；可以通过改变数据透视表的页面布局对数据进行不同角度的综合分析；可以根据需要显示或隐藏所需的任何细节数据；所有这些都可以在已创建的数据透视表上实现，而无须重新创建数据透视表。所以说，数据透视表是 Excel 中最为常用的数据分析工具，特别适用于对数据的计算和分类操作。例如，数据的分类汇总、交叉分析、评分与排名、百分比计算以及准备各种报告等日常常用的数据分析，均可以利用数据透视表的操作完成。

10.1.2　创建数据透视表

创建和应用数据透视表的关键问题是设计数据透视表的布局：根据现有的数据由哪些字段组成行？哪些字段组成列？按哪几个字段的值分类？对哪些字段进行计算？这些问题如果不设计好，创建的数据透视表可能会杂乱无章、毫无意义。

10-1　创建数据透视表

下面仍然应用第 9 章关于销售管理的实例说明创建数据透视表的操作步骤。"销售情况表"工作表中是某公司上一年度的销售情况数据，其中包括序号、日期、产品代号、产品规格、产品品牌、订货单位、业务员、单价、数量和销售额等字段。假设需要分析该公司各业务员在不同时期的销售业绩，为此创建数据透表的操作步骤如下。

步骤 1　打开"创建数据透视表"对话框。在"插入"选项卡的"表格"命令组中，单击"数据透视表"命令，系统弹出"创建数据透视表"对话框，如图 10-1 所示。

步骤 2　选择要分析的数据并指定要放置数据透视表的位置。一般系统会自动识别并选定数据区域，如果要分析的数据区域与此有出入，可以在"表/区域"框内输入或编辑。这里默认系统自动选定的区域"销售情况表!$A$1:$J$181"。可以选择新建工作表放置数据透视表，也可以在现有工作表的指定位置放置数据透视表，这时需要在"位置"文本框中输入放置数据透视表位置的左上角单元格地址。这里默认系统选项，在新工作表中创建数据透视表。单击"确定"按钮即建立了数据透视表框架，如图 10-2 所示。

图 10-1　"创建数据透视表"对话框

从图 10-2 可以看到，功能区出现了"数据透视表工具"上下文选项卡，其中包含"分析"和"设计" 2 个子选项卡。工作表左侧为数据透视表区域，当前还没有数据。工作表右侧为"数据透视表字段"窗格。有关数据透视表的创建、编辑、修饰和应用都将通过这 2 个选项卡的命令和该窗格的有关控件完成。

步骤 3　添加数据透视表字段。因为需要分析各业务员在不同时期的销售业绩，所以应将"日期"和"业务员"分别设置为行标签和列标签，"销售额"为计算数值。设置时可以用鼠标右键单击"数据透视表字段"窗格中相应的字段名，然后在弹出的快捷菜单中选择添加到数据透视表的位置。快捷菜单如图 10-3 所示。

初步创建的数据透视表如图 10-4 所示。

图 10-2　数据透视表框架

图 10-3　快捷菜单

图 10-4　初步创建的数据透视表

> 设置数据透视表字段时，也可以用鼠标将所需字段从"数据透视表字段"窗格直接拖曳到相应区域。如果放置错了，可以重新拖曳到正确的区域；如果要删除数据透视表中的某个字段，将其拖曳到数据区域以外即可。

这时的数据透视表将销售额数据横向按日期、纵向按业务员姓名显示出来，可以直观地进行比较分析。这里需要注意的是 Excel 2016 自动将日期按月显示，同时在"数据透视表字段"窗格中添加了一个"月"，并勾选了"月"复选框，也可以取消该复选框的勾选，按日期原有的方式显示。

10.1.3　编辑数据透视表

数据透视表虽然具有"透视""只读"特性，但在其他方面和一般的工作表一样，也可以进行编辑、格式设置以及排序等操作。

1．添加、删除字段

数据透视表的编辑同一般工作表的编辑不同，不允许在其中插入、删除或修改数据，而是可以根据需要插入、删除行字段、列字段或数值字段。例如，需要分析不同业务员销售的不同产品品牌的情况，可以在图 10-4 所示的数据透视表基础上，将行字段中的"日期"删除，然后添加"产品品牌"字段。具体操作步骤如下。

步骤1　删除"日期"行字段。取消"数据透视表字段"窗格中"日期"字段名和"月"字段名前复选框的勾选；也可以分别单击"行标签"中的"日期"和"月"右侧下拉箭头，在弹出的快捷菜单中选择"删除字段"命令；也可以用鼠标分别将行区域中的"日期"字段和"月"字段直接拖曳到数据区域以外；还可以直接在数据透视表中用鼠标右键单击行标签中任意单元格，在弹出的快捷菜单中选择"删除'月'"，然后再执行一次相同操作，在弹出的快捷菜单中选择"删除'日期'"。

步骤 2　添加"产品品牌"到行区域。勾选"数据透视表字段"窗格中"产品品牌"字段名前的复选框；也可以用鼠标右键单击"产品品牌"字段名，在弹出的快捷菜单中选择"添加到行标签"；还可以用鼠标将"产品品牌"字段直接拖曳到行区域。调整后的数据透视表如图 10-5 所示。

	A	B	C	D	E	F	G	H	I	J	K
1											
2											
3	求和项:销售额	列标签 ▼									
4	行标签 ▼	郝海为	靳晋复	李燕	沈核	盛代国	宋维昆	王利华	苑平	张涛	总计
5	佳能牌	710500	651650	92500	2016150	595000		144300		98000	4308100
6	金达牌	3238700	1416675	1852500	2012750	3329560	2017750	906500	2342500	1499550	18616485
7	三工牌	503500	914500	197500	1689000	852450	789500	1842500	497700	1353500	8640150
8	三一牌	508000	798000	479600	461000	844000	1372000	1507000	1609160	779000	8357760
9	雪莲牌	370000	2083590	1382258	129500	1755000	1698500	329500	1074000	1304200	10126548
10	总计	5330700	5864415	4004358	6308400	7376010	5877750	4729800	5523360	5034250	50049043

图 10-5　调整后的数据透视表

2．排序和筛选

数据透视表的排序主要是针对行字段、列字段。从图 10-5 中可以看出，数据透视表中的列字段"业务员"从左到右、行字段"产品品牌"从上到下都是按拼音字母排序的。如果有需要，可以对数据透视表重新进行排序。例如，按"产品品牌"降序排序或者按"业务员"姓氏笔画排序，操作方法与一般工作表类似。但一般工作表排序时，纵向数据按列排序，横向数据按行排序，而数据透视表排序时，是行列字段分别按行列方向排序。在数据透视表中也可以手工调整指定标签的顺序。

在数据透视表中还可以方便地进行多种不同形式的筛选，既可以按标签筛选，也可以按值筛选。例如，在图 10-5 所示的数据透视表中，可以设置行标签筛选，只显示行标签开头是"三"的产品品牌的数据；也可以设置列标签筛选，只显示销售额总计数据大于 5000000 的业务员的数据。

3．定制外观

如果需要提交或打印数据透视表，为了使表格更加美观、醒目、规范或重点突出，还可以定制不同形式的数据透视表外观，包括以压缩、大纲还是表格布局形式显示数据透视表；是否显示和在什么位置显示总计数据；选择何种系统内置的数据透视表样式等。可选择"数据透视表工具"上下文选项卡的"设计"子卡命令来定制数据透视表的外观，如图 10-6 所示。

图 10-6　"数据透视表工具"上下文选项卡的"设计"子卡命令

还可以通过单元格格式的各种设置进行一定的修饰，有关操作与一般工作表类似，这里不再赘述。

注意 在"数据透视表样式"命令中，系统给出了浅色、中等深浅和深色3类几十种样式，并可以在有关样式的基础上进一步选择是否应用行标题、列标题、镶边行和镶边列等选项。

10.1.4 更新数据透视表

由于数据透视表是一种"只读"的工作表，因此如果数据透视表中的数据有误或者有变动，不能直接在其上进行修改，而是需要修改原始数据所在的工作表中的相应数据，然后通过刷新数据命令更新数据透视表中的数据。例如，先将"销售情况表"工作表中 H7 单元格的数据"400"改为"410"，这时数据透视表的数据也应做相应的修改。具体操作步骤如下。

步骤1 修改原始数据所在的工作表。将"销售情况表"工作表的 H7 单元格的数据改为"410"。

步骤2 刷新数据透视表。切换到数据透视表，在"数据透视表"上下文选项卡"分析"子卡的"数据"命令组中，单击"刷新"命令。

这样数据透视表将根据修改后的源数据重新进行计算，从而做出更新。

10.2 应用数据透视表

数据透视表创建以后，还可以根据分析的需要，灵活地进行多种应用，以满足多种透视数据的需求。

10.2.1 组合数据项

有些数据在分析过程中需要进行组合，如日期数据可能需要按照周、月、季度或年等不同周期进行汇总，省市数据可能需要按照一定范围合并成地区数据等，这些可以通过 Excel 的组合数据项功能实现。例如，将图 10-4 所示的数据透视表中的"日期"字段组合成季度，具体操作步骤如下。

步骤1 打开"组合"对话框。用鼠标右键单击任意"日期"数据单元格，在弹出的快捷菜单中单击"创建组"。系统弹出"组合"对话框，如图 10-7 所示。

步骤2 指定组合的步长。在"步长"列表框中，首先分别单击"日"和"月"选项，然后选定"季度"选项，最后单击"确定"按钮。组合数据项后的数据透视表如图 10-8 所示。

图 10-7 "组合"对话框

求和项:销售额	列标签									总计
行标签	郝海为	靳晋复	李燕	沈核	盛代国	宋维昆	王利华	苑平	张涛	总计
第一季	575700	1387425	555058	628150	740760	654050	1456800	941860	1557500	8497303
第二季	1357500	1442700	970000	1470750	1757300	1562000	793500	663000	991050	11007800
第三季	1988500	1120840	1765300	1787500	2437650	2322200	1038000	2219500	896500	15575990
第四季	1409000	1913450	714000	2422000	2440300	1339500	1441500	1699000	1589200	14967950
总计	5330700	5864415	4004358	6308400	7376010	5877750	4729800	5523360	5034250	50049043

图 10-8 组合数据项后的数据透视表

这样创建的数据透视表可以更清晰地反映各销售人员不同季度的销售业绩。

10.2.2　改变计算函数

默认情况下，数据透视表对于数值型字段总是按"求和"方式进行计算的，而对非数值型字段则是按"计数"方式进行计算的。实际应用中可以根据需要使用其他函数，如"平均值""最大值""最小值"等。改变计算函数的操作步骤如下。

步骤1　打开"值字段设置"对话框。单击"数据透视表字段"窗格下方"数值"区域中的字段右侧下拉箭头，在弹出的菜单中选择"值字段设置"；也可以用鼠标右键单击数据透视表值区域中任意数值单元格，在弹出的快捷菜单中选择"值字段设置"，系统弹出"值字段设置"对话框，如图 10-9 所示。

步骤2　选择计算函数。根据需要在"值字段设置"对话框的"值汇总方式"选项卡下"计算类型"列表框中选择所需的计算函数。然后单击"确定"按钮。

数据透视表将自动按照指定的函数重新进行计算。

图 10-9　"值字段设置"对话框

10.2.3　改变显示方式

数据透视表创建以后，可以根据需求以多种不同的方式来显示数据。显示数据主要包括以下几个方面的操作。

1. 重构字段布局

在图 10-8 所示的数据透视表中，"日期"是行字段，数据按行方向显示；"业务员"是列字段，数据按列方向显示；"销售额"是值字段，进行分类汇总计算。此外，还可以设置某个字段为数据透视表筛选字段，使有关数据项按类分页显示。在实际应用过程中，可以通过调整数据透视表字段的不同布局，构建灵活多样的报表，以展示数据不同的分析结果。

当需要重构字段布局时，可以通过 10.1.3 节所介绍的插入/删除字段的方法重新设置。而更简单的方法是直接在"数据透视表字段"窗格中，用鼠标拖曳相应字段到指定位置。当用鼠标拖曳某个字段到窗格中不同的区域时，鼠标指针的形状会发生变化，分别表示该字段将按照行字段、列字段、筛选器字段或值字段显示。这时如果放开鼠标键，该字段则会改为相应的字段。

2. 改变数据显示方式

默认情况下数据透视表都是按普通方式，即"无计算"方式显示值字段的。为了更清晰地分析数据间的相关关系，可以指定数据透视表以特殊的数据显示方式（如以"差异""百分比""差异百分比"等）显示数据。例如，对于图 10-8 所示的数据透视表，需要分析不同季度销售额的变化情况，可以"差异"方式显示值字段，具体操作步骤如下。

步骤1　打开"值字段设置"对话框。单击"数据透视表字段"窗格下方"值"区域中的字段右侧下拉箭头，在弹出的菜单中选择"值字段设置"，系统弹出"值字段设置"对话框。

步骤2　选择"值显示方式"选项卡。单击"值字段设置"对话框中的"值显示方式"选项卡，"值字段设置"对话框将显示"值显示方式""基本字段"和"基本项"等选项，如图 10-10 所示。

步骤3　指定所需的数据显示方式。在"值显示方式"下拉列表中选择"差异"。系统会显示有关"差异"显示方式所需指定的"基本字段"和"基本项"列表，如图 10-11 所示。

| 图 10-10 "值显示方式"选项卡 | 图 10-11 "差异"显示方式所需指定的"基本字段"和"基本项"列表 |

步骤 4 指定"基本字段"和"基本项"。因为指定的是"差异"显示方式，所以需要具体指定差异的比较对象。这里选择"基本字段"为"日期"，"基本项"为"（上一个）"。然后单击"确定"按钮。

按"差异"显示的数据透视表如图 10-12 所示。表中显示的数据为当前季度与上个季度销售额的差额，其中第一季的销售额数据为空。

	A	B	C	D	E	F	G	H	I	J	K
1											
2											
3	求和项:销售额	列标签									
4	行标签	郝海为	靳晋复	李燕	沈核	盛代国	宋维昆	王利华	苑平	张涛	总计
5	第一季										
6	第二季	781800	55275	414942	842600	1016540	907950	-663300	-278860	-566450	2510497
7	第三季	631000	-321860	795300	316750	680350	760200	244500	1556500	-94550	4568190
8	第四季	-579500	792610	-1051300	634500	2650	-982700	403500	-520500	692700	-608040
9	总计										

图 10-12 按"差异"显示的数据透视表

3. 显示明细数据

默认情况下，数据透视表显示的是经过分类汇总后的汇总数据。如果需要了解其中某个汇总信息的具体来源，可以令数据透视表显示该数据对应的明细数据。显示明细数据的具体操作是，用鼠标右键单击需要显示明细数据的原数据所在单元格，在弹出的快捷菜单中选择"显示详细信息"命令；也可以用鼠标直接双击该单元格。系统会自动创建一个新的工作表，显示该汇总数据的细节。

10.3 应用数据透视图

10-2 应用数据
透视图

图表是展示数据最直观、有效的手段。Excel 为数据透视表提供了配套的数据透视图，任何时候都可以方便地将数据透视表的数据以数据透视图的形式展示。数据透视图与一般图表的操作没有太多差别，其差异主要表现在 2 方面：一是数据透视图可以创建的图表类型有一定限制，如不能创建散点图、股价图等图表类型；二是数据透视图具有良好的交互性，可以在数据透视图上直接进行重构字段布局等操作，从不同角度直观地透视分析数据。本节介绍有关数据透视图的创建和编辑操作。

10.3.1　创建数据透视图

当需要根据当前的数据透视表创建数据透视图时，可以在"数据透视表"上下文选项卡的"分析"子选项卡的"工具"命令组中，单击"数据透视图"命令。系统会弹出"插入图表"对话框，并默认为数据透视表创建簇状柱形图。单击"确定"按钮即可创建数据透视图。此时，功能区将自动出现"数据透视图"上下文选项卡，其下包含"设计""布局""格式"和"分析"4 个子选项卡。"数据透视表字段"窗格中的"行区域"和"列区域"也自动变换成"轴字段"和"图例字段"。根据图 10-8 所示的数据透视表的数据建立的数据透视图如图 10-13 所示。

图 10-13　数据透视图

10.3.2　调整数据透视图

从图 10-13 所示的数据透视图中可以看出，数据透视图的横坐标轴对应数据透视表的行字段，称为"轴字段"；右侧图例对应数据透视表的列字段，称为"图例字段"；数据系列对应数据透视表的值字段。可以根据分析的需要对数据透视图进行设置和调整，而且对数据透视图所进行的有关操作，数据透视表也会自动同步变动。

如果需要交换轴字段和图例字段，可以直接在"数据透视表字段"窗格中用鼠标将轴字段"日期"拖曳到图例字段区域，将图例字段"业务员"拖曳到轴字段区域。更改了字段布局后的数据透视图如图 10-14 所示。

对于图 10-13 所示的数据透视图，如果需要重点比较分析业务员"郝海为"和"李燕"的销售业绩，可以直接单击数据透视图上的"业务员"按钮，然后在弹出的选项中取消"全部"复选框的勾选，勾选"郝海为"和"李燕"名称前的复选框。执行筛选操作后的数据透视图如图 10-15 所示。

图 10-14　更改字段布局后的数据透视图

图 10-15　执行筛选操作后的数据透视图

数据透视图创建和调整好后，可以同原来的数据透视表自动保持一致，继续进行各种分析。

除了以上介绍的专门针对数据透视图的操作，也可以按一般图表的操作方法编辑数据透视图。例如，为了更加直观地反映出不同业务员销售业绩的变化趋势，可以改变数据透视图的图表类型，选用折线图显示销售额数据。又如，为了使用黑白打印机打印该数据透视图，可以适当调整和修改绘图区颜色和数据系列图形的颜色。

对于数据透视图，除了图表类型、绘图区、数据系列，横坐标轴、纵坐标轴、网格线等图形元素都可以根据需要分别设置不同的属性，以制作出各种不同风格的数据透视图。

10.4 应用实例——分析销售情况

这里仍以前几章使用过的"销售情况"工作表为例。通过本节的介绍可以发现，使用数据透视表进行计算、分析更为灵活方便。为了使分析更为全面，这里使用图 9-34 所示的添加了"产品规格"分列后的工作表，并已建立数据透视表框架。

10.4.1 分析产品销售情况

1. 分析不同时期各个产品品牌的销售数量

具体操作步骤如下。

步骤 1 打开"创建数据透视表"对话框。

步骤 2 选择要分析的数据源和放置数据透视表的位置。在"创建数据透视表"对话框中，使用默认值作为要分析的数据源，选择"新工作表"作为放置数据透视表的位置。

步骤 3 设置数据透视表的字段布局。将"数据透视表字段"窗格中的"日期""产品品牌"和"数量"字段分别拖放到行区域、列区域和值区域。

创建好的"日期"/"产品品牌"/"数量"数据透视表如图 10-16 所示。

求和项:数量	列标签					
行标签	佳能牌	金达牌	三工牌	三一牌	雪莲牌	总计
1月	780	8570	400	3100	8100	20950
2月		344	190	258	386	1178
3月	190	850	6600	4000	7900	19540
4月	2600	6280	2200		3500	14580
5月	2500	10100		2400	2700	17700
6月	2400	10950	4950		3400	21700
7月	1170	10800		8200	5100	25270
8月		12900	7070	4500	4210	28680
9月		10100	3900		6200	22200
10月	2200	6700	2700	6200	3800	21600
11月	5200	4900	2900	6300	2600	21900
12月	2300	13950	4400	1800	5100	29650
总计	19340	96444	35310	40858	52996	244948

图 10-16 "日期"/"产品品牌"/"数量"数据透视表

2. 分析不同时期的销售额情况

分析计算不同时期的销售额情况，只需要在图 10-16 所示数据透视表的基础上，简单地移去/添加字段即可。具体操作步骤如下。

步骤 1 移去"数量"字段。在"数据透视表字段"窗格中取消勾选"数量"字段名前的复选框；也可以直接用鼠标将值区域中的"求和项:数量"拖到报表区域之外。

步骤 2 添加"销售额"字段。在"数据透视表字段"窗格中勾选"销售额"字段名前的复选框，或者用鼠标右键单击"销售额"字段，然后在弹出的快捷菜单中选择"添加到值"命令。

修改后的"日期"/"产品品牌"/"销售额"数据透视表如图 10-17 所示。

求和项:销售额	列标签					
行标签	佳能牌	金达牌	三工牌	三一牌	雪莲牌	总计
1月	144300	1683950	92000	643000	1545700	4108950
2月		67235	47200	55760	82858	253053
3月	35150	157250	1668500	796000	1478400	4135300
4月	637000	1156800	583000		664700	3041500
5月	462500	1983750		504000	507500	3457750
6月	564000	2091750	1161000		691800	4508550
7月	286650	2077500		1761000	1034800	5159950
8月		2437000	1702450	990000	795690	5925140
9月		1956500	960000		1154400	4490900
10月	539000	1311500	689500	1178000	718200	4436200
11月	1076000	1008000	681500	1269000	483000	4517500
12月	563500	2685250	1055000	741000	969500	6014250
总计	4308100	18616485	8640150	8357760	10126548	50049043

图 10-17 修改后的"日期"/"产品品牌"/"销售额"数据透视表

3. 分析不同时期各种规格产品的销售额

分析不同时期各种规格产品的销售额，可以采用上述操作步骤，在列区域移去"产品品牌"字段，添加"产品规格"字段。再次重构的"日期"/"产品规格"/"销售额"数据透视表如图 10-18 所示。

4. 显示不同时期各种规格产品的销售趋势

如果需要更直观地显示不同时期各种规格产品的销售趋势，可以改用数据透视图展示分析结果。具体操作步骤如下。

步骤 1 创建数据透视图。在"数据透视表"上下文选项卡的"分析"子选项卡的"工具"命令组中，单击"数据透视图"命令。系统会弹出"插入图表"对话框，并默认为数据透视表创建簇状柱形图。单击"确定"按钮即可创建数据透视图。系统自动创建的数据透视图如图 10-19 所示。

图 10-18 再次重构的"日期"/"产品规格"/
"销售额"数据透视表

图 10-19 数据透视图

步骤 2 将图表类型更改为折线图。在"数据透视图工具"上下文选项卡"设计"子选项卡的"类型"命令组中,单击"更改图表类型"命令,系统弹出"更改图表类型"对话框。在"图表类型"列表框中选择"折线图",然后单击"确定"按钮。更改图表类型后的数据透视图如图 10-20 所示。

图 10-20 更改图表类型后的数据透视图

由于规格为"A4"的产品销售金额不太稳定,从图 10-20 所示的数据透视图来看销售趋势不太明显,为此可以为该数据系列添加趋势线。具体操作步骤如下。

步骤 1 打开"设置趋势线格式"窗格。右键单击数据透视图中"A4"数据系列折线,在系统弹出的快捷菜单中单击"添加趋势线"命令,系统弹出"设置趋势线格式"窗格。

步骤 2 选择趋势线类型。在"设置趋势线格式"窗格的"趋势线选项"中选择"移动平均"单选按钮,在"周期"中选"2",如图 10-21 所示。单击"确定"按钮。

添加了趋势线的数据透视图如图 10-22 所示。

图 10-21 选择趋势线类型

图 10-22 添加了趋势线的数据透视图

10.4.2 分析业务员销售业绩

1. 分析业务员不同时期不同产品品牌的销售业绩

如果希望能够更清晰、更具体地分析每名业务员在不同时期不同产品品牌的销售业绩,如可以按下述方式创建数据透视表:以"日期"作为行字段,"数量"和"销售额"作为值字段,并将"业务员"和其他需要分析的若干字段(如"产品规格"和"产品品牌")作为筛选器字段,创建的数据透视表如图 10-23 所示。

有关销售信息的数据具有数据量大、更新频繁、统计汇总多样等特点,应用数据透视表可以快速、准确地完成各种分析工作。例如，对于图 10-23 所示的数据透视表，如果需要制作有关的日报表、月报表或季报表，只需要为"日期"字段数据创建"日""月"或"季度"组合即可。图 10-24 是为"日期"字段创建了"季"组合而建立的销售季报表。

	A	B	C
1	业务员	（全部）	
2	产品规格	（全部）	
3	产品品牌	（全部）	
4			
5	行标签	求和项:数量	求和项:销售额
6	1月	20950	4108950
7	2月	1178	253053
8	3月	19540	4135300
9	4月	14580	3041500
10	5月	17700	3457750
11	6月	21700	4508550
12	7月	25270	5159950
13	8月	28680	5925140
14	9月	22200	4490900
15	10月	21600	4436200
16	11月	21900	4517500
17	12月	29650	6014250
18	总计	244948	50049043

图 10-23　包含筛选器字段的数据透视表

	A	B	C
1	业务员	（全部）	
2	产品规格	（全部）	
3	产品品牌	（全部）	
4			
5	行标签	求和项:数量	求和项:销售额
6	第一季	41668	8497303
7	第二季	53980	11007800
8	第三季	76150	15575990
9	第四季	73150	14967950
10	总计	244948	50049043

图 10-24　销售季报表

如果需要制作某个业务员，如"郝海为"的季报表，可以在数据透视表的筛选器字段上，单击"业务员"字段的下拉箭头，然后在弹出的选项中选择"郝海为"。业务员"郝海为"的数据透视表如图 10-25 所示。

如果需要进一步分析"郝海为"具体某个产品规格或某个产品品牌的销售情况，可以在图 10-25 所示数据透视表的报表筛选器字段上，单击"产品规格"或"产品品牌"字段的下拉箭头，然后在弹出的选项中选择指定的产品规格或产品品牌即可。图 10-26 所示是指定了产品规格为"B5"的数据透视表。图 10-27 所示是指定了产品品牌为"金达牌"的数据透视表。

	A	B	C
1	业务员	郝海为	
2	产品规格	（全部）	
3	产品品牌	（全部）	
5	行标签	求和项:数量	求和项:销售额
6	第一季	2980	575700
7	第二季	6500	1357500
8	第三季	9100	1988500
9	第四季	7000	1409000
10	总计	25580	5330700

图 10-25　业务员"郝海为"的
数据透视表

	A	B	C
1	业务员	郝海为	
2	产品规格	B5	
3	产品品牌	（全部）	
5	行标签	求和项:数量	求和项:销售额
6	第一季	2470	456950
7	第二季	2000	370000
8	第三季	4600	915000
9	第四季	400	70000
10	总计	9470	1811950

图 10-26　产品价格为"B5"的
数据透视表

	A	B	C
1	业务员	郝海为	
2	产品规格	B5	
3	产品品牌	金达牌	
5	行标签	求和项:数量	求和项:销售额
6	第一季	470	86950
7	第二季	2000	370000
8	第三季	2200	407000
9	第四季	400	70000
10	总计	5070	933950

图 10-27　产品品牌为"金达牌"
的数据透视表

2. 使用切片器分析业务员的销售业绩

Excel 2016 提供了数据透视表的切片器数据分析工具。每一个切片器对应数据透视表的一个字段，其中包含了该字段中的数据项。因此应用切片器实际上就是对字段进行筛选操作，但是使用起来更加方便和灵活。创建切片器的具体操作步骤如下。

10-3　使用切片器分析业务员的销售业绩

步骤1　打开"插入切片器"对话框。选定数据透视表的任一单元格，然后在"数据透视表"上下文选项卡的"分析"子选项卡的"筛选"命令组中，单击"插入切片器"命令，系统弹出"插入切片器"对话框。

步骤2　选择字段。在"插入切片器"对话框中，勾选要创建切片器的字段"业务员""产品规格"和"产品品牌"。单击"确定"按钮。

系统将在当前工作表上创建 3 个切片器，如图 10-28 所示。从图 10-28 中可以看到已经创建了 3 个切片器，同时功能区也自动打开并切换到"切片器工具"上下文选项卡。应用该选项卡的命令可以对切片器的外观和样式等进行设置。

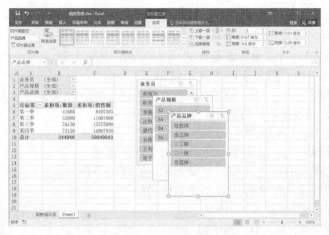

图 10-28 切片器应用界面

创建了切片器以后，可以方便地应用切片器对数据透视表进行筛选操作。例如，要查看业务员"郝海为"关于"金达牌"品牌、"A4"和"B5"2 种规格产品的销售情况，可以分别在不同的切片器中单击相应的项。如果在某个切片器中要选定连续或不连续的多个数据项，可以按住【Shift】键或【Ctrl】键单击相应的项。

图 10-29 是应用切片器筛选后的数据透视表。其中切片器中选定的数据项高亮显示。

如果需要清除某个切片器设置的筛选条件，可以单击相应切片器右上角的"清除筛选器"按钮；如果某个切片器不再使用，可以选定该切片器后，按【Delete】键删除指定的切片器。

通过以上示例，可以清楚地反映出数据透视表的强大功能和应用灵活性，而将其和数据透视图、趋势线等结合使用，则可以更好地分析、展示数据。

图 10-29 应用切片器筛选后的数据透视表

<h2 style="text-align:center">习 题</h2>

一、选择题

1. 在数据透视表中，不能设置筛选条件的是（ ）。
   A. 筛选器字段　　　B. 列字段　　　　C. 行字段　　　　D. 值字段

2. 数据透视图中不能创建的图表类型是（ ）。
   A. 饼图　　　　　　B. 气泡图　　　　C. 雷达图　　　　D. 曲面图

3. 对于数据透视表不能进行的操作是（ ）。
   A. 编辑　　　　　　B. 排序　　　　　C. 筛选　　　　　D. 刷新

4. 在数据透视表的值字段计算函数中不包含（ ）。
   A. 排名　　　　　　B. 乘积　　　　　C. 方差　　　　　D. 标准偏差

5. 以下关于数据透视表的叙述中，正确的是（ ）。
   A. 数据透视表只能在当前工作表之外新建
   B. 数据透视表一经建立就不能变动
   C. 数据透视表的调整会同步影响数据透视图

D．数据透视表的源数据只能来自同一个工作表

6．数据透视表的报表布局形式不包含（　　　）。

　　A．表单形式　　　　B．表格形式　　　　C．压缩形式　　　　D．大纲形式

7．在数据透视表中，值显示的方式不包含（　　　）。

　　A．升序排序　　　　B．降序排序　　　　C．自定义排序　　　　D．差异百分比

8．以下关于数据透视表的叙述中，正确的是（　　　）。

　　A．数据透视表的筛选器字段最多设置3个

　　B．数据透视表的字段调整只用鼠标拖曳无法实现

　　C．数据透视表的行字段和列字段无法设置筛选条件

　　D．数据透视表的值字段可以不是数值类型

9．数据透视表必须包含（　　　）。

　　A．筛选器字段　　　　B．列字段　　　　C．行字段　　　　D．值字段

10．以下关于数据透视表的切片器的叙述中，正确的是（　　　）。

　　A．一个切片器只能对应一个字段

　　B．一个切片器只能指定一个数据项

　　C．切片器只能指定一个或连续的多个字段

　　D．切片器只能对应数据透视表中已有的字段

二、填空题

1．创建数据透视表应在_____选项卡中单击"数据透视表"命令。

2．在数据透视表的筛选器字段中如果希望选择多个选项，应勾选_____复选框。

3．在数据透视表中除了可以使用字段设置筛选条件，还可以应用_____筛选要分析的数据。

4．数据透视图与一般图表的最大区别是具有良好的_____。

5．"数据透视图工具"上下文选项卡中包含"设计""格式"和_____子选项卡。

三、问答题

1．数据透视表具有什么特性？

2．创建数据透视表的关键步骤是什么？

3．数据透视表如何查看明细数据？

4．数据透视表的内容如何更新？

5．如何将数据透视表的数据改用数据透视图显示？

实　训

1．根据"销售情况"工作表的数据，创建分析不同订货单位、各种品牌的销售数量的数据透视表。

2．将上述数据透视表的计算函数改为"计数"，将显示方式改为以"产品规格"为基本字段，"A3"为基本项的"差异"显示方式。

3．根据"销售情况"工作表的数据，创建以"业务员"为筛选器字段，"日期"为行字段，"订货单位"为列字段，"销售额"为值字段的数据透视表。

4．将上述数据透视表转换为数据透视图方式显示，并将图表类型更改为"折线图"。

5．为上述数据透视表创建"业务员""产品品牌"和"订货单位"3个切片器，并设置不同的筛选条件。

内容提要

本章主要介绍 Excel 在数据分析方面的应用，通过不同的应用实例分别说明了 Excel 的模拟运算表、单变量求解、方案分析、规划求解等数据分析工具的功能、特点、适应范围和使用方法。Excel 的数据分析工具功能强大、使用方便，掌握和利用好数据分析工具，能够为管理决策提供更为有效的信息。

主要知识点
- 模拟运算表
- 单变量求解
- 方案分析
- 规划求解

除了各种计算函数，Excel 还为金融分析、财政决算、工程核算、计划管理等数据处理应用场景提供了许多分析工具。其中，模拟运算表、单变量求解、方案分析和规划求解等是最为常用的几个分析工具。相对来说，使用这些工具来分析、处理数据更为方便、快捷和高效。

11.1 模拟运算表

模拟运算表是对一个单元格区域中的数据进行模拟运算，测试在公式中使用变量时，变量值的变化对公式运算结果的影响。在 Excel 中可以构造 2 种类型的模拟运算表：单变量模拟运算表和双变量模拟运算表。前者可以测试 1 个输入变量的变化对公式的影响，后者可以测试 2 个输入变量的变化对公式的影响。

11.1.1 单变量模拟运算表

在单变量模拟运算表中，输入的数据值需要放在同一行或同一列中，并且单变量模拟运算表中使用的公式必须要引用"输入单元格"。输入单元格是指模拟运算表中其值不确定而需要用输入行或输入列的单元格中的值替换的单元格。

11-1 单变量模拟运算表

例如，某公司计划贷款 1000 万元，年限为 10 年，目前的年利率为 3%，需要计算出分月偿还时每个月的偿还额。

利用 Excel 的 PMT 函数可以直接计算出每月的偿还额。但根据宏观经济的发展情况，国家会通过调整利率对经济发展进行宏观调控。投资人为了更好地进行决策，需要全面了解利率变动对偿贷能力的影响。一般在应用时，可以通过直接修改"利率"单元格的数值来查看"月偿还额"单元格数据的变化情况，观测到在某一利率条件下每月的偿还额，方便将不同利率下相对应的偿还额进行对比。使用单变量模拟运算表可以更直观地以表格的形式，将偿贷能力与利率变化的关系在工作表上呈现出来，供投资人参考。

用单变量模拟运算表解决此问题的基本操作步骤如下。

步骤1 在工作表中输入贷款分析有关参数，如图11-1所示。

步骤2 利用PMT函数计算出每月的偿还额。选定B5单元格，打开"插入函数"对话框，选择"财务"类别中的PMT函数，然后在弹出的"函数参数"对话框中输入有关参数。在"Rate"栏中输入B3/12，其中B3为存放年利率的单元格。因为要计算的偿还额是按月计算的，所以要将年利率除以12，将其转换成月利率。同样道理，在"Nper"栏中输入B4*12，即付款期总数为贷款年限10乘以12，为120。在"Pv"栏中输入B2，即贷款总额所在的单元格。"Fv"和"Type"栏均可忽略。PMT函数参数设置结果如图11-2所示。

	A	B
1	贷款分析	
2	贷款额	10,000,000
3	年利率	3%
4	年限	10
5	月偿还额	

图 11-1　贷款分析有关参数 　　　　图 11-2　PMT 函数参数设置结果

最后 PMT 函数的计算结果为"-96560.7447"，即在年利率为 3%，年限为 10 年的条件下，每月需要偿还约 96560.74 元，如图 11-3 所示。

因为该函数的计算结果为每月的偿还额，是支出项，所以为负值。

图 11-3　每月偿还额计算结果

步骤3 输入模拟数据和计算公式。选择某个单元格区域作为模拟运算表存放区域，本例选择 A7:B16 单元格区域。在该区域的最左列即 A8:A16 单元格区域输入假设的利率变化范围的数据，本例输入 2.25%、2.50%、2.75%、…、4.25%。在模拟运算表区域的第 2 列第 1 行（即 B7 单元格）输入计算月偿还额的计算公式=PMT(B3/12,B4*12,B2)。

步骤4 选定整个模拟运算表区域。选定 A7:B16 单元格区域，如图 11-4 所示。

模拟数据系列通常是等差数列或等比数列，可利用 Excel 的自动填充功能快速建立。

步骤5 执行"模拟运算表"命令。在"数据"选项卡的"预测"命令组中，单击"模拟分析"→"模拟运算表"命令,系统弹出"模拟运算表"对话框。在该对话框的"输入引用列的单元格"框中输入$B$3,如图 11-5 所示。单击"确定"按钮。

图 11-4 选定整个模拟运算表区域

图 11-5 设置"模拟运算表"对话框

所谓引用列的单元格,即模拟运算表的模拟数据(最左列数据)要代替公式中的单元格地址。本例模拟运算表的模拟数据是"利率",所以指定"$B$3"为引用列的单元格,即年利率所在的单元格。为了方便,通常称其为模拟运算表的列变量。单变量模拟运算表的计算结果如图 11-6 所示。

图 11-6 单变量模拟运算表的计算结果

注意   在已经生成的模拟运算表中,单元格区域 B8:B16 中的公式为"{=TABLE(,B3)}",表示一个以 B3 为列变量的模拟运算表。表中原有的数值和公式都可以修改,如本例中的 A8:A16 和 B7;而结果区域不能被修改,如本例中的 B8:B16。当修改模拟数据时,模拟运算表的数据会自动重新计算。

单变量模拟运算表的模拟数据,既可以纵向按列组织,也可以横向按行组织。如果要建立按行组织模拟数据的模拟运算表,基本步骤如下。

步骤 1 在工作表中输入有关参数。

步骤 2 利用 PMT 函数计算出每月的偿还额。

步骤 3 输入模拟数据和计算公式。选择 D4:M5 作为模拟运算表存放区域。在 E4:M4 单元格区域输入假设的利率变化范围数据:2.25%、2.50%、2.75%、…、4.25%,在模拟运算表的第 1 列第 2 行即 D5 单元格中输入模拟运算表的计算公式，然后选定整个模拟运算表区域（即 D4:M5）如图 11-7 所示。

图 11-7　按行组织模拟数据的模拟运算表区域

步骤4　执行"模拟运算表"命令。在"数据"选项卡的"预测"命令组中，单击"模拟分析"→"模拟运算表"命令，系统弹出"模拟运算表"对话框。在该对话框的"输入引用行的单元格"框中输入$B3，单击"确定"按钮。模拟运算表计算结果如图 11-8 所示。

图 11-8　按行组织模拟数据的模拟运算表计算结果

在该模拟运算表中，模拟数据"利率"位于模拟运算表的最上方 1 行，所以指定"$B$3"为引用行的单元格，它也被称为模拟运算表的行变量。

11.1.2　双变量模拟运算表

单变量模拟运算表只能解决 1 个输入变量对 1 个或多个公式计算结果的影响，如果想查看 2 个输入变量变化对公式计算结果的影响就需要用到双变量模拟运算表。

双变量模拟运算表的操作步骤与单变量模拟运算表的类似，下面仍使用贷款分析示例说明建立双变量模拟运算表的具体操作步骤。

步骤1　确定某个单元格区域作为模拟运算表存放区域。本例使用 A7:F16 作为模拟运算表选定区域。

步骤2　在模拟运算表区域的第 1 列和第 1 行分别输入 2 个可变变量的模拟数据。本例在模拟运算表区域的最左列（即 A8:A16 单元格区域）输入假设的利率变化范围数据，在模拟运算表区域的第 1 行（即 B7:F7 单元格区域）输入可能的贷款年限数据。

步骤3　在模拟运算表区域左上角的单元格中输入计算公式。本例在 A7 单元格中输入计算月偿还额的计算公式，然后选定整个模拟运算表区域，如图 11-9 所示。

图 11-9　选定整个模拟运算表区域

步骤4　执行"模拟运算表"命令。在"数据"选项卡的"预测"命令组中，单击"模拟分析"→"模拟运算表"命令，系统弹出"模拟运算表"对话框。在"模拟运算表"对话框的"输入引用行的单元格"框中输入$B$4，在"输入引用列的单元格"框中输入$B$3，单击"确定"按钮，得出双变量模拟运算表的计算结果，如图 11-10 所示。

F16		× ✓ fx	{=TABLE(B4,B3)}		
	A	B	C	D	E	F
1	贷款分析					
2	贷款额	10,000,000				
3	年利率	3%				
4	年限	10				
5	月偿还额	¥-96,560.74				
6						
7	¥-96,560.74	5	10	15	20	25
8	2.25%	¥-176,373.45	¥-93,137.37	¥-65,508.48	¥-51,780.83	¥-43,613.07
9	2.50%	¥-177,473.62	¥-94,269.90	¥-66,678.92	¥-52,990.29	¥-44,861.67
10	2.75%	¥-178,578.10	¥-95,411.03	¥-67,862.16	¥-54,216.63	¥-46,131.09
11	3.00%	¥-179,686.91	¥-96,560.74	¥-69,058.16	¥-55,459.76	¥-47,421.13
12	3.25%	¥-180,800.02	¥-97,719.03	¥-70,266.88	¥-56,719.58	¥-48,731.62
13	3.50%	¥-181,917.45	¥-98,885.87	¥-71,488.25	¥-57,995.97	¥-50,062.36
14	3.75%	¥-183,039.18	¥-100,061.24	¥-72,722.24	¥-59,288.83	¥-51,413.12
15	4.00%	¥-184,165.22	¥-101,245.14	¥-73,968.79	¥-60,598.03	¥-52,783.68
16	4.25%	¥-185,295.56	¥-102,437.53	¥-75,227.84	¥-61,923.45	¥-54,173.81

图 11-10　双变量模拟运算表的计算结果

双变量模拟运算表中 B8:F16 单元格区域的计算公式为"{=TABLE(B4,B3)}"，表示其是一个以 B4 为行变量，B3 为列变量的模拟运算表。

11.2　单变量求解

11-2　单变量求解

模拟运算表可以实现模拟不同变量的变化，计算可能达到的最终目标。有些应用需求恰恰相反，需要根据预先设定的目标来分析要达到该目标所需要实现的具体指标。在进行这样的分析时，往往由于计算方法较为复杂或许多因素交织在一起而很难进行，这时可以利用 Excel 提供的单变量求解命令来完成计算。以下通过具体示例说明单变量求解命令的应用方法。

图 11-11 所示为某公司编制的损益简表，假设该公司下个月的利润总额指标要达到 150000 元，请分析在其他条件基本保持不变的情况下，产品销售收入需要增加到多少。

在本例中，产品销售成本、产品销售费用、产品销售税金及附加金额均是与产品销售收入有关的公式计算出来的，其计算公式如下。

	A	B
1	项目	本月数
2	一. 产品销售收入	1402700.00
3	减: 产品销售成本	624201.50
4	产品销售费用	70135.00
5	产品销售税金及附加金额	561080.00
6	二. 产品销售利润	147283.50
7	加: 其他业务利润	28054.00
8	减: 管理费用	14728.35
9	财务费用	2805.40
10	三. 营业利润	157803.75
11	加: 投资收益	18700.00
12	营业外收入	10938.80
13	减: 营业外支出	45987.20
14	四. 利润总额	141455.35

图 11-11　损益简表

$$产品销售成本=产品销售收入×44.5\%$$
$$产品销售费用=产品销售收入×5\%$$
$$产品销售税金及附加金额=产品销售收入×40\%$$
$$管理费用=产品销售收入×1.05\%$$
$$财务费用=产品销售收入×0.2\%$$

在此基础上分别可以计算出产品销售利润和营业利润，最后计算出利润总额。由于利润总额与产品销售收入的关系不是简单的同量增加关系（即不是销售收入增加 1 元，利润总额也增加 1 元），也不是简单的同比例增长关系（即不是销售收入增加 1 元，利润总额按 70%

比例增加 0.7 元），而可能涉及其他多方面因素，如销售收入增加，可能导致销售成本、销售费用等开支的增加。

要手工完成这些计算是比较复杂的，需要根据工作表中的计算公式一项一项地进行倒推计算，但如果利用单变量求解命令就可以方便地完成计算。

应用单变量求解命令计算的步骤如下。

步骤1　选定目标单元格。选定目标单元格 B14。

步骤2　打开"单变量求解"对话框。在"数据"选项卡的"预测"命令组中，单击"模拟分析"→"单变量求解"命令，系统弹出"单变量求解"对话框。

> 打开"单变量求解"对话框前的当前单元格地址，会被自动填到"单变量求解"对话框的"目标单元格"框中。

步骤3　输入单变量求解有关参数。在该对话框的"目标值"框中输入预定的目标 150000；在"可变单元格"框中输入产品销售收入所在的单元格地址 B2，也可选定"可变单元格"框后，直接单击 B2 单元格。输入参数的结果如图 11-12 所示。

步骤4　执行单变量求解命令。单击"单变量求解"对话框中的"确定"按钮，系统弹出"单变量求解状态"对话框，如图 11-13 所示。说明已找到 1 个解，并与所要求的解一致。单击"确定"按钮。

单变量求解的计算结果如图 11-14 所示。可以看出要达到利润总额增加到 150000 元，产品销售收入需要增加到 1495074.59 元。也就是说利润总额要增加 8544.65 元，销售收入需要增加 92374.59 元。

图 11-12　输入参数的结果　图 11-13　"单变量求解状态"对话框　图 11-14　单变量求解的计算结果

> 使用单变量求解命令的关键是在工作表上建立正确的数学模型，即通过有关的公式和函数描述清楚相应数据之间的关系，这是保证分析结果有效和正确的前提。例如，在单变量求解实例中，目标单元格 B14 的值是根据 B10 等单元格计算出来的，而 B10 单元格的值又是根据 B6 等单元格计算出来的，最后 B6 单元格的值则是根据指定的可变单元格 B2 等单元格计算出来的，其中还有多个中间单元格的值直接或间接地与 B2 单元格相关。

所以，只要能够正确描述各变量之间的制约关系，单变量求解工具在许多领域中都可以直接应用。例如，11.1.1 节中的贷款分析问题，如果需要在已知利率、还贷期限和还款能力的情况下，计算可贷款额度的上限，就可以使用单变量求解工具完成。又如，求解一元多次方程，只要给出方程式的公式，也可以使用单变量求解工具计算。

在 Excel 中，单变量求解是通过迭代来实现的，即通过不断修改可变单元格中的值逐个地测试求得的解，直到求得的解是目标单元格中的目标值，或在目标值的精度许可范围内。许多时候，不可能求得与目标值完全匹配的结果，只需得出单变量求解的近似解即可，这时就需要指定最多迭代次数或精确度。操作方法如下：单击"文件"→"选项"，在弹出的"Excel 选项"对话框左侧选择"公式"，然后勾选"启用迭代计算"复选框，并设置"最多迭代次数"和"最大误差"，如图 11-15 所示。

图 11-15 设置"最多迭代次数"和"最大误差"

11.3 方案分析

11-3 方案分析

单变量求解只能解决具有 1 个未知变量的问题，模拟运算表最多只能解决 2 个变量变化引起的问题。如果要解决包括更多可变因素的问题，或者要在多种假设分析中找出最佳执行方案，上述 2 种工具就无法实现了，这时可以使用 Excel 的方案分析工具来完成。

Excel 的方案分析主要用于多方案求解问题，利用方案管理器模拟不同方案的大致结果，根据多个方案的对比分析，考查不同方案的优劣，从中寻求最佳的解决方案。本节以图 11-11 所示的某公司编制的损益简表为例，说明如何通过创建和比较"增加收入""减低成本"和"减少费用"等不同方案，分析它们对"利润总额"指标的影响。图 11-11 损益简表中 B2:B5、B7:B9、B11:B13 单元格区域的原始数据来自上一周期的收支平衡表，B6、B10 和 B14 单元格中是产品销售利润、营业利润和利润总额的计算公式。有关"损益简表"中的计算公式如图 11-16 所示。

	A	B
1	项目	本月数
2	一、产品销售收入	1402700
3	减：产品销售成本	624201.5
4	产品销售费用	70135
5	产品销售税金及附加额	561080
6	二、产品销售利润	=B2-B3-B4-B5
7	加：其他业务利润	28054
8	减：管理费用	14728.35
9	财务费用	2805.4
10	三、营业利润	=B6+B7-B8-B9
11	加：投资收益	18700
12	营业外收入	10938.8
13	减：营业外支出	45987.2
14	四、利润总额	=B10+B11+B12-B13

图 11-16 "损益简表"中的计算公式

11.3.1 命名单元格

在应用方案分析工具之前，首先应做些准备工作。为了使创建的方案能够明确地显示有关变量，以及将来在进行方案总结时便于阅读方案摘要报告，需要先给有关变量所在的单元格命名。具体操作步骤如下。

步骤 1 输入有关指标名称。在存放有关变量数据单元格的右侧单元格中输入相应指标的名称，然后选定要命名的单元格区域和单元格名称区域 B2:C14，如图 11-17 所示。

步骤 2 打开"以选定区域创建名称"对话框。在"公式"选项卡的"定义的名称"命令组中，单击"根据所选内容创建"命令，系统弹出"以选定区域创建名称"对话框。

创建所需的每个方案。

步骤1 打开"方案管理器"对话框。在"数据"选项卡的"预测"命令组中,单击"模拟分析"→"方案管理器"命令。系统弹出"方案管理器"对话框,如图 11-21 所示。由于还没有任何方案,因此"方案管理器"对话框中间显示"未定义方案。若要增加方案,单击'添加'按钮"。

步骤2 打开"添加方案"对话框。单击"添加"按钮,系统弹出"添加方案"对话框。

步骤3 输入有关方案信息。在"添加方案"对话框的"方案名"文本框中输入方案的名称,这里输入增加收入,然后指定"销售收入"和"营业外收入"所在的单元格为可变单元格,如图 11-22 所示。单击"确定"按钮,系统弹出"方案变量值"对话框,框中显示可变单元格原来的数据。在相应的框中输入方案模拟数值,如图 11-23 所示。

图 11-21 "方案管理器"对话框

图 11-22 设置"添加方案"对话框

图 11-23 设置"方案变量值"对话框

注意 在"可变单元格"中需要输入"销售收入"和"营业外收入"2 个单元格的地址,在选定 1 个单元格后,可以按住【Ctrl】键再单击另一个单元格;也可以直接输入 2 个单元格的地址,2 个单元格地址之间用逗号分隔。

步骤4 创建方案。单击"确定"按钮,"增加收入"方案创建完毕,相应的方案自动添加到"方案管理器"的方案列表中。

步骤5 按照上述步骤可以依次创建"降低成本"和"减少费用"2 个方案。这时的"方案管理器"对话框如图 11-24 所示。

3 个方案创建完成后,可以在"方案管理器"对话框的"方案"列表中,选定某一方案,单击"显示"按钮,来查看这个方案对利润总额的影响。执行上述操作后,在方案中保存的变量值将会替换工作表中可变单元格中的数据。

同时,还可以通过"方案管理器"对话框中的"编辑""删除"按钮来修改、删除已创建的方案。

11.3.3 创建方案报告

应用"方案管理器"对话框中的"显示"按钮只能一个方

图 11-24 创建 3 个方案后的"方案管理器"对话框

案一个方案地查看某个方案对利润总额的影响，如果能将所有方案汇总到一个工作表中，形成一个方案报告，然后再对不同方案的影响进行比较分析，将更有助于决策人员综合考查每个方案的效果。Excel 的方案分析工具可以根据需要对多个方案创建方案报告，具体操作步骤如下。

步骤 1　打开"方案管理器"对话框。在"数据"选项卡的"预测"命令组中，单击"模拟分析"→"方案管理器"命令，系统弹出"方案管理器"对话框。

步骤 2　打开"方案摘要"对话框。单击"方案管理器"对话框中的"摘要"按钮，弹出"方案摘要"对话框，如图 11-25 所示。

步骤 3　指定生成方案摘要的"报表类型"和"结果单元格"。在"方案摘要"对话框中选择"报表类型"为"方案摘要"，在"结果单元格"框中指定"利润总额"所在的单元格 B14，单击"确定"按钮。系统自动创建一个新的名为"方案摘要"的工作表，有关内容如图 11-26 所示。

图 11-25　"方案摘要"对话框

图 11-26　"方案摘要"工作表

在"方案摘要"中，"当前值"列显示的是在建立方案汇总时可变单元格原来的数值。每组方案的可变单元格均以灰色底纹突出显示。根据各方案的模拟数据计算出的目标值也同时显示在方案摘要中（单元格区域 D14:G14），便于管理人员比较分析。比较 3 个方案的结果单元格"利润总额"的数值，可以看出"增加收入"方案效果最好，"降低成本"方案次之，"减少费用"方案对目标值的影响最小。

注意　在图 11-25 所示的"方案摘要"对话框中，如果方案比较简单，一般情况下可以选择"方案摘要"类型；如果方案比较复杂多样，或者需要对方案报告的结果做进一步分析，可以选择"方案数据透视表"。

11.4　规划求解

以上介绍的一些方法可以解决信息管理工作中的许多问题，但也存在一定的局限性。模拟运算表只能分析 1~2 个决策变量对最终目标的影响，方案分析在可行方案过多时操作会比较烦琐，单变量求解只能通过 1 个变量的变化求得 1 个目标值。但在实际工作中往往会有众多因素、无数方案需要计算、比较和分析，并从中选择出最优方案。例如，人员调度、材料调配、运输规划等问题，都是希望能够合理地利用有限的人力、物力、财力等资源，得到最佳的经济效果，即达到产量最高、利润最大、成本最小、资源消耗最少等目标。解决这些问题时通常要涉及众多的关联因素、复杂的数量关系，只凭经验进行简单估算显然是不行的，逐个方案去计算比较，计算量也太大。一般地，对于这样的问题都是使用线性规划、非线性规划和动态规划等方法来解决的，为此人们还建立了一个数学分支——运筹学。但这些方法的缺点是即使最简单的问题，用手工解决过程也非常复杂，计算量也非常大。这种工作显然比较适合用计算机来完成。Excel 的规划求解工具可以较好地解决上述问题。利用该工具，可以避开难懂的细节，方便快捷地计算出各种规划问题的最优解。

规划问题种类繁多，归结起来可以分成 2 类：一类是确定了某个任务，研究如何使用最少的人力、物力和财力去完成它；另一类是已经有了一定数量的人力、物力和财力，研究如何使用它们以获得最大的收益。从数学角度来看，规划问题都有下述 3 个共同特征。

（1）决策变量：每个规划问题都有一组需要求解的未知数（$x_1, x_2, \cdots, x_n$），称为"决策变量"。这组决策变量的一组确定值就代表一个具体的规划方案。

（2）约束条件：对于规划问题的决策变量通常都有一定的限制条件，称为"约束条件"。约束条件通常用包含决策变量的不等式或等式来表示。

（3）目标函数：每个问题都有一个明确的目标，如利润最大或成本最小。目标通常是用与决策变量有关的表达式表示，称为"目标函数"。

如果约束条件和目标函数都是线性函数，则称为线性规划；否则称为非线性规划。如果要求决策变量的值为整数，则称为整数规划。

11.4.1　安装规划求解工具

规划求解是 Excel 的一个加载项，一般安装时默认不加载规划求解工具。如果需要使用规划求解工具，必须先进行手工加载。具体操作步骤如下。

步骤 1　打开"加载宏"对话框。在"开发工具"选项卡的"加载项"命令组中，单击"Excel 加载项"命令，系统弹出"加载宏"对话框。

步骤 2　选定"规划求解加载项"加载宏。在"加载宏"对话框的"可用加载宏"列表中勾选"规划求解加载项"复选框。单击"确定"按钮。

Excel 将安装"规划求解加载项"工具，安装完成后的 Excel "数据"选项卡中将会增加"分析"命令组，其中会包含"规划求解"命令。

注意　在录制宏的过程中，如果出现操作错误，那么对错误的修改操作也将记录在宏中。因此在记录或编写宏之前，应事先制订计划，确定宏所要执行的步骤和命令。

11.4.2　建立规划模型

在进行规划求解时首先要将实际问题数学化、模型化，即将实际问题用一组决策变量、一组用不等式或等式表示的约束条件以及目标函数来表示，这是求解规划问题的关键。然后才可以应用 Excel 的规划求解工具求解。

例如，某企业要制定下一年度的生产计划。按照合同规定，该企业第一季度到第四季度需要分别向客户供货 80 台、60 台、60 台和 90 台机器。该企业的季度最大生产能力为 130 台。设 x 为季度生产的台数，生产费用为 $f(x) = 80 + 98x - 0.12x^2$（元）。该函数反映出生产规模越大，平均生产费用越低。若生产数量大于应交货数量，多余部分可以在下季度交货，但企业需要支付每台 16 元的库存费用。所以生产规模过大，超过应交货数量太多，将增加库存费用。那么如何安排各季度的产量，才能既满足供货合同，又能使企业的各种费用之和最小呢？

该问题是一个典型的非线性规划问题。首先将其模型化，即根据实际问题确定决策变量，设置约束条件和目标函数。

（1）决策变量

该问题的决策变量为一季度、二季度、三季度和四季度的生产数量，设其分别为 x_1、x_2、x_3 和 x_4。

（2）约束条件

$$\text{交货数量约束}\begin{cases} x_1 \geqslant 80 \\ x_1 + x_2 \geqslant 140 \\ x_1 + x_2 + x_3 \geqslant 200 \\ x_1 + x_2 + x_3 \geqslant 290 \end{cases}$$

$$\text{生产能力约束}\begin{cases} x_1 \leqslant 130 \\ x_2 \leqslant 130 \\ x_3 \leqslant 130 \\ x_4 \leqslant 130 \end{cases}$$

（3）目标函数

该问题的目标是使企业的各种费用之和最小，费用为生产费用 P 和可能发生的库存费用 S 之和，用公式表示则分别为：

$$P = \sum_{i=1}^{4}\left(80 + 98x_i - 0.12x_i^2\right)$$

$$S = \sum_{i=1}^{4} 16y_i$$

其中，y 为实际生产数量与应交货数量之差。

则目标函数 Z 为：

$$\min Z = P + S$$

11.4.3　输入规划模型

建立好规划模型后，下一步工作是将规划模型的有关数据和公式输入到工作表中，具体步骤如下。

步骤1　输入有关参数。在工作表的 B5:B8 单元格区域输入一季度到四季度的应交货数量。在 C5:C8 单元格区域存放需要计算求解的一季度到四季度的生产数量，设置其初始值与应交货数量相同，可以直接将 B5:B8 单元格区域的内容复制到 C5:C8 单元格区域。在 G5:G8 单元格区域输入生产能力限制。

步骤2　输入有关计算公式。在 D5 单元格输入计算一季度生产费用的公式=80+98*C5-0.12*C5^2，并将其填充到 D6:D8 单元格区域，计算出其他季度的生产费用。在 E5 单元格输入计算一季度库存数量的公式=C5-B5，即等于一季度的生产数量减去一季度的应交货数量。在 E6 单元格建立计算二季度存储数量的公式=E5+C6-B6，即等于一季度的库存数量加上二季度的生产数量减去二季度的应交货数量。将其填充到 E7:E8 单元格区域，计算出三季度和四季度的库存数量。在 F5 单元格输入计算一季度库存费用的公式=16*E5，并将其填充到 F6:F8 单元格区域，计算出其他季度的库存费用。在 H5 单元格输入计算一季度可交货数量的公式=C5，即应等于一季度的生产数量。在 H6 单元格输入计算二季度可交货数量的公式=E5+C6，即等于一季度的库存数量加上二季度的生产数量。将其填充到 H7:H8 单元格区域，计算出三季度和四季度的可交货数量。在 B9:F9 单元格区域输入计算应交货数量、生产数量、生产费用、库存数量、库存费用合计的公式。最后在 B2 单元格输入计算目标函数的公式=D9+F9，即等于生产费用和库存费用的总和。

初始生产方案的计算结果如图 11-27 所示。

可以看出，按照应交货数量安排生产计划时，生产费用为 26136 元，存储费用为 0 元，总的费用为 26136 元。

如果按照均衡生产方式安排生产，即按 80 台、70 台、70 台和 70 台的数量安排生产计划，均衡生产方案的计算结果如图 11-28 所示。

B2			f_x	=D9+F9			
	A	B	C	D	E	F	G	H
1				规划求解				
2	目标函数	26136						
3								
4		应交货数量	生产数量	生产费用	库存数量	库存费用	生产能力	可交货数量
5	第一季	80	80	7152	0	0	130	80
6	第二季	60	60	5528	0	0	130	60
7	第三季	60	60	5528	0	0	130	60
8	第四季	90	90	7928	0	0	130	90
9	合计	290	290	26136				

图 11-27　初始生产方案的计算结果

B2			f_x	=D9+F9			
	A	B	C	D	E	F	G	H
1				规划求解				
2	目标函数	26688						
3								
4		应交货数量	生产数量	生产费用	库存数量	库存费用	生产能力	可交货数量
5	第一季	80	80	7152	0	0	130	80
6	第二季	60	70	6352	10	160	130	70
7	第三季	60	70	6352	20	320	130	80
8	第四季	90	70	6352	0	0	130	90
9	合计	290	290	26208	30	480		

图 11-28　均衡生产方案的计算结果

这时的生产费用和库存费用分别为 26208 元和 480 元，总费用为 26688 元，成本结算不如初始生产方案好。

通过生产费用函数可知，生产规模越大，单位生产费用越低。如果按 130 台、10 台、130 台和 20 台的数量安排生产计划，规模生产方案的计算结果如图 11-29 所示。

Q20			f_x				
	A	B	C	D	E	F	G	H
1				规划求解				
2	目标函数	26544						
3								
4		应交货数量	生产数量	生产费用	库存数量	库存费用	生产能力	可交货数量
5	第一季	80	130	10792	50	800	130	130
6	第二季	60	10	1048	0	0	130	60
7	第三季	60	130	10792	70	1120	130	130
8	第四季	90	20	1992	0	0	130	90
9	合计	290	290	24624	120	1920		

图 11-29　规模生产方案的计算结果

该方案的生产费用和库存费用分别为 24624 元和 1920 元，总费用为 26544 元。虽然生产费用大大降低，但是库存费用提升，整体效益在初始生产方案和均衡生产方案之间。可选的方案很多，究竟哪一个方案最佳呢？一个方案一个方案地试算显然不是好的办法。使用 Excel 提供的规划求解工具求解，可以快速找到最优解。

11.4.4　求解规划模型

应用规划求解工具求解的具体操作步骤如下。

步骤1　打开"规划求解参数"对话框。在"数据"选项卡的"分析"命令组中，单击"规划求解"命令，系统弹出"规划求解参数"对话框。

步骤2　设置目标函数。在该对话框中指定"设置目标"为目标函数所在的单元格$B$2，并选定"最小值"单选按钮。

步骤3　设置决策变量。指定"通过更改可变单元格"为决策变量所在的单元格区域$C$5:$C$8，如图 11-30 所示。

步骤4　设置生产能力约束条件，即设置各季度生产数量应小于或等于各季度最大生产能力。单击"添加"按钮，弹出"添加约束"对话框。在"单元格引用"中指定各季度生产数量所

图 11-30　设置目标函数和决策变量

在单元格区域$C$5:$C$8，在"约束"中指定各季度生产能力所在单元格区域$G$5:$G$8，并选择关系运算符"<="，如图 11-31 所示。这些操作相当于设置了一组约束条件："C5<=G5""C6<=G6""C7<=G7"和"C8<=G8"。

图 11-31　设置生产能力约束条件

步骤 5　设置交货数量约束条件，即设置各季度可交货数量大于或等于各季度应交货数量。再次单击"添加"按钮，弹出新的空白"添加约束"对话框。在"单元格引用"中指定各季度可交货数量所在单元格区域$H$5:$H$8，在"约束"中指定各季度应交货数量所在单元格区域$B$5:$B$8，并选择关系运算符">="。单击"确定"按钮，回到"规划求解参数"对话框。

步骤 6　选择求解方法。由于该问题的生产费用计算公式是非线性的，所以不能应用单纯线性规划，这里选择"非线性 GRG"，同时勾选"使无约束变量为非负数"复选框。参数设置结果如图 11-32 所示。

步骤 7　开始求解。单击"求解"按钮，Excel即开始进行计算，最后弹出"规划求解结果"对话框，如图 11-33 所示。该对话框显示的信息表明规划求解工具已经找到一个最优解。

图 11-32　参数设置结果

步骤 8　保存求解结果。根据需要选择"保留规划求解的解"或"还原初值"单选按钮。本例选择"保留规划求解的解"，单击"确定"按钮。计算结果如图 11-34 所示。

图 11-33　"规划求解结果"对话框

	A	B	C	D	E	F	G	H
1				规划求解				
2	目标函数	26096						
3								
4		应交货数量	生产数量	生产费用	存储数量	存储费用	生产能力	可交货数量
5	第一季度	80	130	10792	50	800	130	130
6	第二季度	60	10	1048	0	0	130	60
7	第三季度	60	60	5528	0	0	130	60
8	第四季度	90	90	7928	0	0	130	90
9	合计	290	290	25296	50	800		

图 11-34　计算结果

从图 11-34 所示的计算结果可以看出，最佳生产方案是第一季度到第四季度分别生产 130 台、10 台、60 台和 90 台，生产费用和库存费用分别为 25296 元和 800 元，总费用为 26096 元，较手工试算的最佳方案节省 520 元。

注意　对于非线性 GRG 算法，为了提高求解结果的精度，可以单击"规划求解参数"对话框中的"选项"按钮，然后在"选项"对话框的"非线性 GRG"选项卡下，设置"收敛"参数，并勾选"使用多初始点"复选框等选项。如果规划求解失败，可以在"选项"对话框的"所有方法"选项卡下，设置"约束精确度""最长时间"和"迭代次数"等选项，然后单击"确定"按钮，再重新求解。

11.4.5　分析求解结果

从图 11-33 所示的"规划求解结果"对话框中可以看出，规划求解找到解后，可以自动生成有关的"运算结果报告"，如果是单纯线性规划算法，则除了"运算结果报告"，还可以给出"敏感性报告"和"极限值报告"。可以根据需要在"报告"列表中选中需要建立的结果分析报告，单击"确定"按钮，Excel 将在独立的工作表中自动建立有关报告。其内容包括规划求解所采用的算法，有关参数和选项的说明，目标单元格、可变单元格的初值和终值，约束条件的状态等。图 11-35 所示为运算结果报告中给出的目标单元格和可变单元格的初值和终值。

从图 11-35 所示的报告中可以清楚地看出最佳方案与原方案的差异。图 11-36 所示为运算结果报告中给出的约束条件的状态。

	A	B	C	D	E	F
14	目标单元格 (最小值)					
15	单元格	名称	初值	终值		
16	$B$2	目标函数	26136	26096		
17						
18						
19	可变单元格					
20	单元格	名称	初值	终值	整数	
21	$C$5	第一季 生产数量	80	130 约束		
22	$C$6	第二季 生产数量	60	10 约束		
23	$C$7	第三季 生产数量	60	60 约束		
24	$C$8	第四季 生产数量	90	90 约束		

	A	B	C	D	E	F	G
27	约束						
28		单元格	名称	单元格值	公式	状态	型数值
29		$H$5	第一季 可交货数量	130	$H$5>=$B$5	未到限制值	50
30		$H$6	第二季 可交货数量	60	$H$6>=$B$6	到达限制值	0
31		$H$7	第三季 可交货数量	60	$H$7>=$B$7	到达限制值	0
32		$H$8	第四季 可交货数量	90	$H$8>=$B$8	到达限制值	0
33		$C$5	第一季 生产数量	130	$C$5<=$G$5	到达限制值	0
34		$C$6	第二季 生产数量	10	$C$6<=$G$6	未到限制值	120
35		$C$7	第三季 生产数量	60	$C$7<=$G$7	未到限制值	70
36		$C$8	第四季 生产数量	90	$C$8<=$G$8	未到限制值	40

图 11-35　目标单元格和可变单元格的初值和终值　　　图 11-36　约束条件的状态

从报告中还可以看出，可交货数量除了第一季度未达到限制值，其他 3 个季度都达到限制值；生产数量除了第一季度达到限制值，其他 3 个季度都未达到限制值。根据这些信息可以了解最优方案的约束状态，为进一步优化生产计划提供改善方向。

习　题

一、选择题

1．在"模拟分析"命令中，不包括的子命令是（　　　）。
　　A．规划求解　　　　　B．模拟运算表　　　　C．方案管理器　　　　D．单变量求解
2．如果按列组织的单变量模拟运算表位于 A6:B15 单元格区域，则计算公式应放置的单元格地址是（　　　）。
　　A．A6　　　　　　　　B．B6　　　　　　　　C．A7　　　　　　　　D．B7
3．双变量模拟运算表的公式"{=TABLE(B4,B5)}"中，B5 称作模拟运算表的（　　　）。
　　A．自变量　　　　　　B．行变量　　　　　　C．列变量　　　　　　D．决策变量
4．在默认情况下需要先加载，然后才能够使用的数据分析工具是（　　　）。
　　A．单变量求解　　　　B．模拟运算表　　　　C．规划求解　　　　　D．数据透视表
5．"名称管理器"对话框不能实现的操作是（　　　）。
　　A．为指定单元格创建名称　　　　　　　　B．在指定公式中应用已创建名称
　　C．查看已创建的名称列表　　　　　　　　D．删除指定的已创建名称
6．如果按列组织的单变量模拟运算表位于 A7:B20 单元格区域，则计算公式所在的单元格地址是（　　　）。
　　A．A7　　　　　　　　B．B7　　　　　　　　C．A8　　　　　　　　D．B8
7．某人想贷款 100 万元用于购房，贷款利率为 5%，期限为 25 年。此人想知道每月的

偿还额是多少，则计算每月偿还额应该使用的方法是（　　）。

    A．单变量求解   B．模拟运算表   C．规划求解   D．方案管理器

8．"规划求解结果"可以提供的报告，不包括（　　）。

    A．运算结果报告   B．敏感性报告   C．方案摘要报告   D．极限值报告

9．在 Excel 规划求解工具的求解算法中，不包含（　　）。

    A．人工神经网络   B．演化   C．单纯线性规划   D．非线性 GRG

10．规划求解算法对所有算法都有效的选项中不包含（　　）。

    A．最大时间   B．总体大小   C．迭代次数   D．约束精确度

二、填空题

1．"单变量求解"命令在_____选项卡的_____命令组中。

2．如果已在工作表中的一行给出了一系列单元格的名称，应使用_____命令给其下面一行单元格命名。

3．执行了"开发工具"选项卡"Excel 加载项"命令加载了"规划求解"后，会在_____选项卡下出现相应的命令。

4．与决策变量有关的表达式，称为_____。

5．规划求解工具采用单纯线性规划算法时，提供的报告可以包括运算结果报告、极限值报告和_____。

三、问答题

1．Excel 提供了哪些数据分析工具？

2．模拟运算表有哪几种类型？

3．单变量求解方法用于解决哪方面的问题？

4．与模拟运算表相比，方案分析的优势体现在哪里？

5．在使用 Excel 进行规划求解时，若发现 Excel 功能区中没有"规划求解"命令，应怎样安装它？

实　训

1．某开发商想贷款 100 万元建一个山林果园，贷款利率 5%，期限为 25 年，月偿还额是多少？如果有多种不同的贷款利率（3%、4%、5%、6%、7%）和不同贷款年限（10 年、15 年、20 年、30 年）可供选择，各种情况下的月偿还额分别是多少？

2．对于第 1 题中的 100 万元贷款，若想每月还贷 2 万元，在贷款利率为 6%的情况下，需要多少年才能还清？

3．根据第 2 题中的有关数据，分别建立贷款利率 4%、贷款年限 30 年，利率 5%、贷款年限 20 年和利率 6%、贷款年限 10 年 3 种方案，并创建相应的方案报告。

4．某公司需要采购一批赠品用于促销活动，采购的目标品种有 A、B、C、D 4 种，单价分别为 18 元、11 元、20 元、9 元，根据需要，采购原则如下：

（1）全部赠品的总数量为 4000 件；

（2）赠品 A 不能少于 400 件；

（3）赠品 B 不能少于 600 件；

（4）赠品 C 不能少于 800 件；

（5）赠品 D 不能少于 200 件，但也不能多于 1000 件。

该如何拟定采购计划，才能使采购成本最小？

第四篇 应用拓展篇

第 **12** 章 设置更好的操作环境

内容提要

本章主要介绍利用 Excel 宏自定义操作环境的基本方法，包括宏的录制及使用、表单控件的应用等。重点是通过创建销售管理用户操作界面，掌握表单控件的灵活运用和宏的各种操作。应用好本章介绍的这些功能，可以创建更好的操作环境，可以有效提高 Excel 的自动化程度和工作效率。

主要知识点

- 宏的概念
- 宏的录制及使用
- 表单控件的使用

Excel 除了可以方便、高效地完成各种复杂的数据计算、实现有效的数据管理和数据分析，还可以通过宏自动完成特定的操作。宏是 Excel 的重要组成部分，读者学好、用好宏，可以更方便地操作 Excel，更好地控制 Excel，更深入地挖掘 Excel 的强大功能。

12.1 创建宏

宏是一组指令的集合，它类似于计算机程序，告诉 Excel 所要执行的操作。宏可以使频繁、重复的操作自动化。

创建宏的方法有 2 种，一种是使用宏记录器将一系列操作录制下来，并为其起一个名字；另一种是用 Visual Basic（简称 VBA）程序设计语言编写宏代码。对于普通用户来说，掌握编写 VBA 程序的方法是比较困难的，但是对于一些简单的操作，利用 Excel 提供的录制宏功能，普通用户都可以快速掌握。

12.1.1 录制宏

所谓录制宏，与录音、录像类似，即打开录制宏开关，然后将要执行的操作做一遍，Excel 会自动录制所做的操作，并将其转换成对应的 VBA 程序代码。录制的操作将以宏的形式保存起来，待以后再需要执行同样的操作时，直接执行该宏即可。

录制宏的操作步骤如下。

步骤1 打开"录制宏"对话框。在"开发工具"选项卡的"代码"命令组中，单击"录制宏"命令；或者在"视图"选项卡的"宏"命令组中，单击"宏"→"录制宏"命令，系统弹出"录制宏"对话框。

 如果功能区中没有"开发工具"选项卡，可以先右键单击功能区，从弹出的快捷菜单中选择"自定义功能区"命令，系统弹出"Excel 选项"对话框；然后在对话框"主选项卡"列表框中，勾选"开发工具"复选框；最后单击"确定"按钮。这样"开发工具"选项卡就会出现在功能区中。

步骤2 设置相关选项。在"录制宏"对话框的"宏名"文本框中输入所建宏名称，并根据需要设置其他相关选项，如指定运行宏的快捷键、定义宏的保存位置等。

步骤3 录制宏。单击"确定"按钮，这时功能区原来的"录制宏"命令变为"停止录制"命令。此时开始录制宏，即执行该宏所要做的操作。完成所有操作后，单击"开发工具"选项卡"代码"命令组中的"停止录制"命令停止录制。

12.1.2 编辑宏

创建宏以后，用户可以查看其宏代码，或对其进行编辑。具体操作步骤如下。

步骤1 打开"宏"对话框。在"开发工具"选项卡的"代码"命令组中，单击"宏"命令；或者在"视图"选项卡的"宏"命令组中，单击"宏"→"查看宏"命令，系统弹出"宏"对话框。

步骤2 显示宏代码。选择需要查看的宏名称，然后单击"编辑"按钮，这时系统打开 VBA 编辑器，如图 12-1 所示。

在图 12-1 所示的 VBA 编辑器中，可以看到已创建宏的 VBA 程序代码，为了提高程序的可读性，用不同颜色显示代码的不同部分。例如，用绿色显示注释语句，用蓝色显示语句的关键字，用黑色显示语句的其余部分。

图 12-1 VBA 编辑器

步骤3 编辑宏。在 VBA 编辑器的代码窗口中，修改宏的程序代码。

12.1.3 运行宏

宏最大的优点是可以很方便地执行一系列复杂的操作，这一系列操作是通过运行宏来实现的。

1. 使用"宏"命令

宏录制完成后，将会保存在模块中，此时可以直接通过执行"宏"命令来运行宏。具体操作方法是：打开"宏"对话框，并在该对话框中选定需要运行的宏名称，然后单击"执行"按钮，这时将自动执行所选定宏的操作。

2. 使用快捷键

如果创建宏时，在"录制宏"对话框中设置了快捷键，则可以直接按快捷键来运行宏。

 有许多快捷键是 Excel 系统默认的，比如【Ctrl】+【C】组合键、【Ctrl】+【A】组合键等。如果为创建的宏设置某个快捷键时与系统内部已有的快捷键发生冲突，那么 Excel 会将这个快捷键赋予宏。当按下这个快捷键时，将运行宏。也就是说，将改变系统原有快捷键的含义。因此在设置快捷键时，应尽量避免使用系统中常用命令的快捷键。

3．其他运行方法

为了满足特别的需要，可以在工作表上增加表单控件，作为运行宏的工具，具体设置方法是：用鼠标右键单击表单控件，从弹出的快捷菜单中选择"指定宏"命令，然后在弹出的"指定宏"对话框中输入宏名或在"宏名"下方列表框中选择一个宏。还可以通过单击功能区上自定义组中的按钮来运行宏。

12.2　在工作表中应用控件

在工作表中使用控件，可以为用户提供更加友好的操作界面。控件是在 Excel 与用户交互时，用于输入数据或操作数据的对象。在 Excel 中可以使用 2 种控件，即表单控件和ActiveX 控件。2 种控件从外观上看是相同的，其功能也非常相似。本节将重点介绍表单控件的应用。

12.2.1　认识常用表单控件

常用的表单控件包括按钮、复选框、选项按钮、组合框、列表框、滚动条等。使用它们可以创建出丰富、便捷的用户操作界面。

1．按钮

按钮一般用来运行指定的宏。当单击按钮时，将执行指定的宏操作。

2．复选框和选项按钮

复选框和选项按钮均用于二元选择，返回值为 True 或 False。二者的区别是复选框用于多项选择，单个复选框是否被选定，不影响其他的复选框；而选项按钮用于单项选择，当多个选项按钮形成一组时，选定其中某个选项按钮后，同组的其他选项按钮的值将被设置为 False。

3．组合框和列表框

组合框和列表框非常相似，都可以在一组列表中进行选择。二者的区别是列表框显示多个选项；而组合框为一个下拉列表框，在此列表框中选定的选项将出现在文本框中。组合框的优点在于占用的面积小，除了可以在预置选项中进行选择，还可以输入其他数据。

4．滚动条

滚动条可以实现用户单击其中的滚动箭头或拖动滚动块来滚动数据的效果。单击滚动箭头或拖动滚动块时，可以滚动一定区域的数据；单击滚动箭头与滚动块之间的区域时，可以滚动整页数据。

12.2.2　在工作表中添加控件

下面以"按钮"控件为例，介绍如何在工作表中添加一个控件。具体操作步骤如下。

步骤1　在工作表中添加控件。在"开发工具"选项卡的"控件"命令组中，单击"插入"→"按钮"控件□，这时鼠标指针变为十字形状，在工作表上拖放出一个长宽适中的矩形，即创建了一个按钮控件。这时系统会弹出"指定宏"对话框。

步骤2　设置"按钮"控件。如果需要将已创建的宏指定给该按钮，可以在"指定宏"对话框的"宏名"列表框中选择需要的宏，然后单击"确定"按钮；如果不需要指定宏，则单击"取消"按钮。

只有在激活一张工作表时，工作表中的控件才能运行宏。如果希望按钮在任何工作簿或工作表中都可以使用，则可以指定宏从功能区上运行。

步骤3 修改"按钮"上的显示文字。双击"按钮"，输入需要显示的文字。

步骤4 设置控件格式。用鼠标右键单击控件，从弹出的快捷菜单中选择"设置控件格式"命令，系统弹出"设置控件格式"对话框。此时可以对控件进行格式设置，包括字体、对齐、属性等。

12.3 应用实例——创建销售管理操作界面

用户可以通过使用 Excel 提供的宏和表单控件来创建操作界面，这样不仅可以使操作环境变得更加美观、清晰，也可以提高管理工作的自动化程度和工作效率。本节将通过创建销售管理操作界面，进一步说明宏和表单控件的使用方法和操作技巧。

12.3.1 创建"管理卡"工作表

在很多管理工作中，经常采用卡片的管理方式，如人员管理、图书管理、仪器管理等。销售管理也可以采用此方式，将产品的销售情况以卡片形式显示，在卡片中输入或显示业务员的销售信息等。以前创建用户操作界面通常是由计算机专业人员使用专用的软件工具才能完成，而现在几乎不用编写程序，就可以在 Excel 工作表中直接使用各种图形化的表单控件，创建符合用户习惯的操作界面。

本例要创建的销售管理操作界面，首先需要在工作表中建立销售管理卡片。

1. 创建"管理卡"工作表

创建一个新的工作表，工作表名为"管理卡"。然后在"管理卡"工作表中，根据用户习惯和要求，创建如图 12-2 所示的销售管理卡。销售管理卡显示了"销售情况表"工作表中某一行的数据。"销售情况表"如图 6-15 所示。

图 12-2　销售管理卡

2. 计算并显示各项明细数据

卡片中的数据应根据 D3 单元格中输入或显示的订单序号，通过公式在"销售情况表"工作表中查找匹配的记录，并显示相应的信息。例如，在 H3 单元格中输入计算公式：

=VLOOKUP($D$3,销售情况表!$A2:$I$181,4,FALSE)

其中，$D$3 为要查找的订单序号；"销售情况表!$A2:$I$181"为整个数据清单所在的单元格区域；4 表示函数返回数据清单的第 4 列，即 D 列"产品代号"信息；FALSE 指定函数的查找方式为精确查找。当 D3 单元格内数据为 1 时，H3 单元格将显示第一行的产品代号"SG70A3"信息，如图 12-3 所示。

图 12-3　显示"产品代号"后的"管理卡"工作表

考虑到"销售情况表"的数据是动态增加的，即当前最后一行是第 181 行，增加 1 个产品后，就会变成第 182 行，以后还有可能增加到第 183 行、第 184 行…，因此 VLOOKUP 函数的查找和引用范围应该是动态变化的。解决的方法是将动态变化的单元格区域以字符串的形式存放在某个单元格中，再利用 INDIRECT 函数间接引用。这其中需要用到 COUNTA 函数、INDIRECT 函数和字符串连接运算。应用 COUNTA 函数、INDIRECT 函数和字符串连接运算实现动态单元格区域引用的具体操作步骤如下。

步骤1 计算出当前"销售情况表"的行数。在 P2 单元格中输入公式：=COUNTA(销售情况表!A:A)，当前计算结果为 181，并且会自动随着"销售情况表"记录的增减而动态增减。

步骤 2 建立数据清单的地址字符串。在 P3 单元格中输入公式="销售情况表!A2:I"&P2，当前计算结果为"销售情况表!A2:I181"，同样会自动随着"销售情况表"记录的增减而动态变化。

步骤 3 建立查找公式。例如，在 H3 单元格中输入公式：=VLOOKUP($D$3,INDIRECT($P$3),4,FALSE)。对照前面的公式可以看出，这里只是用能够动态变化的"INDIRECT($P$3)"代替了固定的"销售情况表!$A$2:$I$181"。其他单元格的查找公式与此类似，只需根据返回值的不同，将第 3 个参数改为 5、6、7…即可。

创建后的"管理卡"工作表（见图 12-4）只需输入订单序号，即可全面地了解业务员的所有销售信息，而不用像查看"销售情况表"那样来回拖动滚动条。

图 12-4　创建后的"管理卡"工作表

12.3.2　添加表单控件

用直接输入订单序号的方法查看产品销售信息，有时还不够方便。例如，看完了第 150 张卡片，还希望看上一张或下一张卡片时，需要重新输入 149 或 151。特别是当输入了错误的订单序号时（如输入了 0），销售管理卡上的所有数据将出现混乱。为了更方便地浏览卡片，也为了避免发生由输入错误而导致的数据混乱，可以在"管理卡"工作表上添加表单控件。下面将为"管理卡"工作表添加滚动条和按钮控件。

1．添加滚动条

具体操作步骤如下。

步骤 1 添加滚动条。在"开发工具"选项卡的"控件"命令组中，单击"插入"→"滚动条"，这时鼠标指针变为十字形状。在销售管理卡右侧拖放出一个长宽适中的矩形，如图 12-5 所示。

图 12-5　添加"滚动条"

步骤 2 设置滚动条格式。使用鼠标右键单击滚动条，在弹出的快捷菜单中选择"设置控件格式"命令，系统弹出"设置控件格式"对话框，单击"控制"选项卡。滚动条常用来控制输入特定范围的数据，可以根据需要设置其最小值、最大值、步长、页步长和单元格链接等选项。其中，"最小值"和"最大值"选项决定了滚动条上滑块的变化范围。假设订单序号的变化范围是 1～1000，则分别设置这 2 个选项值为 1 和 1000。"步长"选项表示当用鼠标单击滚动条两端箭头时滑块增加或减少的值，即滑块移动的最小步长，"页步长"选项表示当用鼠标单击滚动条的空白处时，滑块移动的增加量。假设希望当用鼠标单击滚动条两端箭头时，订单序号每次增加或减少 1；当用鼠标单击滚动条的空白处时，订单序号每次增加或减少 10，则分别设置"步长"和"页步长"为"1"和"10"。"单元格链接"选项可以指定该滚动条控制的单元格，该单元格的值将随着滚动条的变化而变化。为了防止操作失误，不让该滚动条直接控制订单序号，而是让其临时与 P4 单元格链接。设置完成的"设置控件格式"对话框如

图 12-6 所示。单击"确定"按钮完成设置。

完成滚动条的格式设置后，可以测试滚动条。方法是分别单击滚动条的两端箭头和滚动条的空白处，或是拖动滚动条，查看 P4 单元格的数值变化情况。

步骤3　设置订单序号单元格与滚动条控制的单元格关联。在 D3 单元格中输入公式=IF(P4>=P2, P2-1,P4)，这时整个卡片的信息都会随着对滚动条的操作而变化。

公式 "=IF(P4>=P2,P2-1,P4)" 的含义是：如果滚动条链接的单元格 P4 的值超出了"销售情况表"数据的范围，则按"P2-1"计算订单序号，否则按 P4 的值计算订单序号。

图 12-6　设置完成的"设置控件格式"对话框

2．添加按钮

在"管理卡"工作表中，除了添加滚动条，还可以添加按钮，使其能够直接定位到第一个、最后一个、上一个和下一个记录。添加按钮的操作步骤如下。

12-1　添加按钮

步骤1　在表单中添加"按钮"。在"开发工具"选项卡的"控件"命令组中，单击"插入"→"按钮" □，这时鼠标指针变为十字形状，在销售管理卡下方左侧拖放出一个长宽适中的矩形，即创建了一个按钮。这时会打开"指定宏"对话框，由于现在还未创建宏，因此先单击"取消"按钮。

步骤2　复制按钮。右键单击新建的按钮，在弹出的快捷菜单中选择"复制"命令；右键单击工作表中适当的位置，在弹出的快捷菜单中选择"粘贴"命令；再重复 2 次，即创建了 4 个外观相同的按钮。

步骤3　修改按钮上的显示文字。双击第 1 个"按钮"，输入首张，使用相同方法将另外 3 个按钮上的文字分别修改为上一张、下一张和末张，并将这 4 个按钮均匀排列在销售管理卡的下方，如图 12-7 所示。

图 12-7　添加"按钮"

小技巧

添加多个按钮后，通过手工来排列按钮的位置，很难排列整齐。此时可以使用 Excel 提供的"对齐"命令，自动将多个按钮排列整齐。例如，将图 12-7 所示的 4 个按钮排列在同一行上，并且横向均匀分布的操作步骤如下。

步骤1　选定 4 个按钮。先选定第 1 个按钮，然后按住【Ctrl】键依次单击其他 3 个按钮。

步骤2　将 4 个按钮顶端对齐。在"页面布局"选项卡的"排列"命令组中，单击"对齐"→"顶端对齐"命令。

步骤3　将 4 个按钮横向均匀分布。在"页面布局"选项卡的"排列"命令组中，单击"对齐"→"横向分布"命令。

12.3.3　为按钮指定宏

12-2　为按钮指定宏

虽然在"管理卡"工作表上创建了按钮，但是还不能进行任何操作，还需要先创建进行"首张""上一张""下一张"和"末张"等浏览操作的宏，然后将这些宏指定到相应的按钮上。

1．创建浏览操作的宏

创建浏览首张卡片宏的操作步骤如下。

步骤1　打开"录制宏"对话框。在"开发工具"选项卡的"代码"命令组中，单击"录制宏"命令，系统弹出"录制宏"对话框。

步骤2　设置相关选项。在该对话框中，将"宏名"文本框内容改为首张。因为主要通过命令按钮运行宏，所以不指定快捷键，如图 12-8 所示。然后单击"确定"按钮。

步骤3　录制宏。单击 P4 单元格，输入 1，然后按【Enter】键，这时工作表中将显示订单序号为 1 的卡片。单击"代码"命令组中的"停止录制"命令。

至此，有关浏览首张卡片的宏录制完成。如果要查看或编辑刚刚录制的宏，可以在"开发工具"选项卡的"代码"命令组中，单击"Visual Basic"，打开 Microsoft Visual Basic 窗口，刚刚录制的"首张"宏代码如图 12-9 所示。

图 12-8　设置"录制宏"对话框

图 12-9　"首张"宏代码

从图 12-9 中可以看出，Excel 录制了以下 3 步操作。

- Range("P4").Select：将 P4 单元格设置为活动单元格。
- ActiveCell.FormulaR1C1 = "1"：将活动单元格（即 P4 单元格）的值设置为 1。
- Range("P5").Select：将 P5 单元格设置为活动单元格。

参照这个宏，可以直接编写出"上一张""下一张"和"末张"的宏。只需要将第 2 条语句分别改为"ActiveCell.FormulaR1C1 = ActiveCell.FormulaR1C1 −1""ActiveCell.FormulaR1C1 = ActiveCell.FormulaR1C1 + 1"和"ActiveCell.FormulaR1C1=Range("P2")"。但此时"上一张"和"下一张"对应的宏还有些问题。当 P4 的当前值已经是 1 时，如果再执行"上一张"的宏，将会出现 0 甚至是负数的订单序号；类似地，当 P4 单元格的当前值已经等于"销售情况表"最后一行时，如果再执行"下一张"的宏，将会出现超过现有订单序号的数。若要避免出现上述情况，需要进一步完善这 2 个宏，也就是在执行"+1"或"−1"操作前先进行判断，如果已经到达边界，就不再继续"+1"或"−1"操作。最后编写好的 4 个宏代码如图 12-10 所示。

图 12-10　编写好的 4 个宏代码

2. 为按钮指定宏

下面可以将编写好的宏指定到相应的按钮上，具体操作步骤如下。

步骤1　打开"指定宏"对话框。使用鼠标右键单击工作表上的"首张"按钮，在弹出的快捷菜单中选择"指定宏"命令，系统弹出"指定宏"对话框。

步骤2　为"首张"按钮指定宏。在该对话框的"宏名"列表框中选定"首张"，然后单击"确定"按钮。

步骤3　为其他按钮指定宏。重复步骤 2，为"上一张""下一张"和"末张"按钮指定相应的宏。

12.3.4 修饰管理卡操作界面

为了更加美观、实用，可以将工作表中无关的数据或窗口元素隐藏起来。

1. 隐藏无关数据

在"管理卡"工作表中，有些数据是为了公式引用方便而设置的，所以如 P2、P3 和 P4 单元格中的数据不应显示在工作表中。隐藏的方法是将这 3 个单元格的字体颜色改为"白色"，这样在工作表中就看不到这些数据了；也可以通过隐藏 P 列来隐藏 3 个单元格中的数据。

2. 隐藏窗口元素

可以将"管理卡"工作表中的网格线、行号、列标等元素隐藏起来，使窗口更为简洁和清晰。具体操作步骤如下。

步骤1 打开"Excel 选项"对话框。

步骤2 设置隐藏窗口元素。在对话框左侧选定"高级"，取消"此工作表的显示选项"区域中"显示行和列标题"和"显示网格线"复选框的勾选。然后单击"确定"按钮。

至此，带有命令按钮和滚动条的表单控件就设置完成了。用户可以通过单击相应的按钮快速地定位到首张、上一张、下一张或末张卡片，也可以利用滚动条方便地浏览不同的卡片。最后完成的"管理卡"工作表如图 12-11 所示。

图 12-11　最后完成的"管理卡"工作表

习　题

一、选择题

1. 既可以直接输入文字，又可以从列表中选择输入项的控件是（　　　）。

　　A. 组合框　　　　　　B. 列表框　　　　　　C. 选项组　　　　　　D. 复选框

2. 在 Excel 中，通过工作表中的控件来运行宏的前提条件是（　　　）。

　　A. 必须打开该工作表所在的工作簿　　　　B. 必须关闭该工作表所在的工作簿

　　C. 必须使该工作表成为当前工作表　　　　D. 以上 3 种都可以

3. 以下关于宏的叙述中，错误的是（　　　）。

　　A. 可以在 Excel 中录制宏，也可以使用 VBA 创建宏

　　B. 宏是一个操作或是一组操作，可以运行一次或多次

　　C. 不允许编辑已经创建的宏

　　D. 默认情况下 Excel 禁用宏

4. 以下无法运行宏的方法是（　　　）。

　　A. 通过"执行对话框"命令来运行宏

　　B. 通过"宏"对话框中的"执行"按钮来运行宏

　　C. 通过按下已定义的 Ctrl 快捷键来运行宏

　　D. 通过单击功能区上自定义组中的按钮来运行宏

5. 在 Excel 中，能直接调出自定义功能区的设置环境的操作为（　　　）。

　　A. 在"文件"选项卡中，单击"选项"命令

　　B. 在"视图"选项卡的"工作簿视图"命令组中，单击"自定义视图"命令

　　C. 右键单击功能区，从弹出的快捷菜单中选择"自定义功能区" 命令

D. 单击快速访问工具栏右侧下拉箭头，从弹出的下拉菜单中选择"其他命令"

6. 若想实现一次操作将多个控件横向均匀分布，应使用"横向分布"命令，该命令属于（　　）选项卡。

    A. 视图　　　　　　B. 开发工具　　　　C. 开始　　　　　　D. 绘图工具的格式

7. 复选框和选项按钮的主要区别是（　　）。

    A. 复选框用于二元选择，而选项按钮不是

    B. 选项按钮用于二元选择，而复选框不是

    C. 选项按钮用于单项选择，而复选框用于多项选择

    D. 复选框用于单项选择，而选项按钮用于多项选择

8. 在"=VLOOKUP($D$3,销售情况表!$A2:$I$181,3,FALSE)"公式中，第 3 个参数的含义是（　　）。

    A. 返回"3"值　　　　　　　　　　B. 返回销售情况表中 D3 单元格的值

    C. 返回"假"值　　　　　　　　　　D. 返回销售情况表中第 3 列的值

9. 函数 INDIRECT(ref_text,a1)的功能是（　　）。

    A. 返回第 1 个参数指定的引用　　　B. 返回字符串"a1"

    C. 返回第 2 个参数指定的引用　　　D. 返回字符串"ref_text"

10. INDIRECT 函数适用的操作是（　　）。

    A. 查找指定的字符串

    B. 统计单元格的个数

    C. 不需要更改公式中单元格的引用

    D. 需要更改公式中单元格的引用而不更改公式本身

二、填空题

1. INDIRECT 函数的功能是返回文本字符串指定的_____。

2. 滚动条可以实现用户单击滚动条中的滚动箭头或拖动滚动滑块来_____。

3. 宏最大的优点是可以很方便地执行_____的操作。

4. 在录制宏的过程中，如果出现操作错误，则错误的操作也将_____在宏中。

5. 组合框与列表框的区别是列表框显示_____选项；而组合框为一个下拉列表框，在此列表框中选定的选项将出现在文本框中。

三、问答题

1. 什么是宏？其主要作用是什么？

2. 创建宏的方法有几种？各自的特点是什么？它们之间的联系是什么？

3. 运行宏的方法有几种？各自的特点是什么？

4. 使用表单控件的目的是什么？

5. 如何在工作表中添加一个控件？

实　训

对第 4 章实训中设置完成的"员工信息调整"表进行以下操作。

1. 在"员工信息调整"工作表中创建 3 个命令按钮，分别实现"办公室""技术部"和"销售部"员工信息的自动筛选。

2. 创建"员工信息管理卡"工作表，其格式和内容自行确定。要求能够根据输入的"工号"值，显示相关信息。

第13章 使用 Excel 的共享信息功能

内容提要

本章主要介绍使用 Excel 实现共享信息的方法，包括超链接及其应用、Excel 与 Internet 交换信息、Excel 与 Office 组件共享信息等。重点是使读者通过对 Excel 共享信息功能的学习，掌握应用 Excel 共享信息的方法。

主要知识点

- 超链接
- 创建和发布网页
- 链接与嵌入

随着网络应用的迅猛发展和办公信息化的不断深入，人们在工作中更加强调信息共享。Excel 不但可以与其他 Office 组件无缝链接，还可以帮助用户通过网络与其他用户交换信息。

13.1 超链接

用户使用 Internet 浏览网页时，往往会通过单击网页中的图片或文字打开另一个网页，这就是超链接。在 Excel 中，可以创建具有这种跳转功能的超链接，使用户轻松地从一个工作表跳转到另一个工作表，或是跳转到另一个工作簿文件，还可以在其他 Office 组件创建的文档之间进行跳转，甚至可以跳转到网页。

13.1.1 创建超链接

可以利用图片或图形创建超链接，也可以在单元格中创建超链接。超链接要链接到的目的地，称为超链接目标，一般包括现有文件或网页、本文档中的位置、新建文档和电子邮件地址等。

1. 创建链接到现有文件的超链接

现有文件是指本地计算机中已经存在的文件。如果超链接目标是本地计算机中某一个已经存在的文件或文件夹，则使用"现有文件或网页"选项来创建超链接。具体操作步骤如下。

`步骤1` 选定需要创建超链接的单元格、图形或图片。

`步骤2` 打开"插入超链接"对话框。在"插入"选项卡的"链接"命令组中，单击"超链接"命令，系统弹出"插入超链接"对话框。

`步骤3` 设置超链接目标。在该对话框中单击"链接到："框中的"现有文件或网页"，单击"查找范围"下方的"当前文件夹"。从"查找范围"下拉列表中找到文件所在文件夹，然后单击其下方显示的文件名，此时 Excel 会自动在"地址"下拉列表中显示出文件所在文件夹的完整路径，如图 13-1 所示。

步骤 4　执行创建操作。单击"确定"按钮，关闭"插入超链接"对话框。

此时回到工作表，单击建立了超链接的单元格、图形或图片，Excel 会自动打开链接的文件。

图 13-1　设置超链接目标

2．创建链接到网页的超链接

如果超链接的目标是网页，则使用"现有文件或网页"选项来创建超链接。例如，在某单元格中创建链接到某学校主页的超链接。具体操作步骤如下。

步骤 1　选定需要创建超链接的单元格，然后打开"插入超链接"对话框。

步骤 2　设置超链接目标。单击"链接到："框中的"现有文件或网页"。

步骤 3　设置屏幕显示文字。在"要显示的文字"文本框中输入转到学校主页；单击"屏幕提示"按钮，在弹出的"设置超链接屏幕提示"对话框的"屏幕提示文字"文本框中输入单击单元格可以打开学校主页，单击"确定"按钮。

步骤 4　输入超链接地址。在"地址"框中输入以"http://"开头的学校主页地址。

步骤 5　执行创建操作。单击"确定"按钮，关闭"插入超链接"对话框。

这时包含超链接的单元格内将显示"转到学校主页"文字；当鼠标停留在该文字上时，鼠标下方将显示"单击单元格可以打开学校主页"提示信息；单击该单元格时，Excel 将自动打开学校主页。

　　如果使用空白单元格创建超链接，则可以在"插入超链接"对话框的"要显示的文字"文本框中输入相关文字来说明超链接，以明确超链接的内容。这种说明对任何超链接目标均适用。

3．创建链接到本文档其他位置的超链接

如果超链接的目标是本工作簿的单元格，如在"销售管理"工作簿的某单元格中创建超链接，链接目标为"2 月业绩奖金表"的 A1 单元格，则可以使用"本文档中的位置"选项来创建超链接。具体操作步骤如下。

步骤 1　选定需要创建超链接的单元格，然后打开"插入超链接"对话框。

步骤 2　设置超链接目标。单击"链接到："框中的"本文档中的位置"选项，在"或在此文档中选择一个位置"列表框中显示了当前工作簿的所有工作表名，选择要链接的工作表"2 月业绩奖金表"，在"请输入单元格引用"文本框中输入要引用的单元格地址"A1"。

步骤 3　执行创建操作。单击"确定"按钮，关闭"插入超链接"对话框。

此时返回到工作表，当单击包含超链接的单元格时，Excel 将自动跳转到"2 月业绩奖金表"工作表的 A1 单元格。

13.1.2　修改超链接

创建超链接后，也可以对其进行修改。具体操作步骤如下。

步骤 1　打开"编辑超链接"对话框。右键单击包含超链接的单元格、图形或图片，在弹出的快捷菜单中选择"编辑超链接"命令；或者选定包含超链接的单元格、图形或图片，在"插

入"选项卡的"链接"命令组中，单击"超链接"命令，系统弹出"编辑超链接"对话框。

步骤2　修改超链接。"编辑超链接"对话框与"插入超链接"对话框内容一致，用户可以根据需要，先在"链接到："框中选择"现有文件或网页""本文档中的位置""新建文档"或"电子邮件地址"选项，再输入所需的内容。然后单击"确定"按钮。

13.1.3　删除超链接

如果需要删除单元格、图形或图片的超链接，可以使用以下几种方法。

（1）使用键盘。选定包含超链接的单元格、图形或图片，按【Delete】键。

（2）使用快捷菜单命令。右键单击包含超链接的单元格、图形或图片，从弹出的快捷菜单中选择"取消超链接"命令。

（3）使用功能区命令。选定包含超链接的单元格、图形或图片，在"插入"选项卡的"链接"命令组中，单击"超链接"命令，然后在弹出的"编辑超链接"对话框中单击"删除链接"按钮。

第 1 种方法会将超链接和单元格中的内容全部删除，第 2 种和第 3 种方法只删除超链接，不删除单元格中的内容。

13.2　将工作簿发布到 Internet 上

随着 Internet 的飞速发展和广泛应用，越来越多的企、事业单位将本单位的多种信息发布到网上，其中很多信息是发布在带有数据表格的网页中的。Excel 是一个电子表格处理软件，其结构就是表格。Excel 的这种结构优势，使它成为创建、获取和处理此类网页数据的最佳工具之一。用户使用 Excel 可以将数据以网页形式发布到 Internet 上，也可以获取 Internet 上网页中的信息。也就是说，通过网页可以实现 Excel 与 Internet 之间的信息交换。

13.2.1　创建和发布网页

Excel 允许用户将工作簿文件保存为 html 格式。该格式的文件既有 html 文件特征，也保留了原始工作簿的部分特性；既可以使用浏览器浏览，也可以被 Excel 识别，在其程序窗口中查看。

创建网页的操作步骤如下。

步骤1　打开"另存为"对话框。

步骤2　指定保存类型。在"另存为"对话框的"保存类型"下拉列表框中，有 2 种网页格式可以选择，一种是"单个文件网页"，另一种是"网页"。保存为"单个文件网页"时，保存的文件只有一个，其扩展名为.mht 或.mhtml；保存为"网页"时，除了保存一个扩展名为.htm 或.html 的网页文件，在该文件同一文件夹中还增加了一个名为"xxx.files"的文件夹（其中，xxx 为工作簿的文件名）。用户可以根据需要选择保存类型。本例中保存为"网页"。

步骤3　指定保存位置。在对话框左窗格列表框中指定保存文档的位置。

步骤4　指定发布的数据范围。如果发布整个工作簿，则选择"整个工作簿"单选按钮；如果只发布当前工作表，则选择"选择(E):工作表"单选按钮。

步骤5　指定文档名。在"文件名"框中输入待保存网页文档的名字。

步骤6　更改页标题。单击"更改标题"按钮，系统弹出"输入文字"对话框。在"页标题"文本框中输入所需文字，然后单击"确定"按钮。创建网页的设置如图 13-2 所示。

步骤7　保存和发布网页。单击"保存"按钮或"发布"按钮，完成.htm 文件的保存，同时弹出"发布为网页"对话框，勾选"在浏览器中打开已发布网页"复选框，如图 13-3 所示。单击"发布"按钮，这时在浏览器中将直接打开并显示刚刚发布的网页，如图 13-4 所示。

图 13-2　创建网页的设置　　　　　图 13-3　设置"发布为网页"对话框

图 13-4　在浏览器中打开并显示网页

从图 13-4 中可以看出，发布的网页与常见的网页非常相似。在发布的网页中没有 Excel 表格中的行号和列标。

13.2.2　浏览网页

不仅可以在保存和发布网页后浏览网页，还可以在任何需要的时候浏览网页，只要找到网页文件所在的文件夹，然后双击要浏览的网页文件名即可。

13.3　与其他应用程序共享信息

Microsoft Office 软件包含 Word、Excel、PowerPoint、Access 等多个组件。这些组件之间要实现信息共享，不仅可以使用最常用的复制和粘贴的方法，还可以使用链接与嵌入的方法。

13.3.1　将 Excel 数据链接到 Word 文档中

所谓链接就是将一个文件中的数据插入到另一个文件中，同时 2 个文件保持着联系。创建数据的文件称为源文件，接收数据的文件称为目标文件。当源文件的数据发生改变时，目标文件中相应的数据将会自动更新。事实上，数据依然保存在源文件中，在目标文件中显示的只是源文件中数据的一个映像，目标文件中保存的是原始数据的位置信息。

对于经常需要更新的数据，可以使用链接的方法，在 Office 组件之间创建一个动态链接。将 Excel 数据链接到 Word 文档中的操作步骤如下。

步骤1 复制数据。选定要复制数据的单元格或单元格区域，然后按【Ctrl】+【C】组合键。

步骤2 在 Word 中打开"选择性粘贴"对话框。打开 Word 文档，在"开始"选项卡的"剪贴板"命令组中，单击"粘贴"命令按钮下方的下拉箭头→"选择性粘贴"命令，系统弹出"选择性粘贴"对话框。

步骤3 选择粘贴方式。在该对话框中选定"粘贴链接"单选按钮，并且根据需要在"形式"列表框中选择一种粘贴格式，然后单击"确定"按钮。

这样便将 Excel 工作表中的数据链接到 Word 文档中。可以根据需要在 Word 文档中对其进行修改、编辑。不仅如此，当 Excel 的源工作表修改时，粘贴链接的内容也会随之改变，自动保持一致；每次打开该 Word 文档时，都会根据 Excel 源文件中的数据自动更新。

同样，如果需要将数据以粘贴链接的方式从 Word 文档链接到 Excel 工作表中，操作步骤类似，只不过此时的源文件是 Word 文档，目标文件是 Excel 工作表。

13.3.2　将 Excel 数据嵌入到 Word 文档中

嵌入是指将在源文件中创建的数据插入到目标文件中并成为目标文件的一部分。在数据被嵌入到目标文件后，嵌入数据与源文件中的原始数据没有链接关系，改变原始数据时并不会自动改变目标文件中的相应数据。

由于数据被嵌入到目标文件，目标文件里存放的是数据本身，因此数据嵌入占用的存储空间比数据链接占用的存储空间大。但嵌入的优点是可以在目标文件中直接编辑嵌入的数据。将 Excel 数据嵌入到 Word 文档中的操作步骤如下。

步骤1 复制数据。选定要复制数据的单元格或单元格区域，然后按【Ctrl】+【C】组合键。

步骤2 在 Word 中打开"选择性粘贴"对话框。

步骤3 选择粘贴方式。在"选择性粘贴"对话框中选择"粘贴"单选按钮，并且根据需要在"形式"列表框中选择一种粘贴格式，然后单击"确定"按钮。

这样，在 Word 文档中就嵌入了这些数据。如果需要，可以直接对这些数据进行修改。

从上面的讨论可以看出，链接和嵌入的主要差别在于保存数据的内容，以及将其置入目标文件后的更新方式。

习　题

一、选择题

1. 在 Excel 中插入超链接，可以链接到（　　　）。
   A. Internet 上的某个网页　　　　　　　　B. 本工作簿的某个单元格
   C. 本地硬盘上的某个文档　　　　　　　　D. 以上均可
2. 以下关于链接和嵌入的叙述中，错误的是（　　　）。
   A. 二者的主要差别在于保存数据的内容，以及将其置入目标文件后的更新方式

    B．链接的信息存储在源文件中，嵌入的信息存储在目标文件中

    C．链接的优点是目标文件可以节省存储空间

    D．可以在目标文件中直接编辑嵌入的内容，而链接不可以编辑

3．以下关于链接和嵌入的叙述中，错误的是（　　）。

    A．可以将选定的 Word 文档中的内容链接或嵌入到 Excel 工作表中

    B．不能将选定的 Word 文档中的内容链接或嵌入到 Excel 工作表中

    C．可以将选定的 Excel 工作表中的内容链接到 Word 文档中

    D．可以将选定的 Excel 工作表中的内容嵌入到 Word 文档中

4．以下关于链接的叙述中，错误的是（　　）。

    A．目标文件随源文件数据的变化而变化　　B．链接的数据保存在源文件中

    C．链接的数据保存在目标文件中　　　　　　D．链接可使目标文件节省存储空间

5．以下关于嵌入的叙述中，错误的是（　　）。

    A．目标文件不随源文件数据的变化而变化　　B．嵌入的数据保存在源文件中

    C．嵌入的数据保存在目标文件中　　　　　　D．双击嵌入的数据可以对其进行编辑

二、问答题

1．实现信息共享的方法有哪些？

2．在"选择性粘贴"对话框中，"粘贴"和"粘贴链接"有何不同？

3．如何在 Excel 和其他 Office 组件之间共享信息？

实　训

    某酒店中餐厅年三十晚宴餐位管理平面图如图 13-5 所示，"订餐情况表"如图 13-6 所示。按要求完成以下操作。

1．创建图 13-5 和图 13-6 所示的"餐位管理平面图"和"订餐情况表"工作表。

图 13-5　餐位管理平面图

图 13-6　订餐情况表

2．计算订餐总人数和总金额，将计算结果显示在"订餐情况表"工作表相应单元格中。

3．创建"餐位管理平面图"和"订餐情况表"工作表之间的超链接。要求：

    （1）单击"餐位管理平面图"中的餐桌号图形时，可以显示"订餐情况表"工作表中的具体订餐信息。

    （2）单击"订餐情况表"工作表中的"餐桌号"时，可以显示餐桌的位置。

    （3）单击"餐位管理平面图"中"订餐总人数"和"预定总金额"右侧的矩形图形时，可以显示"订餐情况表"工作表中的"总人数"和"总金额"。

参考文献

[1] Excel Home. Excel 2016 数据处理与分析（微课版）[M]. 北京：人民邮电出版社，2019.

[2] Excel Home. Excel 2016 应用大全 [M]. 北京：北京大学出版社，2018.

[3] Excel Home. Excel 2016 函数与公式应用大全 [M]. 北京：北京大学出版社，2019.

[4] Excel Home. Excel 2016 高效办公 财务管理 [M]. 北京：人民邮电出版社，2019.

[5] 苏林萍，等. Excel 2016 数据处理与分析应用教程 [M]. 北京：人民邮电出版社，2019.

[6] 王国胜. Excel 2016 实战技巧精粹辞典 [M]. 北京：中国青年出版社，2018.

[7] 赵丹亚，等. 计算机应用基础教程（第 2 版）[M]. 北京：清华大学出版社，2013.

[8] 赛贝尔资讯. Excel 2016 函数与公式从入门到精通 [M]. 北京：清华大学出版社，2019.

[9] 恒盛杰资讯. Excel 2016 公式、函数与图表从入门到精通 [M]. 北京：机械工业出版社，2016.

[10] IT 教育研究工作室编. 不懂 Excel 透视表 怎能做好数据分析 [M]. 北京：中国水利水电出版社，2019.